高等学校自动化类专业系列教材

石油和化工行业“十四五”规划教材（普通高等教育）

现代控制理论

祝海江　王友清　李大字　胡伟　编著

化学工业出版社

·北京·

内容简介

本书主要包括了现代控制理论中线性系统状态空间模型的建立、线性系统状态空间分析、状态反馈与极点配置及状态观测器，以及采样控制系统的分析与非线性控制系统的分析等内容。本书通过大量的例题与习题使学生能够逐步掌握各章的重点内容，并在内容安排上力求模块化，便于教学设计与学生自学。

本书结合课程知识点，提供了关于控制专家及教育家的爱国情怀阅读资料，并以国家重大工程为例说明现代控制理论相关知识的应用，引导学生树立热爱科学、崇尚科学的理想情怀。此外，本书还提供了现代控制理论在产业中的应用案例。

本书为高等学校现代控制理论课程教材，适用于自动化、电气工程及其自动化、机器人工程、测控技术与仪器等相关专业，并对从事控制工程领域工作的相关工程技术人员具有参考价值。

图书在版编目（CIP）数据

现代控制理论／祝海江等编著．—北京：化学工业出版社，2024.6

高等学校自动化类专业系列教材　石油和化工行业“十四五”规划教材

ISBN 978-7-122-45480-5

Ⅰ.①现…　Ⅱ.①祝…　Ⅲ.①现代控制理论-高等学校-教材　Ⅳ.①O231

中国国家版本馆 CIP 数据核字（2024）第 080549 号

责任编辑：郝英华　　文字编辑：刘建平　李亚楠　温潇潇
责任校对：李雨函　　装帧设计：史利平

出版发行：化学工业出版社
（北京市东城区青年湖南街 13 号　邮政编码 100011）
印　　装：高教社（天津）印务有限公司
787mm×1092mm　1/16　印张 11½　字数 283 千字
2024 年 7 月北京第 1 版第 1 次印刷

购书咨询：010-64518888　　售后服务：010-64518899
网　　址：http://www.cip.com.cn
凡购买本书，如有缺损质量问题，本社销售中心负责调换。

定　　价：50.00 元

前言

20 世纪 60 年代初，以状态空间法、极大值原理、动态规划、卡尔曼-布什滤波为基础的分析和设计控制系统方法的确立，标志着现代控制理论的形成。 1962 年，钱学森、吴文俊、吴有训、关肇直等国内一些优秀的科学家，以敏锐的洞察力，意识到现代控制理论在工业及国防现代化中的重要作用。在他们的共同努力及推动下，现代控制理论的研究逐渐在中国推广开来。

现代控制理论的核心是状态空间分析法，在控制系统科学史上处于绝对的统治地位。现代控制理论所包含的学科内容十分广泛，主要包括线性系统理论、非线性系统理论、离散时间系统理论、系统辨识理论、最优控制理论、随机控制理论和适应控制理论等。

本书的内容包括线性系统状态空间分析方法、采样控制系统分析方法、非线性控制系统分析方法三大模块。其中线性系统状态空间分析方法模块主要包括线性系统的状态空间建模、状态空间模型求解及线性系统的能控性与能观测性分析、状态反馈控制系统及状态观测器的设计方法；采样控制系统分析方法模块主要包括离散系统的建模、离散系统的求解、采样控制系统的性能分析及离散系统的设计方法等；非线性控制系统分析方法模块主要包括李雅普诺夫稳定性理论、描述函数法、相平面法等。

2019 年 8 月中共中央办公厅、国务院办公厅印发了《关于深化新时代学校思想政治理论课改革创新的若干意见》， 2020 年 5 月教育部印发了《高等学校课程思政建设指导纲要》，这两个文件针对高校课程思政建设作出了指导意见。因此，本书结合课程思政建设要求，提供关于控制专家及教育家的爱国情怀、四个自信、社会责任感、国家重大工程、科学精神、科技进步等与课程教学知识点相关的阅读资料。

为了便于学习，本书附录给出了矩阵计算、拉普拉斯变换的基本性质、常用时域函数的拉氏变换和 Z 变换等基础知识。本书部分课后习题答案附有 Matlab 验证程序。

本书由北京化工大学祝海江、王友清、李大字，河南理工大学胡伟编著。

本书编写中的不妥之处，敬请各位老师和读者批评指正。

编著者

2024 年 4 月

目录

第1章　绪论

第2章　线性系统状态空间分析法

第3章　采样控制系统分析方法

第 4 章　非线性控制系统分析方法

附　录

部分习题参考答案

参考文献

第1章 绪论

“自动化（automation）”是美国机械工程师哈德（D. S. Harder）最先于1936年提出来的。所谓自动化是指机器或装置在无人干预的情况下按规定的程序或指令自动地进行操作或运行。自动化是一门涉及学科较多、应用广泛的综合性科学技术，它主要以控制论、信息论和系统论为理论基础。

自动化技术已经广泛用于工业、农业、军事、商业、医疗等领域。自动化不仅可以把人从繁重的体力劳动、部分脑力劳动以及恶劣、危险的工作环境中解放出来，而且能极大地提高劳动生产率，增强人类认识世界和改造世界的能力。因此，自动化是工业、农业、国防和科学技术等现代化的重要条件和显著标志。

1.1 控制技术发展概述

自动化是人类自古以来永无止境的梦想和追求目标。我国古代运用齿轮原理制作自动机械，已经屡见不鲜，如《后汉书》记载东汉毕岚制作翻车，三国时期马钧加以完善。翻车可用手摇、脚踏、牛拉、水转或风动驱动。中国古代链传动的最早应用就是翻车，是农业灌溉机械的一项重大改进。

根据人类对自动装置和自动化技术的探索与发现，可以将自动控制技术的发展大致分为自动装置出现及应用、自动化技术形成期、局部自动化时期和综合自动化时期等几个阶段。

古代人类在长期的生产和生活过程中，根据长期经验积累与探索，制造了早期的自动装置。如在公元前14世纪至公元前11世纪间，中国、古埃及和古巴比伦就出现了自动计时装置——漏壶。公元1世纪，古埃及和古希腊的发明家制造了教堂门自动开启装置、自动洒圣水的铜祭司、教堂门口自动鸣叫的青铜小鸟等自动装置。我国三国时期古人制造的指南车，是一种开环自动调节系统。1086～1089年间，北宋时期苏颂、韩公廉等人发明制造的以漏刻水力驱动的水运仪象台，是一种集天文观测、天文演示和报时系统为一体的自动化天文仪器，它实际上是一种闭环自动调节系统。直到第一次工业革命前（公元18世纪以前），人类对自动化装置的探索一直处于初级阶段，没有能够形成对人类生产和生活产生重大影响的自动化技术。

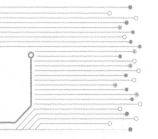

1788年英国机械师瓦特改良的蒸汽机就是一种闭环自动控制系统，蒸汽机的改良开创了近代自动调节装置应用的新纪元，对第一次工业革命及自动化技术和控制理论发展有着重要影响。1854年俄国机械学家和电工学家康斯坦丁诺夫发明了电磁调速器。1868年法国工

程师法尔科发明了反馈调节器。1868 年英国物理学家麦克斯韦发表的《论调速器》总结了无静差调速器的理论。1920 年，PID（Proportional Integral Derivative，比例积分微分）调节器开始在美国出现，并应用到化工和炼油工业过程中。18 世纪末至 20 世纪 30 年代，可以认为是自动化技术的形成期。

20 世纪 40 年代到 50 年代，局部自动化即单个生产过程或单个机器的自动化得到了迅速的发展。第二次世界大战后工业控制中已经广泛应用 PID 调节器，并用模拟电子计算机来研究和实现 PID 调节器的功能。同时，工业控制中开始应用由继电器构成的逻辑控制器，出现了程序控制。20 世纪 30 年代末至 40 年代初，出现了气动仪表，统一了压力信号，研制出了气动单元组合仪表。20 世纪 40 年代中期美国物理学家艾肯成功研制出世界上第一台程序控制的通用数字计算机，开创了数字程序控制的新纪元，为后来的自动化技术飞速发展奠定了基础。生产过程自动化的发展促进了自动化仪表的发展，相继出现了测量过程温度、压力、流量、物位、机械量等参数的测量仪表。20 世纪 50 年代出现了电动式的动圈式毫伏计、电子电位差计和电子测量仪表、电动式和电子式的单元组合式仪表。

20 世纪 50 年代末至今是综合自动化时期。1950 年美国莫尔电工学院电气工程师研制出了电子数字计算机，它的发明为 20 世纪 60 年代至 70 年代在控制系统中广泛应用程序控制、逻辑控制、电子数字计算机直接控制的生产过程奠定了基础。20 世纪 50 年代末到 60 年代初，出现了电子数字计算机控制的化工厂。20 世纪 60 年代末在制造业中出现了自动生产线，工业生产开始由局部自动化向着综合自动化方向发展。20 世纪 60 年代以后，由于电子计算机的应用，出现了数控机床、加工中心、机器人、计算机辅助设计（CAD）、计算机辅助制造、自动化仓库等，研制出了适应多品种、小批量生产型的柔性制造系统（FMS）。以柔性制造系统为基础的自动化车间，加上信息管理、生产管理自动化，出现了采用计算机集成制造系统（CIMS）的工厂自动化。20 世纪 70 年代以来的微电子技术、计算机技术、机器人技术的重大突破，极大地促进了综合自动化的迅速发展。

1.2 控制理论发展概述

伴随着第一次工业革命及自动化技术的迅速发展，自动控制理论逐渐形成和发展起来。18 世纪末瓦特发明的离心式调速器有时会使蒸汽机产生剧烈的振荡，由此引发的自动调节器的稳定性问题逐渐引起一些学者的关注。1876 年俄国学者维什涅格拉茨基提出了利用摄动理论研究调节器系统的稳定性。1877 年英国学者劳斯提出了代数稳定判据，即著名的劳斯稳定判据。后来，德国学者赫尔维茨提出代数稳定判据的另一种形式，即著名的赫尔维茨稳定判据。1892 年俄国学者李雅普诺夫发表的《论运动稳定性的一般问题》，研究了解决稳定性问题的两种方法。李雅普诺夫稳定性理论至今仍是分析系统稳定性的重要方法。

反馈控制和频率法的理论研究是从 20 世纪 20 年代开始的。1927 年美国电气工程师布莱克在解决电子管放大器失真问题时首先引入了反馈的概念。1932 年美国电信工程师奈奎斯特提出著名的奈奎斯特稳定判据，可以直接根据系统的传递函数来判定反馈系统的稳定性。1938 年苏联电气工程师米哈伊洛夫提出频率法。1945 年美国数学家维纳把反馈的概念推广到一切控制系统。1948 年美国学者伊文斯提出根轨迹法。1948 年美国数学家维纳发表了划时代的著作《控制论》，该书论述了控制论的一般方法，推广了反馈的概念，奠定了自动控制这门学科的基础。20 世纪 40 年代至 50 年代，经典控制理论得到了快速发展，经典控制理论主要研究内容包括单输入-单输出控制系统、传递函数、拉普拉斯变换、频域法、根轨迹法、系统的稳定性、控制策略及校正方法等。

20 世纪 50 年代末航空航天技术的迅速发展促进了现代控制理论的诞生。1954 年美国学者贝尔曼提出了动态规划法，并随后将其应用于控制过程。1954 年，中国学者钱学森在美国出版英文版《工程控制论》一书，系统总结了自动控制理论的新发展，开创了一门新的技术科学。1958 年苏联科学家庞特里亚金提出了综合控制系统的新方法——极大值原理。1961 年美国学者卡尔曼和布什建立了卡尔曼-布什滤波理论，扩大了控制理论的研究范围。在同一时期，贝尔曼、卡尔曼等人把状态空间法系统地引入控制理论中，并提出了现代控制理论中的能控性和能观测性两个最基本的概念。以状态空间法、极大值原理、动态规划、卡尔曼-布什滤波为基础的分析和设计控制系统方法的确立，标志着现代控制理论的形成。现代控制理论所包含的学科内容十分广泛，主要包括线性系统理论、非线性系统理论、离散时间系统理论、系统辨识理论、最优控制理论、随机控制理论和适应控制理论等。

现代控制理论的迅速发展，使控制理论与数学紧密地联系在一起，成为应用数学的一个分支。1969 年卡尔曼等人用模论创立了代数系统理论。1974 年加拿大数学家旺纳姆引入不变子空间的概念，创立了几何系统理论等。

1957 年国际自动控制联合会（IFAC）在巴黎召开成立大会，IFAC 的成立标志着自动控制这一学科已经成熟，并通过国际合作来推动系统和控制领域的新发展，从 1960 年起每三年召开一次国际自动控制学术大会。1960 年在第一届自动控制会议上把系统与控制领域中研究单变量控制问题的理论称为经典控制理论，把研究多变量控制问题的理论称为现代控制理论。

随着系统和控制理论从工业方面向农业、商业、服务行业、生物医学、环境保护和社会经济等各个方面的渗透，现代社会科学技术的高度发展导致出现了许多需要综合治理的大系统，如电力系统、交通网络、生态系统、社会经济系统等。这些规模宏大、结构复杂、地理位置分散的大系统难以建立数学模型且难以应用常规控制理论进行定量计算、分析。20 世纪 70 年代末，控制理论向着大系统理论、智能控制理论、复杂系统理论等方向发展。

大系统理论主要是研究规模庞大、结构复杂、目标多样、功能综合、因素众多的工程与非工程大系统的自动化和有效控制的理论。它是以控制论、信息论、微电子学、社会经济学、生物生态学、运筹学和系统工程等学科为理论基础，以控制技术、信息与通信技术、电子计算机技术为基本条件而发展起来的。智能控制理论融合了自动控制、人工智能、计算机技术、系统科学、信息论等多学科成果，适用于复杂系统。

1.3　现代控制理论与经典控制理论比较

现代控制理论与经典控制理论在研究对象、数学模型、系统综合设计、应用领域等方面均存在差异。

在研究对象方面，经典控制理论的研究对象主要是单输入-单输出线性定常控制系统。

而现代控制理论的研究对象要广泛得多，包括线性系统和非线性系统、定常系统和时变系统、单变量系统和多变量系统。

在数学模型方面，经典控制理论应用的数学模型主要有常微分方程、传递函数和动态结构图。这些数学模型仅描述了系统的输入和输出之间的关系，不能描述系统内部结构和处于系统内部的变化，不能对系统内部状态的信息进行全面描述。而现代控制理论的数学模型通常由状态空间表达式或状态变量图来描述，这种描述又称为系统的内部描述，能够充分揭示系统的全部运动状态。

在系统综合设计方面，经典控制理论主要采用PID串并联校正、超前、滞后、反馈等手段改善控制系统性能。在现代控制理论中，对控制系统的分析和设计主要是通过对系统的状态变量的描述来进行的，基本的方法是时间域方法。它所采用的方法和算法也更适合在数字计算机上进行。现代控制理论还为设计和构造具有指定的性能指标的最优控制系统提供了可能性。

在应用领域方面，经典控制理论主要用于解决工程技术中的各类控制问题，尤其是航空航天技术、武器控制、通信技术等方面的问题。现代控制理论考虑问题更全面、更复杂，主要表现在考虑系统内部之间的耦合、系统外部的干扰，但符合从简单到复杂的规律。可以说自动控制应用领域遍及科技和生活的方方面面。

拓展阅读　控制科学家钱学森的家国情怀

第2章 线性系统状态空间分析法

本章的主要内容包括以下三部分。

① 线性系统的建模：包括状态空间模型的建立方法，与微分方程、传递函数等数学模型之间的相互转化。

② 线性系统的分析：系统的状态空间分析，能控性和能观测性的基本概念与判据，能控标准型、能观测标准型及其结构分解等。

③ 线性系统的综合：基于状态空间模型的控制系统设计方法——极点配置和观测器设计。

2.1 状态空间模型

2.1.1 系统状态空间的基本概念

系统的状态空间模型是建立在状态、状态变量及状态空间等基础上的，因此需要对这些基本概念进行深入理解与掌握。任何一个系统均有两种运行状态：一种是平衡状态，即静态；一种是非平衡状态，系统随着输入量的变化而变化，即动态。在动态工况下，系统的各个状态参数以及系统输出的变化规律就是系统的动力学特性。

定义1 系统的状态通常指的是系统在过去、现在及未来时刻的运动状况。

定义2 系统的状态变量是指能够完全描述系统在时间域范围内动态特性的一个最小变量组。

所谓“完全描述”指的是若给定描述状态的变量组在初始时刻($t=t_0$)的值和初始时刻后($t\geqslant t_0$)的输入，则系统在任一时刻的运动状况（即系统的状态）就完全且唯一确定。

最小变量组是指描述系统状态的变量组中的各个分量之间是相互独立的。也就是说在最小变量组中缺少一个分量，该最小变量组就不能完全描述系统。而在最小变量组中增加分量，则该最小变量组在描述系统时就存在冗余变量，就不是线性无关变量组。

状态变量通常用符号$x_1(t),x_2(t),\cdots,x_n(t)$表示。

定义3 系统的状态向量是指系统用状态变量作为分量所构成的向量。

若系统有n个状态变量$x_1(t),x_2(t),\cdots,x_n(t)$，则以此$n$个状态变量为分量构成的向量就是状态向量$\boldsymbol{x}(t)=(x_1(t)\quad x_2(t)\quad \cdots\quad x_n(t))^{\mathrm{T}}$。

定义4 以系统n个状态变量$x_1(t),x_2(t),\cdots,x_n(t)$为坐标轴，构成的$n$维欧氏空间，称为状态空间。

状态空间中的一点就代表系统在某一时刻的状态。图 2-1 为二维状态空间与三维状态空间的示意图。

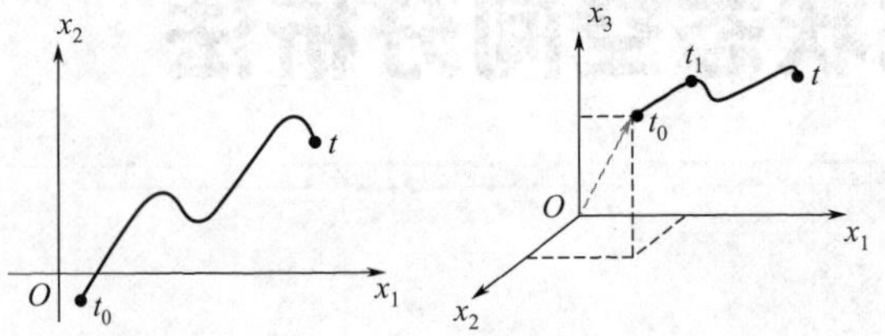

图 2-1　二维状态空间与三维状态空间示意图

定义 5　在状态空间中，某一个时刻 t 的状态是状态空间中的一个点，而一段时间内状态的集合称为系统在这一时间段内的状态轨迹，有时也称作相轨迹。

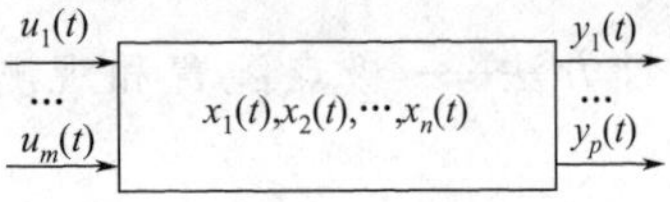

图 2-2　多输入-多输出系统示意图

在图 2-2 所示的多输入-多输出系统中，系统的输入向量是指系统用每一个输入变量作为分量构成的向量，如 $\boldsymbol{u}(t)=(u_1(t)\quad u_2(t)\quad \cdots\quad u_m(t))^{\mathrm{T}}$。系统的输出向量是指系统用每一个输出变量作为分量构成的向量，如 $\boldsymbol{y}(t)=(y_1(t)\quad y_2(t)\quad \cdots\quad y_p(t))^{\mathrm{T}}$。

定义 6　状态方程是指由系统的状态变量与输入变量之间的关系构成的一阶微分方程组。

线性定常系统状态方程通常如式(2-1)所示。

$$\dot{\boldsymbol{x}}(t)=\boldsymbol{A}\boldsymbol{x}(t)+\boldsymbol{B}\boldsymbol{u}(t) \tag{2-1}$$

式中，$\boldsymbol{A}$ 为系统矩阵，表示系统内部各状态变量之间的关联情况，决定了系统的动态特性；$\boldsymbol{B}$ 为输入矩阵，又称为控制矩阵，表示输入变量对状态变量的影响。

定义 7　输出方程是指由系统的状态变量和输入变量之间的关系构成的代数方程。

线性定常系统输出方程通常如式(2-2)所示。

$$\boldsymbol{y}(t)=\boldsymbol{C}\boldsymbol{x}(t)+\boldsymbol{D}\boldsymbol{u}(t) \tag{2-2}$$

式中，$\boldsymbol{C}$ 为输出矩阵，反映了状态变量与输出变量间的作用关系；$\boldsymbol{D}$ 为直接传递矩阵，表示了输入变量对输出变量的直接影响，大多数系统不存在这种直接传递关系，即 $\boldsymbol{D}$ 通常为 0。

定义 8　系统的状态空间表达式由系统的状态方程与输出方程组成，如式(2-3)所示。它们分别表示系统的内部行为和外部行为，是一种系统的完全描述。

$$\begin{cases}\dot{\boldsymbol{x}}(t)=\boldsymbol{A}\boldsymbol{x}(t)+\boldsymbol{B}\boldsymbol{u}(t)\\ \boldsymbol{y}(t)=\boldsymbol{C}\boldsymbol{x}(t)+\boldsymbol{D}\boldsymbol{u}(t)\end{cases} \tag{2-3}$$

式中，状态变量 $\boldsymbol{x}(t)\in\mathbb{R}^n$；输入变量 $\boldsymbol{u}(t)\in\mathbb{R}^m$；输出变量 $\boldsymbol{y}(t)\in\mathbb{R}^p$；系统矩阵 $\boldsymbol{A}\in\mathbb{R}^{n\times n}$；输入矩阵 $\boldsymbol{B}\in\mathbb{R}^{n\times m}$；输出矩阵 $\boldsymbol{C}\in\mathbb{R}^{p\times n}$；直接传递矩阵 $\boldsymbol{D}\in\mathbb{R}^{p\times m}$。例如，对于一个具有 m 个输入、p 个输出的多变量系统，其状态方程为

$$\begin{aligned}\dot{x}_1&=a_{11}x_1+a_{12}x_2+\cdots+a_{1n}x_n+b_{11}u_1+b_{12}u_2+\cdots+b_{1m}u_m\\ \dot{x}_2&=a_{21}x_1+a_{22}x_2+\cdots+a_{2n}x_n+b_{21}u_1+b_{22}u_2+\cdots+b_{2m}u_m\\ &\vdots\end{aligned}$$

$$\dot{x}_n = a_{n1}x_1 + a_{n2}x_2 + \cdots + a_{nn}x_n + b_{n1}u_1 + b_{n2}u_2 + \cdots + b_{nm}u_m$$

输出方程为

$$y_1 = c_{11}x_1 + c_{12}x_2 + \cdots + c_{1n}x_n + d_{11}u_1 + d_{12}u_2 + \cdots + d_{1m}u_m$$
$$y_2 = c_{21}x_1 + c_{22}x_2 + \cdots + c_{2n}x_n + d_{21}u_1 + d_{22}u_2 + \cdots + d_{2m}u_m$$
$$\vdots$$
$$y_p = c_{p1}x_1 + c_{p2}x_2 + \cdots + c_{pn}x_n + d_{p1}u_1 + d_{p2}u_2 + \cdots + d_{pm}u_m$$

因此，该多输入-多输出系统的状态空间表达式表示为

$$\begin{pmatrix} \dot{x}_1 \\ \dot{x}_2 \\ \vdots \\ \dot{x}_n \end{pmatrix} = \begin{pmatrix} a_{11} & a_{12} & \cdots & a_{1n} \\ a_{21} & a_{22} & \cdots & a_{2n} \\ \vdots & \vdots & & \vdots \\ a_{n1} & a_{n2} & \cdots & a_{nn} \end{pmatrix} \begin{pmatrix} x_1 \\ x_2 \\ \vdots \\ x_n \end{pmatrix} + \begin{pmatrix} b_{11} & b_{12} & \cdots & b_{1n} \\ b_{21} & b_{22} & \cdots & b_{2n} \\ \vdots & \vdots & & \vdots \\ b_{n1} & b_{n2} & \cdots & b_{nm} \end{pmatrix} \begin{pmatrix} u_1 \\ u_2 \\ \vdots \\ u_m \end{pmatrix}$$

$$\begin{pmatrix} y_1 \\ y_2 \\ \vdots \\ y_p \end{pmatrix} = \begin{pmatrix} c_{11} & c_{12} & \cdots & c_{1n} \\ c_{21} & c_{22} & \cdots & c_{2n} \\ \vdots & \vdots & & \vdots \\ c_{p1} & c_{p2} & \cdots & c_{pn} \end{pmatrix} \begin{pmatrix} x_1 \\ x_2 \\ \vdots \\ x_n \end{pmatrix} + \begin{pmatrix} d_{11} & d_{12} & \cdots & d_{1n} \\ d_{21} & d_{22} & \cdots & d_{2n} \\ \vdots & \vdots & & \vdots \\ d_{p1} & d_{p2} & \cdots & d_{pm} \end{pmatrix} \begin{pmatrix} u_1 \\ u_2 \\ \vdots \\ u_m \end{pmatrix}$$

2.1.2　系统状态空间表达式建立

建立被控对象的数学模型是进行控制系统分析和综合的第一步，是控制理论和控制工程的基础。本节主要介绍建立状态空间表达式的四种方法：基于系统结构图的状态空间表达式建立、基于系统机理的状态空间表达式建立、基于微分方程的状态空间表达式建立、基于传递函数的状态空间表达式建立。

（1）基于系统结构图的状态空间表达式建立

线性系统的状态空间模型可以用结构图的形式表达，这种结构图可以形象地说明系统输入、输出和状态之间的信息传递关系。不仅适用于单输入-单输出系统，也适用于多输入-多输出系统。

图 2-3 所示为系统结构图的三种基本元件：积分器、比例器和加法器。

连续线性定常系统状态空间表达式 $\dot{\boldsymbol{x}} = \boldsymbol{Ax} + \boldsymbol{Bu}$，$\boldsymbol{y} = \boldsymbol{Cx} + \boldsymbol{Du}$ 的结构图如图 2-4 所示。

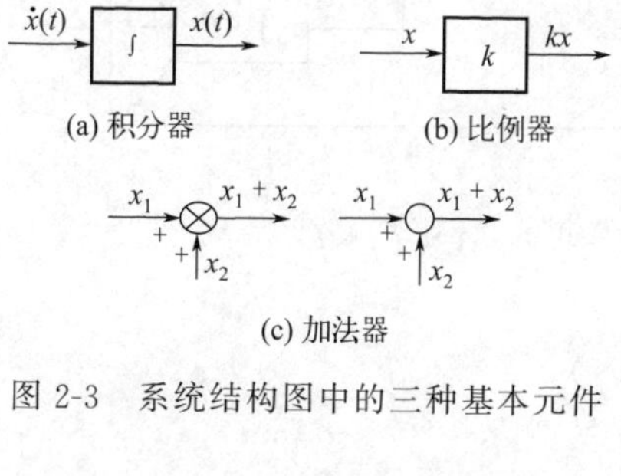

图 2-3　系统结构图中的三种基本元件

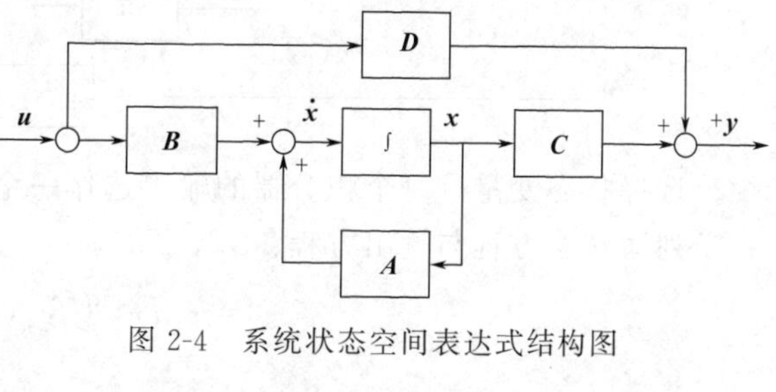

图 2-4　系统状态空间表达式结构图

基于系统结构图的状态空间表达式建立方法基本的步骤如下。

① 结构图变换。将系统结构图中的各个环节变换为只包含比例器、积分器和加法器的结构图。

② 选择状态变量。通常将每一个积分器的输出选择为状态变量。

③ 根据结构图各环节的关联关系，列写出状态空间表达式。

在列写状态方程时，通常需要用到拉普拉斯变换的微分性质。若时域函数 $x(t)$ 的拉普拉斯变换为 $L[x(t)]=X(s)$，则有：

$$L\left(\frac{\mathrm{d}^n x(t)}{\mathrm{d}t^n}\right)=s^n X(s)-\sum_{r=0}^{n-1} s^{n-r-1} x^{(r)}(0)$$

式中，$x^{(r)}(0)$是 r 阶导数$\frac{\mathrm{d}^r x(t)}{\mathrm{d}t^r}$在 $t=0$ 时的初始值。当 $x(t)$及其各阶导数的所有初始值全都等于 0 时，则有 $L\left(\frac{\mathrm{d}^n x(t)}{\mathrm{d}t^n}\right)=s^n X(s)$。

【例 2-1】 已知系统结构图如图 2-5 所示，建立其状态空间表达式。

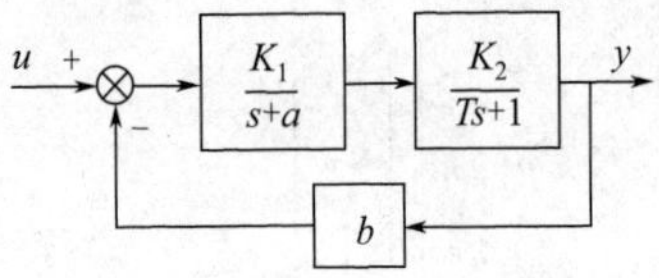

图 2-5 例 2-1 系统结构图

方法 1：① 结构图变换。

$$\frac{K_1}{s+a}=K_1\frac{\frac{1}{s}}{1+a\frac{1}{s}}$$

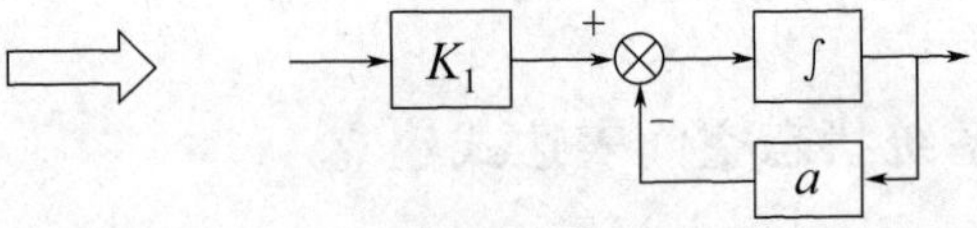

$$\frac{K_2}{Ts+1}=\frac{K_2}{T}\times\frac{\frac{1}{s}}{1+\frac{1}{T}\times\frac{1}{s}}$$

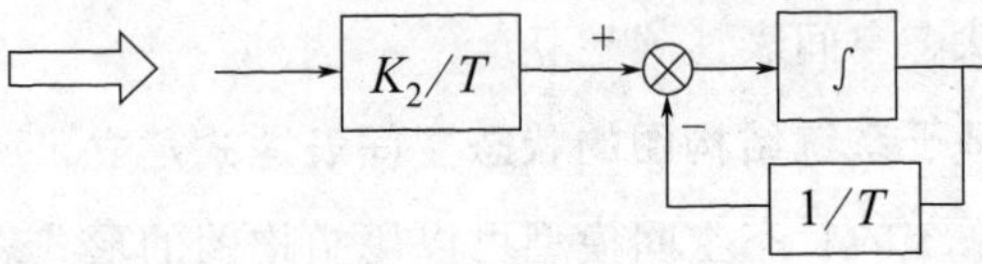

整个框图的结构变换为：

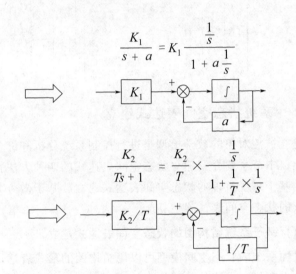

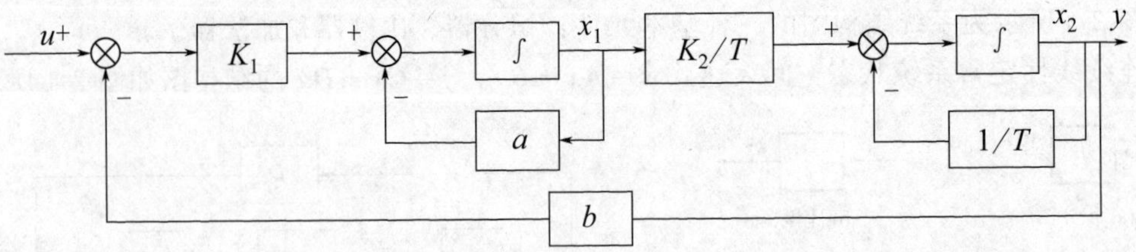

② 选择状态变量。每个积分器的输出选作一个状态变量：x_1，x_2。

③ 列写状态方程与输出方程：

$$\dot{x}_1=-ax_1+K_1(u-bx_2)$$

$$\dot{x}_2=-\frac{1}{T}x_2+\frac{K_2}{T}x_1$$

$$y=x_2$$

于是有：

$$\begin{pmatrix}\dot{x}_1\\ \dot{x}_2\end{pmatrix}=\begin{pmatrix}-a & -K_1b\\ \frac{K_2}{T} & -\frac{1}{T}\end{pmatrix}\begin{pmatrix}x_1\\ x_2\end{pmatrix}+\begin{pmatrix}K_1\\ 0\end{pmatrix}u$$

$$y=(0\quad 1)\begin{pmatrix}x_1\\ x_2\end{pmatrix}$$

方法 2：取第一个环节的输出为状态变量 x_1，第二个环节的输出为状态变量 x_2，则由系统结构图信号流向列出方程：

$$x_1\frac{K_2}{Ts+1}=x_2$$

$$(u-by)\frac{K_1}{s+a}=x_1$$

$$y=x_2$$

整理得：

$$K_2x_1=Tsx_2+x_2,\ sx_1+ax_1=K_1u-K_1bx_2,\ y=x_2$$

初始值为 0 的拉氏变换微分性质——$sx_2=\dot{x}_2$，$sx_1=\dot{x}_1$，于是有：

$$\dot{x}_1=-ax_1-K_1bx_2+K_1u$$

$$\dot{x}_2=\frac{K_2}{T}x_1-\frac{1}{T}x_2$$

因此，状态空间表达式为：

$$\begin{pmatrix}\dot{x}_1\\ \dot{x}_2\end{pmatrix}=\begin{pmatrix}-a & -K_1b\\ \frac{K_2}{T} & -\frac{1}{T}\end{pmatrix}\begin{pmatrix}x_1\\ x_2\end{pmatrix}+\begin{pmatrix}K_1\\ 0\end{pmatrix}u$$

$$y=(0\quad 1)\begin{pmatrix}x_1\\ x_2\end{pmatrix}$$

(2) 基于系统机理的状态空间表达式建立

根据系统的物理、化学、生物等机理建立对象的状态空间表达式的方法称为机理建模。机理建模主要根据系统的物料和能量（电压、电流、力、流量、温度等）在储存和传递中的动态平衡关系，以及各环节、元件的物理量之间的关系来建立系统的模型。基于系统机理的状态空间表达式建立的主要步骤如下。

① 根据系统的物理学原理或定律（如基尔霍夫定律、牛顿定律）、化学原理等建立系统的原始方程。

② 选择系统中的一个线性无关极大变量组作为状态变量组。通常选择储能元件（电容或电感）的相应变量（电容两端电压或流经电感的电流）。

③ 根据选择的状态变量对原始方程做计算和整理，推导出左端为状态的导数，右端为状态和输出的线性组合的状态方程，及左端为输出，右端为状态和输出的线性组合的输出方程。

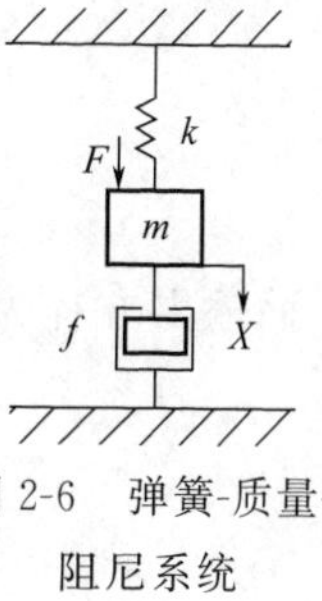

图 2-6 弹簧-质量-阻尼系统

【例 2-2】 试建立图 2-6 所示的弹簧-质量-阻尼系统的状态空间表达式。图中 F 为外加压力，X 为质量块的位移。

解：① 根据弹簧-质量-阻尼系统受力分析，由牛顿第二定律可得

$$F_{合}=F+F_k+F_f=ma$$

式中，$F_k=-kX$ 是弹簧的阻力，k 是弹性阻力系数；$F_f=-f\dfrac{\mathrm{d}X}{\mathrm{d}t}$是黏滞阻力，$f$ 是黏滞阻力系数；$a=\dfrac{\mathrm{d}^2X}{\mathrm{d}t^2}$是加速度。于是有

$$F-kX-f\frac{\mathrm{d}X}{\mathrm{d}t}=m\frac{\mathrm{d}^2X}{\mathrm{d}t^2}$$

② 选择位移 X 和$\dfrac{\mathrm{d}X}{\mathrm{d}t}$作为状态变量，即 $x_1=X$，$x_2=\dfrac{\mathrm{d}X}{\mathrm{d}t}=\dot{x}_1$。

③ 通过整理，得到状态方程。

$$\dot{x}_1=x_2$$

$$\dot{x}_2=\frac{\mathrm{d}^2X}{\mathrm{d}t^2}=\frac{F}{m}-\frac{k}{m}X-\frac{f}{m}\frac{\mathrm{d}X}{\mathrm{d}t}=-\frac{k}{m}x_1-\frac{f}{m}x_2+\frac{1}{m}F$$

令外力 F 为输入 u，则状态方程和输出方程分别为

$$\begin{pmatrix}\dot{x}_1\\ \dot{x}_2\end{pmatrix}=\begin{pmatrix}0 & 1\\ -\dfrac{k}{m} & -\dfrac{f}{m}\end{pmatrix}\begin{pmatrix}x_1\\ x_2\end{pmatrix}+\begin{pmatrix}0\\ \dfrac{1}{m}\end{pmatrix}u$$

$$y=X=x_1=(1\quad 0)\begin{pmatrix}x_1\\ x_2\end{pmatrix}$$

【例 2-3】 试建立图 2-7 所示电路系统的状态空间表达式。

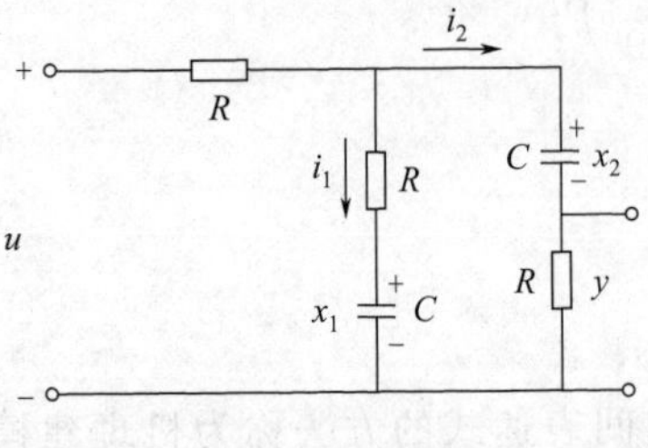

图 2-7　电路系统

解：① 由基尔霍夫定律可得

$$u-R(i_1+i_2)=Ri_1+\frac{1}{C}\int i_1\,\mathrm{d}t=Ri_2+\frac{1}{C}\int i_2\,\mathrm{d}t$$

② 选择状态变量。

$$x_1=\int i_1\,\mathrm{d}t,\ x_2=\int i_2\,\mathrm{d}t$$

③ 整理可得

$$2RC\dot{x}_1+RC\dot{x}_2+x_1=Cu,\ RC\dot{x}_1+2RC\dot{x}_2+x_2=Cu$$

求解出 $\dot{x}_1$ 和 $\dot{x}_2$，得

$$\dot{x}_1=-\frac{2}{3RC}x_1+\frac{1}{3RC}x_2+\frac{1}{3R}u$$

$$\dot{x}_2=\frac{1}{3RC}x_1-\frac{2}{3RC}x_2+\frac{1}{3R}u$$

而输出方程为

$$y=Ri_2=R\dot{x}_2=\frac{1}{3C}x_1-\frac{2}{3C}x_2+\frac{1}{3}u$$

于是，状态空间表达式写为

$$\begin{pmatrix}\dot{x}_1\\ \dot{x}_2\end{pmatrix}=\begin{pmatrix}-\dfrac{2}{3RC} & \dfrac{1}{3RC}\\ \dfrac{1}{3RC} & -\dfrac{2}{3RC}\end{pmatrix}\begin{pmatrix}x_1\\ x_2\end{pmatrix}+\begin{pmatrix}\dfrac{1}{3R}\\ \dfrac{1}{3R}\end{pmatrix}u$$

$$y=\begin{pmatrix}\dfrac{1}{3C} & -\dfrac{2}{3C}\end{pmatrix}\begin{pmatrix}x_1\\ x_2\end{pmatrix}+\frac{1}{3}u$$

若例 2-3 中选择状态变量为

$$x_1=\frac{1}{C}\int i_1\mathrm{d}t,\ x_2=\frac{1}{C}\int i_2\mathrm{d}t$$

则状态空间表达式是否不一样呢？回答是肯定的。由此可知，选择不同的状态变量建立的状态空间表达式之间存在关联关系。线性定常系统状态空间表达式存在以下性质。

性质 1　系统状态空间表达式的不唯一性。

给定连续线性定常系统

$$\begin{cases}\dot{\boldsymbol{x}}=\boldsymbol{Ax}+\boldsymbol{Bu}\\ \boldsymbol{y}=\boldsymbol{Cx}+\boldsymbol{Du}\end{cases}$$

若存在线性非奇异变换 $\tilde{\boldsymbol{x}}=\boldsymbol{Px}$，两边同时求导，则有

$$\dot{\tilde{\boldsymbol{x}}}=\boldsymbol{P}\dot{\boldsymbol{x}}$$

把系统变换成以 $\tilde{\boldsymbol{x}}$ 为状态变量的空间表达式，则有

$$\dot{\tilde{\boldsymbol{x}}}=\boldsymbol{PAP}^{-1}\tilde{\boldsymbol{x}}+\boldsymbol{PBu}=\tilde{\boldsymbol{A}}\tilde{\boldsymbol{x}}+\tilde{\boldsymbol{B}}\boldsymbol{u}$$
$$\boldsymbol{y}=\boldsymbol{CP}^{-1}\tilde{\boldsymbol{x}}+\boldsymbol{Du}=\tilde{\boldsymbol{C}}\tilde{\boldsymbol{x}}+\tilde{\boldsymbol{D}}\boldsymbol{u}$$

因此，也称系统状态空间表达 $\Sigma(\boldsymbol{A},\boldsymbol{B},\boldsymbol{C},\boldsymbol{D})$ 与系统 $\tilde{\Sigma}(\tilde{\boldsymbol{A}},\tilde{\boldsymbol{B}},\tilde{\boldsymbol{C}},\tilde{\boldsymbol{D}})$ 是代数等价的。一个系统的状态空间描述通常因状态变量选择的不同而不同，也就是说同一个系统的状态空间表达式具有不唯一性，且这些状态空间表达式之间存在线性变换（坐标变换）关系。

性质 2　系统的不变量与特征值的不变性。

给定连续线性定常系统

$$\begin{cases}\dot{\boldsymbol{x}}=\boldsymbol{Ax}+\boldsymbol{Bu}\\ \boldsymbol{y}=\boldsymbol{Cx}+\boldsymbol{Du}\end{cases}$$

其特征值就是系统矩阵 $\boldsymbol{A}$ 的特征值，即特征方程 $|\lambda\boldsymbol{I}-\boldsymbol{A}|=0$ 的根。经过线性非奇异变换 $\tilde{\boldsymbol{x}}=\boldsymbol{Px}$ 后的状态空间表达式的特征方程为

$$\begin{aligned}|\lambda\boldsymbol{I}-\boldsymbol{PAP}^{-1}|&=|\lambda\boldsymbol{PP}^{-1}-\boldsymbol{PAP}^{-1}|\\ &=|\boldsymbol{P}\lambda\boldsymbol{P}^{-1}-\boldsymbol{PAP}^{-1}|\\ &=|\boldsymbol{P}(\lambda\boldsymbol{I}-\boldsymbol{A})\boldsymbol{P}^{-1}|\\ &=|\boldsymbol{P}||\lambda\boldsymbol{I}-\boldsymbol{A}||\boldsymbol{P}^{-1}|\\ &=|\boldsymbol{PP}^{-1}||\lambda\boldsymbol{I}-\boldsymbol{A}|\\ &=|\lambda\boldsymbol{I}-\boldsymbol{A}|\end{aligned}$$

特征方程 $|\lambda\boldsymbol{I}-\boldsymbol{A}|=0$ 写成多项式的形式有

$$|\lambda\boldsymbol{I}-\boldsymbol{A}|=\lambda^n+a_{n-1}\lambda^{n-1}+\cdots+a_1\lambda+a_0=0$$

由此可见，经过线性非奇异变换后，系统的特征值不变，系统特征方程的系数也不变。因此，将特征方程多项式的系数称为系统的不变量。

(3) 基于微分方程的状态空间表达式建立

微分方程是在时间域内描述连续线性定常系统的常用数学模型，它反映了系统随时间变化的动态特性。下面介绍通过系统微分方程推导出系统状态空间表达式的一般方法。

单输入-单输出线性定常系统由式(2-4) 所示的微分方程描述。

$$y^{(n)}+a_{n-1}y^{(n-1)}+\cdots+a_2y^{(2)}+a_1y^{(1)}+a_0y=b_mu^{(m)}+\cdots+b_1u^{(1)}+b_0u \tag{2-4}$$

实际系统中通常有 $m\leqslant n$，不存在 $m>n$ 实际系统的原因是物理上无法实现。因此，分两种情况讨论微分方程转化为状态空间表达式。

① $m<n$ 的情况　引入微分算子 $p=\frac{\mathrm{d}}{\mathrm{d}t}$，则式(2-4) 可以写成

$$y=\frac{(b_mp^m+\cdots+b_2p^2+b_1p+b_0)u}{p^n+a_{n-1}p^{n-1}+\cdots+a_2p^2+a_1p+a_0} \tag{2-5}$$

定义中间变量 $\tilde{y}$ 为

$$\tilde{y}=\frac{u}{p^n+a_{n-1}p^{n-1}+\cdots+a_2p^2+a_1p+a_0} \tag{2-6}$$

将式(2-6) 代入式(2-5) 中，可得

$$y=(b_mp^m+\cdots+b_2p^2+b_1p+b_0)\tilde{y}=b_m\tilde{y}^{(m)}+\cdots+b_1\tilde{y}^{(1)}+b_0\tilde{y} \tag{2-7}$$

而式(2-6) 可改写为

$$(p^n+a_{n-1}p^{n-1}+\cdots+a_2p^2+a_1p+a_0)\tilde{y}=u \tag{2-8}$$

即

$$\tilde{y}^{(n)}+a_{n-1}\tilde{y}^{(n-1)}+\cdots+a_2\tilde{y}^{(2)}+a_1\tilde{y}^{(1)}+a_0\tilde{y}=u \tag{2-9}$$

选取状态变量为：$x_1=\tilde{y}$，$x_2=\tilde{y}^{(1)}$，…，$x_{n-1}=\tilde{y}^{(n-2)}$，$x_n=\tilde{y}^{(n-1)}$。

求取这些状态变量的一阶导数可得

$$\begin{aligned}\dot{x}_1&=\tilde{y}^{(1)}=x_2\\ \dot{x}_2&=\tilde{y}^{(2)}=x_3\\ &\vdots\\ \dot{x}_{n-1}&=\tilde{y}^{(n-1)}=x_n\\ \dot{x}_n&=\tilde{y}^{(n)}=-a_0x_1-a_1x_2-\cdots-a_{n-1}x_n+u\end{aligned}$$

将一阶微分方程写成矩阵形式，可得

$$\dot{\boldsymbol{x}}=\begin{bmatrix}\dot{x}_1\\ \dot{x}_2\\ \vdots\\ \dot{x}_{n-1}\\ \dot{x}_n\end{bmatrix}=\begin{bmatrix}0&1&0&\cdots&0\\ 0&0&1&\cdots&0\\ \vdots&\vdots&\vdots&&\vdots\\ 0&0&0&\cdots&1\\ -a_0&-a_1&-a_2&\cdots&-a_{n-1}\end{bmatrix}\begin{bmatrix}x_1\\ x_2\\ \vdots\\ x_{n-1}\\ x_n\end{bmatrix}+\begin{bmatrix}0\\ 0\\ \vdots\\ 0\\ 1\end{bmatrix}u \tag{2-10}$$

同理，利用选择的状态变量将式(2-7) 写成

$$y=b_mx_{m+1}+\cdots+b_1x_2+b_0x_1 \tag{2-11}$$

式(2-11) 写成矩阵形式，可得

$$y=\begin{pmatrix} b_0 & \cdots & b_m & 0 & \cdots & 0 \end{pmatrix}\begin{pmatrix} x_1 \\ \vdots \\ x_{m+1} \\ x_{m+2} \\ \vdots \\ x_n \end{pmatrix} \tag{2-12}$$

因此，式(2-10)和式(2-12)就构成了系统的状态空间表达式。

② $m=n$ 的情况　在引入微分算子后，式(2-4) 可以写成

$$y=\frac{(b_n p^n+b_{n-1}p^{n-1}+\cdots+b_2 p^2+b_1 p+b_0)u}{p^n+a_{n-1}p^{n-1}+\cdots+a_2 p^2+a_1 p+a_0} \tag{2-13}$$

首先，将式(2-13) 化成严格有理真分式，即

$$y=b_n u+\frac{[(b_{n-1}-b_n a_{n-1})p^{n-1}+\cdots+(b_1-b_n a_1)p+(b_0-b_n a_0)]u}{p^n+a_{n-1}p^{n-1}+\cdots+a_2 p^2+a_1 p+a_0} \tag{2-14}$$

然后，将式(2-14) 中的分式部分按照 $m<n$ 的情况选择状态变量，转化为状态方程和输出方程。最后，系统的状态空间表达式为

$$\dot{\boldsymbol{x}}=\begin{pmatrix} 0 & 1 & 0 & \cdots & 0 \\ 0 & 0 & 1 & \cdots & 0 \\ \vdots & \vdots & \vdots & & \vdots \\ 0 & 0 & 0 & \cdots & 1 \\ -a_0 & -a_1 & -a_2 & \cdots & -a_{n-1} \end{pmatrix}\begin{pmatrix} x_1 \\ x_2 \\ \vdots \\ x_{n-1} \\ x_n \end{pmatrix}+\begin{pmatrix} 0 \\ 0 \\ \vdots \\ 0 \\ 1 \end{pmatrix}u \tag{2-15}$$

$$y=\begin{pmatrix} b_0-b_n a_0 & b_1-b_n a_1 & \cdots & b_{n-1}-b_n a_{n-1} \end{pmatrix}\begin{pmatrix} x_1 \\ x_2 \\ \vdots \\ x_n \end{pmatrix}+b_n u \tag{2-16}$$

微分方程转化为状态空间表达式的优点在于可以利用控制系统微分方程的系数 a_0，$a_1,\cdots,a_{n-1},b_0,b_1,\cdots,b_m$ 直接列出系统的状态空间表达式。

【例 2-4】 试将下面微分方程描述的系统转换成状态空间表达式。

① $\dddot{y}+2\ddot{y}+3\dot{y}+6y=2u$　　② $\dddot{y}+6\ddot{y}+11\dot{y}+5y=2\dddot{u}+4\ddot{u}+u$

解：① 对照 $m<n$ 的情况，直接根据微分方程中的系数写出状态空间表达式

$$\dot{\boldsymbol{x}}=\begin{pmatrix} 0 & 1 & 0 \\ 0 & 0 & 1 \\ -6 & -3 & -2 \end{pmatrix}\boldsymbol{x}+\begin{pmatrix} 0 \\ 0 \\ 1 \end{pmatrix}u$$

$$y=\begin{pmatrix} 2 & 0 & 0 \end{pmatrix}\boldsymbol{x}$$

② 对照 $m=n$ 的情况，将微分方程化为严格有理真分式的形式。令 $p=\frac{\mathrm{d}}{\mathrm{d}t}$，则

$$y=\frac{(2p^3+4p^2+1)u}{p^3+6p^2+11p+5}=2u+\frac{-8p^2-22p-9}{p^3+6p^2+11p+5}u$$

于是，状态空间表达式为

$$\dot{\boldsymbol{x}}=\begin{pmatrix}0&1&0\\0&0&1\\-5&-11&-6\end{pmatrix}\boldsymbol{x}+\begin{pmatrix}0\\0\\1\end{pmatrix}u$$

$$y=(-9\quad -22\quad -8)\boldsymbol{x}+2u$$

(4) 基于传递函数的状态空间表达式建立

在经典控制理论中，传递函数常用来描述单输入-单输出线性定常系统的动态特性。在初始条件为0的条件下单输入-单输出线性定常系统传递函数的一般表达式为

$$G(s)=\frac{b_m s^m+\cdots+b_1 s+b_0}{s^n+a_{n-1}s^{n-1}+\cdots+a_1 s+a_0} \tag{2-17}$$

而对于多输入-多输出线性定常系统，能否用传递函数来描述？在不考虑系统内部状态信息的情况下，多输入-多输出线性定常系统的动态特性可以用传递函数（阵）来描述，其典型表达式为

$$\boldsymbol{G}(s)=\begin{pmatrix}G_{11}(s)&G_{12}(s)&\cdots&G_{1m}(s)\\\vdots&\vdots&&\vdots\\G_{p1}(s)&G_{p2}(s)&\cdots&G_{pm}(s)\end{pmatrix} \tag{2-18}$$

式中，$G_{ij}(s)(i=1,\cdots,p;j=1,\cdots,m)$表示第$j$个输入对第$i$个输出的传递函数。

传递函数转换为状态空间表达式的一般步骤如下。

① 先将系统的传递函数式(2-17)进行反拉普拉斯变换，得到相应的微分方程。

② 然后，将微分方程转换为状态空间表达式。

例如：若单输入-单输出线性定常系统传递函数为

$$G(s)=\frac{\beta_{n-1}s^{n-1}+\cdots+\beta_1 s+\beta_0}{s^n+\alpha_{n-1}s^{n-1}+\cdots+\alpha_2 s^2+\alpha_1 s+\alpha_0}$$

其对应的微分方程为

$$y^{(n)}+\alpha_{n-1}y^{(n-1)}+\cdots+\alpha_2 y^{(2)}+\alpha_1 y^{(1)}+\alpha_0 y=\beta_{n-1}u^{(n-1)}+\cdots+\beta_1 u^{(1)}+\beta_0 u$$

则它的一个状态空间描述为：

$$\dot{\boldsymbol{x}}=\begin{bmatrix}0&1&0&\cdots&0\\0&0&1&\cdots&0\\\vdots&\vdots&\vdots&&\vdots\\0&0&0&\cdots&1\\-\alpha_0&-\alpha_1&-\alpha_2&\cdots&-\alpha_{n-1}\end{bmatrix}\begin{bmatrix}x_1\\x_2\\\vdots\\x_n\end{bmatrix}+\begin{bmatrix}0\\0\\\vdots\\0\\1\end{bmatrix}u$$

$$y=(\beta_0\quad \beta_1\quad \cdots\quad \beta_{n-1})\begin{bmatrix}x_1\\x_2\\\vdots\\x_n\end{bmatrix}$$

在线性定常系统中，由给定的系统传递函数（阵）求取其状态空间表达式，就是所谓“实现”问题。

定义 1 对于连续线性定常系统，通常称一个状态空间描述$(\boldsymbol{A},\boldsymbol{B},\boldsymbol{C},\boldsymbol{D})$是其传递函数（阵）$\boldsymbol{G}(s)$的一个实现，且存在

$$\boldsymbol{G}(s)=\boldsymbol{C}(s\boldsymbol{I}-\boldsymbol{A})^{-1}\boldsymbol{B}+\boldsymbol{D} \tag{2-19}$$

证明：若连续线性定常系统状态空间描述为

$$\begin{cases}\dot{\boldsymbol{x}}=\boldsymbol{A}\boldsymbol{x}+\boldsymbol{B}\boldsymbol{u}\\ \boldsymbol{y}=\boldsymbol{C}\boldsymbol{x}+\boldsymbol{D}\boldsymbol{u}\end{cases} \tag{2-20}$$

在初始条件为零的条件下，对系统状态方程和输出方程进行拉氏变换有

$$s\boldsymbol{X}(s)=\boldsymbol{A}\boldsymbol{X}(s)+\boldsymbol{B}\boldsymbol{U}(s) \tag{2-21}$$

$$\boldsymbol{Y}(s)=\boldsymbol{C}\boldsymbol{X}(s)+\boldsymbol{D}\boldsymbol{U}(s) \tag{2-22}$$

对式(2-21) 整理得

$$\boldsymbol{X}(s)=(s\boldsymbol{I}-\boldsymbol{A})^{-1}\boldsymbol{B}\boldsymbol{U}(s) \tag{2-23}$$

将式(2-23) 代入式(2-22) 整理得

$$\boldsymbol{Y}(s)=[\boldsymbol{C}(s\boldsymbol{I}-\boldsymbol{A})^{-1}\boldsymbol{B}+\boldsymbol{D}]\boldsymbol{U}(s) \tag{2-24}$$

由式(2-24) 得到系统的传递函数（阵）为

$$\boldsymbol{G}(s)=\frac{\boldsymbol{Y}(s)}{\boldsymbol{U}(s)}=\boldsymbol{C}(s\boldsymbol{I}-\boldsymbol{A})^{-1}\boldsymbol{B}+\boldsymbol{D} \tag{2-25}$$

系统“实现”的性质如下。

性质 1 实现的维数。传递函数（阵）$\boldsymbol{G}(s)$的实现$(\boldsymbol{A},\boldsymbol{B},\boldsymbol{C},\boldsymbol{D})$的结构复杂程度通常可以由系统的维数表征。也就是说，一个实现的维数规定为系统矩阵 $\boldsymbol{A}$ 的维数。

性质 2 实现的不唯一性。传递函数（阵）$\boldsymbol{G}(s)$的实现$(\boldsymbol{A},\boldsymbol{B},\boldsymbol{C},\boldsymbol{D})$满足不唯一性，即不仅实现结果不唯一，且其实现的维数也不唯一。对于给定系统状态空间模型$(\boldsymbol{A},\boldsymbol{B},\boldsymbol{C},\boldsymbol{D})$，其传递函数（阵）$\boldsymbol{G}(s)$是唯一的；但反过来，给定传递函数（阵）$\boldsymbol{G}(s)$，其状态空间实现$(\boldsymbol{A},\boldsymbol{B},\boldsymbol{C},\boldsymbol{D})$就不唯一。这是因为状态变换前后（如 $\bar{\boldsymbol{x}}=\boldsymbol{P}\boldsymbol{x}$）系统的状态空间模型不相同，但是它们的传递函数（阵）却是相同的。同样，不能控或不能观测系统，经过规范分解后的整个系统与其中的既能控又能观测的子系统均是其传递函数的一个实现。

定义 2 传递函数（阵）$\boldsymbol{G}(s)$的所有实现$(\boldsymbol{A},\boldsymbol{B},\boldsymbol{C},\boldsymbol{D})$中维数最小的一类实现，称为最小实现，又称不可约实现、最小维实现、最小阶实现。

最小实现是$\boldsymbol{G}(s)$中结构最简单的状态空间模型。在实际应用中，最小实现的阶数最低，在进行运算放大器模拟和系统仿真时，需要的元件和积分器最少，从经济性和可靠性等角度来说也是必要的。

最小实现定理：状态空间模型$(\boldsymbol{A},\boldsymbol{B},\boldsymbol{C},\boldsymbol{D})$是传递函数（阵）$\boldsymbol{G}(s)$的最小实现的充分必要条件是系统$(\boldsymbol{A},\boldsymbol{B},\boldsymbol{C},\boldsymbol{D})$既完全能控又完全能观测。

传递函数（阵）$\boldsymbol{G}(s)$的所有最小实现互相间是代数等价的。

系统状态空间模型转换为传递函数（阵）：单输入-单输出线性定常系统的状态空间模型在初始条件为零的条件下转换为传递函数的一般表达式为 $G(s)$。而实际的控制系统可能是多输入-多输出的线性定常系统，其状态空间模型在初始条件为零的条件下通常转换为传递函数矩阵式(2-18) 来进行描述。

在初始条件为零的情况下，系统状态空间描述（$\boldsymbol{A},\boldsymbol{B},\boldsymbol{C},\boldsymbol{D}$）转换为传递函数矩阵计算步骤如下。

步骤 1：先计算$(s\boldsymbol{I}-\boldsymbol{A})^{-1}$。

步骤 2：然后再计算 $\boldsymbol{G}(s)=\boldsymbol{C}(s\boldsymbol{I}-\boldsymbol{A})^{-1}\boldsymbol{B}+\boldsymbol{D}$。

其中最关键的步骤是计算矩阵的逆矩阵。

【例 2-5】 若系统的传递函数为

$$G(s)=\frac{s+3}{(s+3)(s+2)(s+1)}$$

试求其状态空间实现。

解：首先将传递函数进行反拉氏变换，得到其微分方程为

$$\dddot{y}+6\ddot{y}+11\dot{y}+6y=\dot{u}+3u$$

然后，由微分方程得到状态空间表达式为

$$\dot{\boldsymbol{x}}=\begin{pmatrix}0 & 1 & 0\\ 0 & 0 & 1\\ -6 & -11 & -6\end{pmatrix}\boldsymbol{x}+\begin{pmatrix}0\\ 0\\ 1\end{pmatrix}u$$

$$y=(3\quad 1\quad 0)\boldsymbol{x}$$

观察该传递函数可知，其分子分母能够进行零极点对消，约去 $s+3$ 化简得

$$G(s)=\frac{1}{(s+2)(s+1)}$$

于是，由传递函数得到状态空间表达式为

$$\dot{\boldsymbol{x}}=\begin{pmatrix}0 & 1\\ -2 & -3\end{pmatrix}\boldsymbol{x}+\begin{pmatrix}0\\ 1\end{pmatrix}u$$

$$y=(1\quad 0)\boldsymbol{x}$$

如这类分子分母不可约，传递函数对应的状态空间实现就是最小实现。

【例 2-6】 若系统的状态空间表达式为

$$\dot{\boldsymbol{x}}=\begin{pmatrix}0 & 0 & 0\\ 0 & -1 & 0\\ 0 & 0 & -8\end{pmatrix}\boldsymbol{x}+\begin{pmatrix}1\\ 1\\ 1\end{pmatrix}\boldsymbol{u}$$

$$y=\begin{pmatrix}\frac{1}{2} & -\frac{1}{7} & \frac{9}{14}\end{pmatrix}\boldsymbol{x}$$

试求其传递函数（阵）。

解：首先计算 $(s\boldsymbol{I}-\boldsymbol{A})^{-1}$ 得

$$(s\boldsymbol{I}-\boldsymbol{A})^{-1}=\begin{pmatrix}s & 0 & 0\\ 0 & s+1 & 0\\ 0 & 0 & s+8\end{pmatrix}^{-1}=\begin{pmatrix}1/s & 0 & 0\\ 0 & 1/(s+1) & 0\\ 0 & 0 & 1/(s+8)\end{pmatrix}$$

然后，计算传递函数得

$$\begin{aligned}G(s)&=\boldsymbol{C}(s\boldsymbol{I}-\boldsymbol{A})^{-1}\boldsymbol{B}+\boldsymbol{D}\\ &=(1/2\quad -1/7\quad 9/14)\begin{pmatrix}1/s & 0 & 0\\ 0 & 1/(s+1) & 0\\ 0 & 0 & 1/(s+8)\end{pmatrix}\begin{pmatrix}1\\ 1\\ 1\end{pmatrix}\\ &=\frac{s^2+4s+4}{s(s+1)(s+8)}\end{aligned}$$

【例 2-7】 若系统的状态空间表达式为

$$\dot{\boldsymbol{x}}=\begin{pmatrix}0 & 1\\ -2 & -3\end{pmatrix}\boldsymbol{x}+\begin{pmatrix}0 & 1\\ 1 & 0\end{pmatrix}\boldsymbol{u}$$

$$y=\begin{pmatrix}3 & 1\\ 1 & 2\end{pmatrix}\boldsymbol{x}$$

试求其传递函数（阵）。

解：首先计算$(s\boldsymbol{I}-\boldsymbol{A})^{-1}$得

$$(s\boldsymbol{I}-\boldsymbol{A})^{-1}=\begin{pmatrix}s & -1\\ 2 & s+3\end{pmatrix}^{-1}=\begin{pmatrix}\dfrac{s+3}{(s+1)(s+2)} & \dfrac{1}{(s+1)(s+2)}\\ -\dfrac{2}{(s+1)(s+2)} & \dfrac{s}{(s+1)(s+2)}\end{pmatrix}$$

然后，计算传递函数矩阵得

$$\begin{aligned}\boldsymbol{G}(s)&=\boldsymbol{C}(s\boldsymbol{I}-\boldsymbol{A})^{-1}\boldsymbol{B}+\boldsymbol{D}\\ &=\begin{pmatrix}3 & 1\\ 1 & 2\end{pmatrix}\begin{pmatrix}\dfrac{s+3}{(s+1)(s+2)} & \dfrac{1}{(s+1)(s+2)}\\ -\dfrac{2}{(s+1)(s+2)} & \dfrac{s}{(s+1)(s+2)}\end{pmatrix}\begin{pmatrix}0 & 1\\ 1 & 0\end{pmatrix}\\ &=\begin{pmatrix}\dfrac{s+3}{(s+1)(s+2)} & \dfrac{3s+7}{(s+1)(s+2)}\\ \dfrac{2s+1}{(s+1)(s+2)} & \dfrac{s-1}{(s+1)(s+2)}\end{pmatrix}\end{aligned}$$

2.2　线性系统的状态空间分析

系统分析的目的就是用已知系统的数学模型，定性地或定量地给出系统的运动变化规律。本节将讨论多输入-多输出线性系统的运动分析，包括状态空间模型的求解和系统的能控性与能观测性分析。

2.2.1　状态空间模型的求解

线性系统状态方程实际上是一个非齐次微分方程，欲定量地求解该状态方程，可以借鉴非齐次线性微分方程的求解方法，即以求通解和特解的形式来求解。线性系统状态方程的解通常由两部分组成：外加输入作用下受迫运动和初始状态引起系统的自由运动。

零状态响应：指的是在初始条件为零的条件下，单纯由系统输入$\boldsymbol{u}(t)$引起的系统状态运动响应，即$\dot{\boldsymbol{x}}(t)=\boldsymbol{Ax}(t)+\boldsymbol{Bu}(t)$在$x(t_0)=0$时的解（非齐次线性微分方程的特解）。零状态响应可以看作外力$\boldsymbol{u}(t)$施加给系统引起的状态的受迫运动。

零输入响应：指的是输入$\boldsymbol{u}(t)=0$，系统$\dot{\boldsymbol{x}}(t)=\boldsymbol{Ax}(t)$在初始状态$x(0)=x_0$条件下的解（非齐次线性微分方程的通解）。零输入响应可以看作仅仅由初始状态引起的系统状态的自由运动。

如图 2-8 所示，零输入响应和零状态响应都可以看作是系统状态的转移，即从一种状态转移到另一种状态，这两种运动形态是通过状态转移矩阵来表征的。状态转移矩阵是 20 世纪初俄国数学家马尔科夫提出来的，可以用来对线性定常、时变及离散系统的运动规律建立一个统一的表达式。

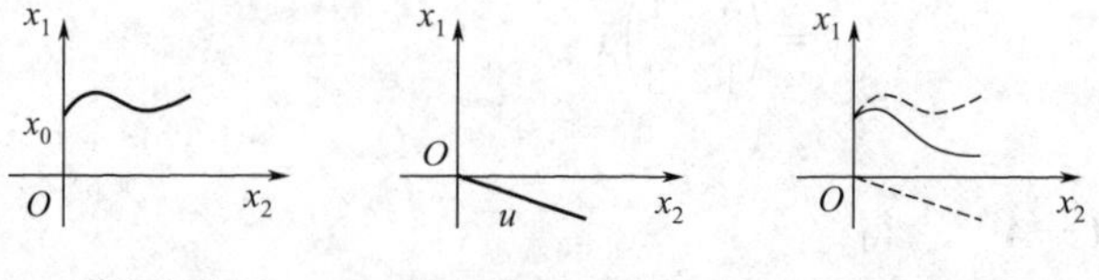

(a) 零状态响应　(b) 零输入响应　(c) 系统状态运动

图 2-8　零状态响应、零输入响应和系统状态运动示意图

定义 1　对于给定的 n 维线性时变系统

$$\dot{\boldsymbol{x}}(t)=\boldsymbol{A}(t)\boldsymbol{x}(t)+\boldsymbol{B}(t)\boldsymbol{u}(t) \tag{2-26}$$

则称满足矩阵微分方程和初始条件

$$\dot{\boldsymbol{\Phi}}(t,t_0)=\boldsymbol{A}(t)\boldsymbol{\Phi}(t,t_0),\ \boldsymbol{\Phi}(t_0,t_0)=\boldsymbol{I} \tag{2-27}$$

的 $n\times n$ 维矩阵 $\boldsymbol{\Phi}(t,t_0)$ 为系统的状态转移矩阵。

状态转移矩阵的性质如下。

① 不变性　$\boldsymbol{\Phi}(t,t)=\boldsymbol{I}$ 在不发生时间推移情况下，状态的不变性。

② 可逆性　$\boldsymbol{\Phi}(t,t_0)$是非奇异矩阵，且 $\boldsymbol{\Phi}^{-1}(t,t_0)=\boldsymbol{\Phi}(t_0,t)$。

③ 传递性　$\boldsymbol{\Phi}(t_2,t_1)\boldsymbol{\Phi}(t_1,t_0)=\boldsymbol{\Phi}(t_2,t_0)$。

④ 倍时性　$[\boldsymbol{\Phi}(t)]^n=\boldsymbol{\Phi}(nt)$。

⑤ 唯一性　当 $\boldsymbol{A}(t)$给定后，$\boldsymbol{\Phi}(t,t_0)$是唯一的，且

$$\boldsymbol{\Phi}(t,t_0)=\boldsymbol{I}+\int_{t_0}^{t}\boldsymbol{A}(\tau)\mathrm{d}\tau+\int_{t_0}^{t}\boldsymbol{A}(\tau)\left[\int_{t_0}^{t}\boldsymbol{A}(\tau)\mathrm{d}\tau\right]\mathrm{d}\tau+\cdots,t\in[t_0,t_f]$$

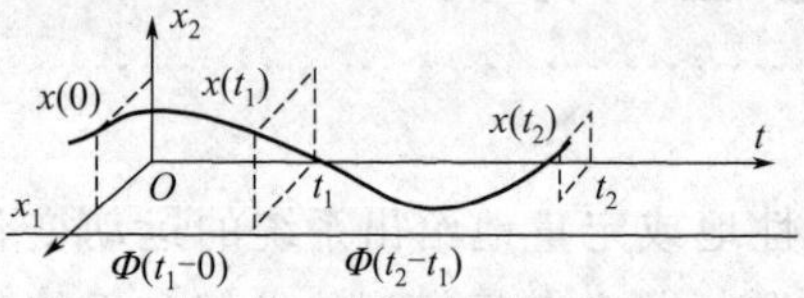

图 2-9　状态转移矩阵的物理意义示意图

状态转移矩阵的物理意义：如图 2-9 所示，状态转移矩阵就是将 t_0 时刻的初始状态 $x(t_0)$映射到 t 时刻的状态 $x(t)$的一个线性变换 $\boldsymbol{\Phi}(t,t_0)$，它在规定的时间区间内决定了状态向量的自由运动。

(1) 基于状态转移矩阵的线性时变系统状态空间模型的解

对于给定的线性时变系统

$$\dot{\boldsymbol{x}}(t)=\boldsymbol{A}(t)\boldsymbol{x}(t)+\boldsymbol{B}(t)\boldsymbol{u}(t),\ \boldsymbol{x}(t_0)=\boldsymbol{x}_0 \tag{2-28}$$

由状态转移矩阵的定义，可知线性时变系统的零输入响应是 $\boldsymbol{\Phi}(t,t_0)$将 t_0 时刻的状态 $\boldsymbol{x}_0$ 变换到 t 时刻的状态 $\boldsymbol{x}(t)$，即

$$\boldsymbol{x}(t)\big|_{\text{零输入响应}}=\boldsymbol{\Phi}(t,t_0)\boldsymbol{x}_0 \tag{2-29}$$

而系统零状态响应也是状态转移矩阵 $\boldsymbol{\Phi}(t,t_0)$将状态 $\boldsymbol{\eta}(t)$转移到状态 $\boldsymbol{x}(t)$，即

$$\boldsymbol{x}(t)\big|_{\text{零状态响应}}=\boldsymbol{\Phi}(t,t_0)\boldsymbol{\eta}(t) \tag{2-30}$$

式中，状态 $\boldsymbol{\eta}(t)$是待求的向量。因此，线性时变系统状态方程的解可以写成

$$\boldsymbol{x}(t)=\boldsymbol{\Phi}(t,t_0)\boldsymbol{x}_0+\boldsymbol{\Phi}(t,t_0)\boldsymbol{\eta}(t) \tag{2-31}$$

只要确定了待求向量 $\boldsymbol{\eta}(t)$，就可以获得线性时变系统状态方程的解，即

$$\dot{\boldsymbol{x}}(t)=\dot{\boldsymbol{\Phi}}(t,t_0)\boldsymbol{x}_0+\dot{\boldsymbol{\Phi}}(t,t_0)\boldsymbol{\eta}(t)+\boldsymbol{\Phi}(t,t_0)\dot{\boldsymbol{\eta}}(t) \tag{2-32}$$

把 $\dot{\boldsymbol{\Phi}}(t,t_0)=\boldsymbol{A}(t)\boldsymbol{\Phi}(t,t_0)$代入式(2-32) 得

$$\dot{\boldsymbol{x}}(t)=\boldsymbol{A}(t)\boldsymbol{\Phi}(t,t_0)[\boldsymbol{x}_0+\boldsymbol{\eta}(t)]+\boldsymbol{\Phi}(t,t_0)\dot{\boldsymbol{\eta}}(t) \tag{2-33}$$

而 $\boldsymbol{\Phi}(t,t_0)[\boldsymbol{x}_0+\boldsymbol{\eta}(t)]=\boldsymbol{x}(t)$，于是

$$\dot{\boldsymbol{x}}(t)=\boldsymbol{A}(t)\boldsymbol{x}(t)+\boldsymbol{\Phi}(t,t_0)\dot{\boldsymbol{\eta}}(t) \tag{2-34}$$

比较式(2-28) 与式(2-34)，可得

$$\begin{aligned}
&\boldsymbol{\Phi}(t,t_0)\dot{\boldsymbol{\eta}}(t)=\boldsymbol{B}(t)\boldsymbol{u}(t)\\
&\Rightarrow\dot{\boldsymbol{\eta}}(t)=\boldsymbol{\Phi}^{-1}(t,t_0)\boldsymbol{B}(t)\boldsymbol{u}(t)\\
&\Rightarrow\dot{\boldsymbol{\eta}}(t)=\boldsymbol{\Phi}(t_0,t)\boldsymbol{B}(t)\boldsymbol{u}(t)\\
&\Rightarrow\boldsymbol{\eta}(t)=\boldsymbol{\eta}(t_0)+\int_{t_0}^{t}\boldsymbol{\Phi}(t_0,\tau)\boldsymbol{B}(\tau)\boldsymbol{u}(\tau)\mathrm{d}\tau
\end{aligned} \tag{2-35}$$

将其代入时变系统状态方程的解中，有

$$\boldsymbol{x}(t)=\boldsymbol{\Phi}(t,t_0)\boldsymbol{x}_0+\boldsymbol{\Phi}(t,t_0)\boldsymbol{\eta}(t_0)+\boldsymbol{\Phi}(t,t_0)\int_{t_0}^{t}\boldsymbol{\Phi}(t_0,\tau)\boldsymbol{B}(\tau)\boldsymbol{u}(\tau)\mathrm{d}\tau \tag{2-36}$$

由初始条件 $\boldsymbol{x}(t_0)=\boldsymbol{x}_0$，得

$$\boldsymbol{x}(t_0)=\boldsymbol{\Phi}(t_0,t_0)\boldsymbol{x}_0+\boldsymbol{\Phi}(t_0,t_0)\boldsymbol{\eta}(t_0)+\boldsymbol{\Phi}(t_0,t_0)\int_{t_0}^{t_0}\boldsymbol{\Phi}(t_0,\tau)\boldsymbol{B}(\tau)\boldsymbol{u}(\tau)\mathrm{d}\tau \tag{2-37}$$

由 $\boldsymbol{\Phi}(t_0,t_0)=\boldsymbol{I}$，$\int_{t_0}^{t_0}\boldsymbol{\Phi}(t_0,\tau)\boldsymbol{B}(\tau)\boldsymbol{u}(\tau)\mathrm{d}\tau=0$ 可得 $\boldsymbol{\eta}(t_0)=0$。

因此，线性时变系统状态方程的解为

$$\boldsymbol{x}(t)=\boldsymbol{\Phi}(t,t_0)\boldsymbol{x}_0+\boldsymbol{\Phi}(t,t_0)\int_{t_0}^{t}\boldsymbol{\Phi}(t_0,\tau)\boldsymbol{B}(\tau)\boldsymbol{u}(\tau)\mathrm{d}\tau \tag{2-38}$$

定义 2 对于给定的 n 维线性定常系统

$$\dot{\boldsymbol{x}}(t)=\boldsymbol{A}\boldsymbol{x}(t)+\boldsymbol{B}\boldsymbol{u}(t) \tag{2-39}$$

则满足条件

$$\dot{\boldsymbol{\Phi}}(t,t_0)=\boldsymbol{A}\boldsymbol{\Phi}(t,t_0)，\boldsymbol{\Phi}(t_0,t_0)=\boldsymbol{I} \tag{2-40}$$

的状态转移矩阵为 $\mathrm{e}^{\boldsymbol{A}(t-t_0)}$。

证明：由 $\dot{\boldsymbol{\Phi}}(t,t_0)=\boldsymbol{A}\boldsymbol{\Phi}(t,t_0)$ 可得

$$\begin{aligned}
&\frac{\mathrm{d}\boldsymbol{\Phi}(t,t_0)}{\mathrm{d}t}=\boldsymbol{A}\boldsymbol{\Phi}(t,t_0)\\
&\Rightarrow\int\frac{\mathrm{d}\boldsymbol{\Phi}(t,t_0)}{\boldsymbol{\Phi}(t,t_0)}=\int_{t_0}^{t}\boldsymbol{A}\,\mathrm{d}t\\
&\Rightarrow\ln[\boldsymbol{\Phi}(t,t_0)]=\boldsymbol{A}(t-t_0)\\
&\Rightarrow\boldsymbol{\Phi}(t,t_0)=\boldsymbol{\Phi}(t-t_0)=\mathrm{e}^{\boldsymbol{A}(t-t_0)}
\end{aligned}$$

在线性定常系统中，通常用 $\boldsymbol{\Phi}(t-t_0)$ 表示状态转移矩阵，也就是说状态转移矩阵仅依赖于时间差值 $t-t_0$，而与初始时刻 t_0 没有直接关系。当 $t_0=0$ 时，线性定常系统的状态转移矩阵为 $\mathrm{e}^{\boldsymbol{A}t}$。

(2) 基于直接法的线性定常系统状态空间模型的解

直接法实际上就是按照常微分方程的求解方法来求线性定常系统状态空间模型的解。给定的 n 维线性定常系统为

$$\dot{\boldsymbol{x}}(t)=\boldsymbol{A}\boldsymbol{x}(t)+\boldsymbol{B}\boldsymbol{u}(t)，\boldsymbol{x}(0)=\boldsymbol{x}_0 \tag{2-41}$$

当 $\boldsymbol{u}(t)=0$ 时，系统零输入响应（自由运动）是由 $\dot{\boldsymbol{x}}(t)=\boldsymbol{A}\boldsymbol{x}(t)$ 计算出的通解。

$$\begin{aligned}\frac{\mathrm{d}\boldsymbol{x}(t)}{\mathrm{d}t}=\boldsymbol{A}\boldsymbol{x}(t)&\Rightarrow\int\frac{\mathrm{d}\boldsymbol{x}(t)}{\boldsymbol{x}(t)}=\int_0^t\boldsymbol{A}\,\mathrm{d}t\\&\Rightarrow\ln[\boldsymbol{x}(t)]=\boldsymbol{A}t\\&\Rightarrow\boldsymbol{x}(t)=\boldsymbol{v}(t)\mathrm{e}^{\boldsymbol{A}t}\end{aligned}\tag{2-42}$$

式中，$\boldsymbol{v}(t)$是由初始条件决定的系数。

当 $\boldsymbol{u}(t)\neq0$ 时，系统零状态响应（受迫运动）是描述系统的非齐次微分方程 $\dot{\boldsymbol{x}}(t)-\boldsymbol{A}\boldsymbol{x}(t)=\boldsymbol{B}\boldsymbol{u}(t)$的一个特解。对 $\dot{\boldsymbol{x}}(t)=\boldsymbol{A}\boldsymbol{x}(t)$的通解求导可得

$$\dot{\boldsymbol{x}}(t)=\dot{\boldsymbol{v}}(t)\mathrm{e}^{\boldsymbol{A}t}+\boldsymbol{A}\boldsymbol{v}(t)\mathrm{e}^{\boldsymbol{A}t}\tag{2-43}$$

而把通解 $\boldsymbol{x}(t)=\boldsymbol{v}(t)\mathrm{e}^{\boldsymbol{A}t}$ 代入原系统方程得

$$\dot{\boldsymbol{x}}(t)=\boldsymbol{A}\boldsymbol{v}(t)\mathrm{e}^{\boldsymbol{A}t}+\boldsymbol{B}\boldsymbol{u}(t)\tag{2-44}$$

比较式(2-43）与式(2-44）可得

$$\dot{\boldsymbol{v}}(t)\mathrm{e}^{\boldsymbol{A}t}=\boldsymbol{B}\boldsymbol{u}(t)\tag{2-45}$$

从而有

$$\dot{\boldsymbol{v}}(t)=\mathrm{e}^{-\boldsymbol{A}t}\boldsymbol{B}\boldsymbol{u}(t)\tag{2-46}$$

对上式两边同时从 0 到 t 积分得

$$\begin{aligned}\boldsymbol{v}(t)-\boldsymbol{v}(0)&=\int_0^t\mathrm{e}^{-\boldsymbol{A}\tau}\boldsymbol{B}\boldsymbol{u}(\tau)\mathrm{d}\tau\\\Rightarrow\boldsymbol{v}(t)&=\boldsymbol{v}(0)+\int_0^t\mathrm{e}^{-\boldsymbol{A}\tau}\boldsymbol{B}\boldsymbol{u}(\tau)\mathrm{d}\tau\end{aligned}\tag{2-47}$$

将 $\boldsymbol{v}(t)$代入通解 $\boldsymbol{x}(t)=\boldsymbol{v}(t)\mathrm{e}^{\boldsymbol{A}t}$ 中可得

$$\begin{aligned}\boldsymbol{x}(t)&=\left[\boldsymbol{v}(0)+\int_0^t\mathrm{e}^{-\boldsymbol{A}\tau}\boldsymbol{B}\boldsymbol{u}(\tau)\mathrm{d}\tau\right]\mathrm{e}^{\boldsymbol{A}t}\\\Rightarrow\boldsymbol{x}(t)&=\boldsymbol{v}(0)\mathrm{e}^{\boldsymbol{A}t}+\mathrm{e}^{\boldsymbol{A}t}\int_0^t\mathrm{e}^{-\boldsymbol{A}\tau}\boldsymbol{B}\boldsymbol{u}(\tau)\mathrm{d}\tau\\\Rightarrow\boldsymbol{x}(t)&=\boldsymbol{v}(0)\mathrm{e}^{\boldsymbol{A}t}+\int_0^t\mathrm{e}^{\boldsymbol{A}(t-\tau)}\boldsymbol{B}\boldsymbol{u}(\tau)\mathrm{d}\tau\end{aligned}\tag{2-48}$$

当 $t=0$ 时，$\boldsymbol{v}(0)=\boldsymbol{x}(0)=\boldsymbol{x}_0$。因此，线性定常系统的解为

$$\boldsymbol{x}(t)=\mathrm{e}^{\boldsymbol{A}t}\boldsymbol{x}_0+\int_0^t\mathrm{e}^{\boldsymbol{A}(t-\tau)}\boldsymbol{B}\boldsymbol{u}(\tau)\mathrm{d}\tau\tag{2-49}$$

由此可见，线性定常系统的运动解也是由自由运动 $\mathrm{e}^{\boldsymbol{A}t}\boldsymbol{x}_0$ 和受迫运动 $\int_0^t\mathrm{e}^{\boldsymbol{A}(t-\tau)}\boldsymbol{B}\boldsymbol{u}(\tau)\mathrm{d}\tau$ 两部分组成的。

自由运动 $\mathrm{e}^{\boldsymbol{A}t}\boldsymbol{x}_0$ 描述了系统为状态空间中由初始状态点 $\boldsymbol{x}_0(t=0)$出发的一条由各个时刻变换点$(t=t_1,t_2,\cdots,t_n)$构成的一条运动轨迹。自由运动轨迹的形态是由状态转移矩阵 $\mathrm{e}^{\boldsymbol{A}t}$ 唯一确定的，也就是说由系统矩阵 $\boldsymbol{A}$ 决定的。而当 $t\rightarrow\infty$时，自由运动轨迹的终态趋于系统的平衡状态，即 $\boldsymbol{x}(\infty)=0$，此时称系统是渐近稳定的。因此，线性定常系统渐近稳定的充分必要条件是

$$\lim_{t\rightarrow\infty}\mathrm{e}^{\boldsymbol{A}t}=0\tag{2-50}$$

也就是说，当且仅当系统矩阵 $\boldsymbol{A}$ 的特征根均具有负实部时，线性定常系统才是渐近稳定的。

受迫运动 $\int_0^t e^{\boldsymbol{A}(t-\tau)}\boldsymbol{Bu}(\tau)\mathrm{d}\tau$ 描述了输入控制作用下系统的运动形态，正是由于受迫运动的存在，工程技术人员才能够通过选择适当的输入 $\boldsymbol{u}(t)$，使得系统的状态运动满足期望的要求。

(3) 矩阵指数函数 $e^{\boldsymbol{A}t}$

在线性定常系统中，状态转移矩阵 $e^{\boldsymbol{A}t}$ 又称作矩阵指数函数，它对线性定常系统的运动规律分析具有非常重要的作用。下面介绍矩阵指数函数常用的计算方法。

① 直接计算法　直接根据矩阵指数的定义计算，即

$$\begin{aligned} e^{\boldsymbol{A}t} &= \boldsymbol{I} + \int_0^t \boldsymbol{A}\,\mathrm{d}\tau + \int_0^t \boldsymbol{A}\left(\int_0^t \boldsymbol{A}\,\mathrm{d}\tau\right)\mathrm{d}\tau + \cdots \\ &= \boldsymbol{I} + \boldsymbol{A}t + \frac{1}{2!}\boldsymbol{A}^2 t^2 + \cdots \\ &= \sum_{k=0}^{\infty}\frac{1}{k!}\boldsymbol{A}^k t^k \end{aligned} \tag{2-51}$$

该方法需要对无穷级数求和，难以获得解析表达式，但是具有编程简单、适合计算机数值求解的优点。

② 典型矩阵计算法　利用系统矩阵 $\boldsymbol{A}$ 的典型形式计算矩阵指数函数。

当矩阵 $\boldsymbol{A}$ 为对角矩阵，即 $\boldsymbol{A}=\mathrm{diag}(\lambda_1,\lambda_2,\cdots,\lambda_n)$ 时，则 $e^{\boldsymbol{A}t}=\mathrm{diag}(e^{\lambda_1 t},e^{\lambda_2 t},\cdots,e^{\lambda_n t})$。

当矩阵 $\boldsymbol{A}$ 为对角分块矩阵，即 $\boldsymbol{A}=\mathrm{diag}(\boldsymbol{A}_1,\boldsymbol{A}_2,\cdots,\boldsymbol{A}_n)$ 时，则 $e^{\boldsymbol{A}t}=\mathrm{diag}(e^{\boldsymbol{A}_1 t},e^{\boldsymbol{A}_2 t},\cdots,e^{\boldsymbol{A}_n t})$。

当矩阵 $\boldsymbol{A}$ 为约当矩阵，即

$$\boldsymbol{A}=\begin{pmatrix} \lambda & 1 & \cdots & 0 \\ 0 & \lambda & \ddots & \vdots \\ \vdots & \vdots & \ddots & 1 \\ 0 & 0 & \cdots & \lambda \end{pmatrix}$$

则矩阵指数函数为

$$e^{\boldsymbol{A}t}=\begin{pmatrix} e^{\lambda t} & t e^{\lambda t} & \cdots & \dfrac{e^{\lambda t}t^{n-1}}{(n-1)!} \\ 0 & e^{\lambda t} & \ddots & \vdots \\ \vdots & \vdots & \ddots & t e^{\lambda t} \\ 0 & 0 & \cdots & e^{\lambda t} \end{pmatrix}$$

当矩阵 $\boldsymbol{A}$ 具有 n 个互异的特征值时，一定存在非奇异矩阵 $\boldsymbol{P}$，使得

$$\boldsymbol{A}=\boldsymbol{P}\begin{pmatrix} \lambda_1 & \cdots & 0 \\ \vdots & \ddots & \vdots \\ 0 & \cdots & \lambda_n \end{pmatrix}\boldsymbol{P}^{-1}$$

则矩阵指数函数为

$$e^{\boldsymbol{A}t}=\boldsymbol{P}\begin{pmatrix} e^{\lambda_1 t} & \cdots & 0 \\ \vdots & \ddots & \vdots \\ 0 & \cdots & e^{\lambda_n t} \end{pmatrix}\boldsymbol{P}^{-1}$$

当矩阵 $\boldsymbol{A}$ 出现重根时，则一定存在非奇异矩阵 $\boldsymbol{P}$ 使得矩阵 $\boldsymbol{A}$ 可以化为约当规范形，因而相应的矩阵指数函数也可以由约当规范形写出。例如矩阵 $\boldsymbol{A}$ 具有两个特征根：λ_1,λ_2。其中 λ_2 是二重根，则存在非奇异矩阵 $\boldsymbol{P}$ 使得

$$\boldsymbol{A}=\boldsymbol{P}\begin{pmatrix}\lambda_1 & 0 & 0\\ 0 & \lambda_2 & 1\\ 0 & 0 & \lambda_2\end{pmatrix}\boldsymbol{P}^{-1}$$

则矩阵指数函数 $e^{\boldsymbol{A}t}$ 为

$$e^{\boldsymbol{A}t}=\boldsymbol{P}\begin{pmatrix}e^{\lambda_1 t} & 0 & 0\\ 0 & e^{\lambda_2 t} & te^{\lambda_2 t}\\ 0 & 0 & e^{\lambda_2 t}\end{pmatrix}\boldsymbol{P}^{-1}$$

③ 多项式计算法　矩阵指数函数 $e^{\boldsymbol{A}t}$ 表示成 $\boldsymbol{A}^k(k=1,2,\cdots,n-1)$的多项式形式，即

$$e^{\boldsymbol{A}t}=a_0(t)\boldsymbol{I}+a_1(t)\boldsymbol{A}+\cdots+a_{n-1}(t)\boldsymbol{A}^{n-1} \tag{2-52}$$

当 $\boldsymbol{A}$ 的特征根互异时，系数 $a_0(t),a_1(t),\cdots,a_{n-1}(t)$由下式确定。

$$\begin{bmatrix}a_0(t)\\ a_1(t)\\ \vdots\\ a_{n-1}(t)\end{bmatrix}=\begin{bmatrix}1 & \lambda_1 & \cdots & \lambda_1^{n-1}\\ 1 & \lambda_2 & \cdots & \lambda_2^{n-1}\\ \vdots & \vdots & & \vdots\\ 1 & \lambda_n & \cdots & \lambda_n^{n-1}\end{bmatrix}^{-1}\begin{bmatrix}e^{\lambda_1 t}\\ e^{\lambda_2 t}\\ \vdots\\ e^{\lambda_n t}\end{bmatrix} \tag{2-53}$$

当 $\boldsymbol{A}$ 的特征根出现重根时，计算形式比较复杂，这里就不做介绍。

④ 拉氏变换法　对线性定常系统齐次方程 $\dot{\boldsymbol{x}}(t)=\boldsymbol{A}\boldsymbol{x}(t)$两端同时取拉氏变换，有

$$\begin{aligned}s\boldsymbol{X}(s)-\boldsymbol{X}(0)&=\boldsymbol{A}\boldsymbol{X}(s)\\ &\Rightarrow(s\boldsymbol{I}-\boldsymbol{A})\boldsymbol{X}(s)=\boldsymbol{X}(0)\\ &\Rightarrow\boldsymbol{X}(s)=(s\boldsymbol{I}-\boldsymbol{A})^{-1}\boldsymbol{X}(0)\end{aligned} \tag{2-54}$$

取拉氏反变换得

$$\boldsymbol{x}(t)=L^{-1}((s\boldsymbol{I}-\boldsymbol{A})^{-1})\boldsymbol{x}(0) \tag{2-55}$$

与线性定常系统自由运动的解

$$\boldsymbol{x}(t)=e^{\boldsymbol{A}t}\boldsymbol{x}(0) \tag{2-56}$$

比较可得

$$e^{\boldsymbol{A}t}=L^{-1}((s\boldsymbol{I}-\boldsymbol{A})^{-1}) \tag{2-57}$$

式中，$(s\boldsymbol{I}-\boldsymbol{A})^{-1}$ 被称为预解矩阵，它在频域分析中的作用与 $e^{\boldsymbol{A}t}$ 在时域分析中的作用是一样的，都是用于讨论系统的运动规律。

【例 2-8】 已知线性定常系统状态空间表达式为

$$\dot{\boldsymbol{x}}=\begin{pmatrix}-5 & -1\\ 6 & 0\end{pmatrix}\boldsymbol{x}+\begin{pmatrix}0\\ 2\end{pmatrix}\boldsymbol{u},\boldsymbol{x}(0)=\begin{pmatrix}1\\ 0\end{pmatrix}$$

$$\boldsymbol{y}=(0\quad 1)\boldsymbol{x}$$

试求矩阵指数函数和单位阶跃输入时系统的时间响应 $\boldsymbol{x}(t)$。

解：首先运用拉氏变换法计算矩阵指数函数 $e^{\boldsymbol{A}t}$。预解矩阵为

$$(s\boldsymbol{I}-\boldsymbol{A})^{-1}=\begin{pmatrix}s+5 & 1\\ -6 & s\end{pmatrix}^{-1}=\frac{1}{\begin{vmatrix}s+5 & 1\\ -6 & s\end{vmatrix}}\begin{pmatrix}s & -1\\ 6 & s+5\end{pmatrix}=\begin{pmatrix}\dfrac{s}{(s+2)(s+3)} & \dfrac{-1}{(s+2)(s+3)}\\ \dfrac{6}{(s+2)(s+3)} & \dfrac{s+5}{(s+2)(s+3)}\end{pmatrix}$$

对预解矩阵进行拉氏反变换得

$$\mathrm{e}^{\boldsymbol{A}t}=L^{-1}((s\boldsymbol{I}-\boldsymbol{A})^{-1})=L^{-1}\begin{pmatrix}\dfrac{3}{s+3}-\dfrac{2}{s+2} & \dfrac{1}{s+3}-\dfrac{1}{s+2}\\ \dfrac{6}{s+2}-\dfrac{6}{s+3} & \dfrac{3}{s+2}-\dfrac{2}{s+3}\end{pmatrix}$$

$$\mathrm{e}^{\boldsymbol{A}t}=\begin{pmatrix}3\mathrm{e}^{-3t}-2\mathrm{e}^{-2t} & \mathrm{e}^{-3t}-\mathrm{e}^{-2t}\\ 6\mathrm{e}^{-2t}-6\mathrm{e}^{-3t} & 3\mathrm{e}^{-2t}-2\mathrm{e}^{-3t}\end{pmatrix}$$

然后，计算当 $\boldsymbol{u}(t)=1(t)$ 时系统的时间响应 $\boldsymbol{x}(t)$。

$$\boldsymbol{x}(t)=\mathrm{e}^{\boldsymbol{A}t}\begin{pmatrix}1\\0\end{pmatrix}+\int_0^t \mathrm{e}^{\boldsymbol{A}(t-\tau)}\begin{pmatrix}0\\2\end{pmatrix}\cdot 1\mathrm{d}\tau$$

$$\Rightarrow\boldsymbol{x}(t)=\begin{pmatrix}3\mathrm{e}^{-3t}-2\mathrm{e}^{-2t}\\ 6\mathrm{e}^{-2t}-6\mathrm{e}^{-3t}\end{pmatrix}+\int_0^t\begin{pmatrix}2\mathrm{e}^{-3(t-\tau)}-2\mathrm{e}^{-2(t-\tau)}\\ 6\mathrm{e}^{-2(t-\tau)}-4\mathrm{e}^{-3(t-\tau)}\end{pmatrix}\mathrm{d}\tau$$

$$\Rightarrow\boldsymbol{x}(t)=\begin{pmatrix}3\mathrm{e}^{-3t}-2\mathrm{e}^{-2t}\\ 6\mathrm{e}^{-2t}-6\mathrm{e}^{-3t}\end{pmatrix}+\begin{pmatrix}-\dfrac{1}{3}+\mathrm{e}^{-2t}-\dfrac{2}{3}\mathrm{e}^{-3t}\\ \dfrac{5}{3}+\dfrac{4}{3}\mathrm{e}^{-3t}-3\mathrm{e}^{-2t}\end{pmatrix}$$

$$\Rightarrow\boldsymbol{x}(t)=\begin{pmatrix}-\dfrac{1}{3}+\dfrac{7}{3}\mathrm{e}^{-3t}-\mathrm{e}^{-2t}\\ \dfrac{5}{3}+3\mathrm{e}^{-2t}-\dfrac{14}{3}\mathrm{e}^{-3t}\end{pmatrix}$$

2.2.2 线性定常系统的能控性与能观测性

线性系统的能控性与能观测性问题是卡尔曼在 1960 年首先提出来的。当系统用状态空间表达式来描述时，能控性与能观测性称为系统的一个重要结构特性。能控性问题主要针对的是加入适当的控制作用后，能否在有限时间内将系统从任一初始状态控制（转移）到期望的状态上。而能观测性问题是通过对系统输出变量在一段时间内的观测，能否判断（识别）出系统初始状态。本小节主要介绍能控性、能观测性的基本概念与判据，系统状态空间结构分解等内容。

(1) 线性定常系统状态的能控性及判据

能控性分为状态能控性与输出能控性（不特别指出的话，能控性通常指状态能控性）。由于能控性反映的是输入对状态的控制能力，即输入能够控制状态（控制问题）的能力，因此，能控性只与状态方程有关。

定义 1 若线性定常系统的状态方程为

$$\dot{\boldsymbol{x}}(t)=\boldsymbol{A}\boldsymbol{x}(t)+\boldsymbol{B}\boldsymbol{u}(t),\quad t\in J \tag{2-58}$$

式中，J 是时间域。对于初始时刻 $t_0(t_0\in J)$ 和初始状态 $\boldsymbol{x}(t_0)$：

(ⅰ) 存在另一个有限时刻 $t_1(t_1>t_0, t_1\in J)$；

（ⅱ）可以找到一个无约束的允许控制 $\boldsymbol{u}(t)$；

（ⅲ）能够在有限时间段$[t_0,t_1]$内，把系统状态从初始状态 $\boldsymbol{x}(t_0)$控制到平衡状态（原点），即 $\boldsymbol{x}(t_1)=0$。

则称 t_0 时刻的状态 $\boldsymbol{x}(t_0)$能控。若对 t_0 时刻的状态空间中的所有状态都能控，则称系统在 t_0 时刻状态完全能控。

在能控性定义中，无约束容许控制中无约束表示的是输入分量的幅值无限制，容许控制就是说控制作用要满足状态方程的解存在且唯一的条件。对于一个实际的控制问题，输入控制 $\boldsymbol{u}(t)$的取值必定要受一定条件的约束。满足约束条件的控制作用 $\boldsymbol{u}(t)$的一个取值对应于 n 维空间的一个点，所有满足条件的控制作用 $\boldsymbol{u}(t)$的取值构成 r 维空间的一个集合，记为 Ω，称之为容许控制集。凡是属于容许控制集 Ω 的控制，都是容许控制。当系统中存在不依赖于控制 $\boldsymbol{u}(t)$的确定性干扰时，该干扰不会改变系统的能控性。

定义 2 若线性定常系统在时间域内所有时刻状态完全能控，则称系统状态完全能控，简称为系统能控；若存在某个状态不能控，则称系统是状态不完全能控。

定义 3 若存在能将状态 $\boldsymbol{x}(t_0)=x_0$ 转移到 $\boldsymbol{x}(t_1)=x_1$ 的控制作用 $\boldsymbol{u}(t)$，$t\in[t_0,t_1]$，则称状态 x_1 在 t_1 时刻是能达的。若状态 x_1 对所有时刻都是能达的，则称状态 x_1 为完全能达或一致能达。若系统对于状态空间中的每一个状态都是 t_1 时刻能达的，则称系统是 t_1 时刻状态能达的，简称系统是 t_1 时刻能达的。对于线性连续定常系统，其能控性和能达性是等价的，而对于离散系统和时变系统，二者严格来讲是不等价的。

线性定常系统能控性判据如下。

判据 1 （格拉姆矩阵判据）：线性定常系统完全能控的充分必要条件是存在 $t_1>0$ 时刻，使得 n 维格拉姆矩阵

$$\boldsymbol{W}_c(0,t_1)=\int_0^{t_1}\mathrm{e}^{-\boldsymbol{A}t}\boldsymbol{B}\boldsymbol{B}^{\mathrm{T}}\mathrm{e}^{-\boldsymbol{A}^{\mathrm{T}}t}\mathrm{d}t \tag{2-59}$$

是非奇异的。

证明：

充分性证明：构造一个控制量

$$\boldsymbol{u}(t)=-\boldsymbol{B}^{\mathrm{T}}\mathrm{e}^{-\boldsymbol{A}^{\mathrm{T}}t}\boldsymbol{W}_c^{-1}(0,t_1)\boldsymbol{x}_0$$

将其代入系统状态响应中，可得

$$\begin{aligned}
x(t)&=\mathrm{e}^{\boldsymbol{A}t}\boldsymbol{x}_0+\int_0^{t_1}\mathrm{e}^{\boldsymbol{A}(t-\tau)}\boldsymbol{B}\boldsymbol{u}(\tau)\mathrm{d}\tau\\
&=\mathrm{e}^{\boldsymbol{A}t}\boldsymbol{x}_0+\int_0^{t_1}\mathrm{e}^{\boldsymbol{A}(t-\tau)}\boldsymbol{B}[-\boldsymbol{B}^{\mathrm{T}}\mathrm{e}^{-\boldsymbol{A}^{\mathrm{T}}\tau}\boldsymbol{W}_c^{-1}(0,t_1)\boldsymbol{x}_0]\mathrm{d}\tau\\
&=\mathrm{e}^{\boldsymbol{A}t}\boldsymbol{x}_0-\int_0^{t_1}\mathrm{e}^{\boldsymbol{A}(t-\tau)}\boldsymbol{B}\boldsymbol{B}^{\mathrm{T}}\mathrm{e}^{-\boldsymbol{A}^{\mathrm{T}}\tau}\mathrm{d}\tau\boldsymbol{W}_c^{-1}(0,t_1)\boldsymbol{x}_0\\
&=\mathrm{e}^{\boldsymbol{A}t}\boldsymbol{x}_0-\mathrm{e}^{\boldsymbol{A}t}\int_0^{t_1}\mathrm{e}^{-\boldsymbol{A}\tau}\boldsymbol{B}\boldsymbol{B}^{\mathrm{T}}\mathrm{e}^{-\boldsymbol{A}^{\mathrm{T}}\tau}\mathrm{d}\tau\boldsymbol{W}_c^{-1}(0,t_1)\boldsymbol{x}_0\\
&=\mathrm{e}^{\boldsymbol{A}t}\boldsymbol{x}_0-\mathrm{e}^{\boldsymbol{A}t}\boldsymbol{W}_c(0,t_1)\boldsymbol{W}_c^{-1}(0,t_1)\boldsymbol{x}_0\\
&=\mathrm{e}^{\boldsymbol{A}t}\boldsymbol{x}_0-\mathrm{e}^{\boldsymbol{A}t}\boldsymbol{x}_0\\
&=0
\end{aligned}$$

根据能控性定义，构造的控制量 $\boldsymbol{u}(t)$使得系统从初始状态 $\boldsymbol{x}_0$ 转移到平衡状态 $\boldsymbol{x}(t)=0$，

因此该系统是完全能控的。

必要性证明：已知系统完全能控，要证明 $\boldsymbol{W}_c(0,t_1)$ 为非奇异矩阵，采取反证法。假设 $\boldsymbol{W}_c(0,t_1)$ 为奇异矩阵，则状态空间中至少存在一个非零状态 $\bar{x}_0$ 使得 $\bar{\boldsymbol{x}}_0^{\mathrm{T}}\boldsymbol{W}_c(0,t_1)\bar{\boldsymbol{x}}_0=0$，于是有

$$0=\bar{\boldsymbol{x}}_0^{\mathrm{T}}\boldsymbol{W}_c(0,t_1)\bar{\boldsymbol{x}}_0=\int_0^{t_1}\bar{x}_0^{\mathrm{T}}\mathrm{e}^{\boldsymbol{A}t}\boldsymbol{B}\boldsymbol{B}^{\mathrm{T}}\mathrm{e}^{-\boldsymbol{A}^{\mathrm{T}}t}\bar{\boldsymbol{x}}_0\mathrm{d}t$$

$$=\int_0^{t_1}[\boldsymbol{B}^{\mathrm{T}}\mathrm{e}^{-\boldsymbol{A}^{\mathrm{T}}t}\bar{\boldsymbol{x}}_0]^{\mathrm{T}}[\boldsymbol{B}^{\mathrm{T}}\mathrm{e}^{-\boldsymbol{A}^{\mathrm{T}}t}\bar{\boldsymbol{x}}_0]\mathrm{d}t=\int_0^{t_1}\|\boldsymbol{B}^{\mathrm{T}}\mathrm{e}^{-\boldsymbol{A}^{\mathrm{T}}t}\bar{\boldsymbol{x}}_0\|^2\mathrm{d}t$$

式中，$\|\cdot\|$ 表示向量的范数。范数必为非负，因此有 $\boldsymbol{B}^{\mathrm{T}}\mathrm{e}^{-\boldsymbol{A}^{\mathrm{T}}t}\bar{\boldsymbol{x}}_0=0,\forall t\in[0,t_1]$。

另一方面，由系统完全能控可知，状态空间中所有非零状态均可以找到相应的输入 $\boldsymbol{u}(t)$ 使得

$$0=\boldsymbol{x}(t_1)=\mathrm{e}^{\boldsymbol{A}t_1}\bar{\boldsymbol{x}}_0+\int_0^{t_1}\mathrm{e}^{\boldsymbol{A}(t_1-t)}\boldsymbol{B}\boldsymbol{u}(t)\mathrm{d}t$$

即 $\bar{\boldsymbol{x}}_0=-\int_0^{t_1}\mathrm{e}^{-\boldsymbol{A}t}\boldsymbol{B}\boldsymbol{u}(t)\mathrm{d}t$，则有

$$\|\bar{\boldsymbol{x}}_0\|^2=\bar{\boldsymbol{x}}_0^{\mathrm{T}}\bar{\boldsymbol{x}}_0=\left[-\int_0^{t_1}\mathrm{e}^{\boldsymbol{A}t}\boldsymbol{B}\boldsymbol{u}(t)\mathrm{d}t\right]^{\mathrm{T}}\bar{\boldsymbol{x}}_0=-\int_0^{t_1}\boldsymbol{u}^{\mathrm{T}}(t)[\boldsymbol{B}^{\mathrm{T}}\mathrm{e}^{-\boldsymbol{A}^{\mathrm{T}}t}\bar{\boldsymbol{x}}_0]\mathrm{d}t$$

从而可得 $\|\bar{\boldsymbol{x}}_0\|^2=0$，即 $\bar{\boldsymbol{x}}_0=0$。与假设相矛盾，从而证得 $\boldsymbol{W}_c(0,t_1)$ 为非奇异矩阵。证毕。

格拉姆矩阵判据主要用于理论分析，该判据中含有矩阵指数函数 $\mathrm{e}^{\boldsymbol{A}t}$，因此当矩阵 $\boldsymbol{A}$ 维数较大时矩阵指数函数的计算复杂。

判据 2（秩判据）：线性定常系统完全能控的充分必要条件是系统的能控性判别矩阵 $\boldsymbol{Q}_c=(\boldsymbol{B}\quad \boldsymbol{A}\boldsymbol{B}\quad \boldsymbol{A}^2\boldsymbol{B}\quad \cdots\quad \boldsymbol{A}^{n-1}\boldsymbol{B})$ 是满秩的，即

$$\mathrm{rank}\boldsymbol{Q}_c=\mathrm{rank}(\boldsymbol{B}\quad \boldsymbol{A}\boldsymbol{B}\quad \boldsymbol{A}^2\boldsymbol{B}\quad \cdots\quad \boldsymbol{A}^{n-1}\boldsymbol{B})=n \tag{2-60}$$

证明：根据能控性定义，找到一个控制量 $\boldsymbol{u}(t)$ 使得系统从初始状态 $\boldsymbol{x}(t_0)=x_0$ 转移到平衡状态 $\boldsymbol{x}(t)=0$，即

$$x(t)=\mathrm{e}^{\boldsymbol{A}t}x_0+\int_0^t\mathrm{e}^{\boldsymbol{A}(t-\tau)}\boldsymbol{B}\boldsymbol{u}(\tau)\mathrm{d}\tau$$

$$\Rightarrow 0=\mathrm{e}^{\boldsymbol{A}t}x_0+\int_0^t\mathrm{e}^{\boldsymbol{A}(t-\tau)}\boldsymbol{B}\boldsymbol{u}(\tau)\mathrm{d}\tau$$

$$\Rightarrow \boldsymbol{x}_0=-\int_0^t\mathrm{e}^{-\boldsymbol{A}\tau}\boldsymbol{B}\boldsymbol{u}(\tau)\mathrm{d}\tau$$

矩阵指数函数 $\mathrm{e}^{-\boldsymbol{A}\tau}$ 表示成有限项级数求和的形式为

$$\mathrm{e}^{-\boldsymbol{A}\tau}=\sum_{k=0}^{n-1}\alpha_k(\tau)\boldsymbol{A}^k$$

于是有

$$x_0=-\sum_{k=0}^{n-1}\boldsymbol{A}^k\boldsymbol{B}\int_0^t\alpha_k(\tau)\boldsymbol{u}(\tau)\mathrm{d}\tau$$

令 $-\int_0^t\alpha_k(\tau)\boldsymbol{u}(\tau)\mathrm{d}\tau=\beta_k$，则有

$$(\boldsymbol{B}\quad \boldsymbol{AB}\quad \boldsymbol{A}^2\boldsymbol{B}\quad \cdots\quad \boldsymbol{A}^{n-1}\boldsymbol{B})\begin{bmatrix}\beta_1\\ \beta_2\\ \beta_3\\ \vdots\\ \beta_{n-1}\end{bmatrix}=\boldsymbol{x}_0$$

这个线性方程有解的充分必要条件是 $\mathrm{rank}(\boldsymbol{B}\quad \boldsymbol{AB}\quad \boldsymbol{A}^2\boldsymbol{B}\quad \cdots\quad \boldsymbol{A}^{n-1}\boldsymbol{B})=n$。

判据 3 （PBH 秩判据）：线性定常系统完全能控的充分必要条件是对矩阵 $\boldsymbol{A}$ 的所有特征值 $\lambda_1,\lambda_2,\cdots,\lambda_n$，均有

$$\mathrm{rank}(\lambda_i\boldsymbol{I}-\boldsymbol{A}\quad \boldsymbol{B})=n,\ i=1,2,\cdots,n \tag{2-61}$$

判据 4 （PBH 特征向量判据）：线性定常系统完全能控的充分必要条件是矩阵 $\boldsymbol{A}$ 不能有与矩阵 $\boldsymbol{B}$ 的所有列相正交的非零左特征向量，即对 $\boldsymbol{A}$ 的任一特征值 $\lambda_i(i=1,2,\cdots,n)$ 同时满足

$$\boldsymbol{\alpha}^{\mathrm{T}}\boldsymbol{A}=\lambda_i\boldsymbol{\alpha}^{\mathrm{T}},\ \boldsymbol{\alpha}^{\mathrm{T}}\boldsymbol{B}=0 \tag{2-62}$$

的特征向量 $\boldsymbol{\alpha}\equiv 0$。

判据 5 （约当规范型判据）：

① 若线性定常系统 $\dot{\boldsymbol{x}}=\boldsymbol{Ax}+\boldsymbol{Bu}$ 具有互不相同的实特征根，则系统完全能控的充分必要条件是系统经过非奇异变换后的对角标准型

$$\dot{\bar{\boldsymbol{x}}}=\begin{pmatrix}\lambda_1 & \cdots & 0\\ \vdots & \ddots & \vdots\\ 0 & \cdots & \lambda_n\end{pmatrix}\bar{\boldsymbol{x}}+\bar{\boldsymbol{B}}\boldsymbol{u} \tag{2-63}$$

中，矩阵 $\bar{\boldsymbol{B}}$ 不存在元素全为 0 的行；

② 若线性定常系统 $\dot{\boldsymbol{x}}=\boldsymbol{Ax}+\boldsymbol{Bu}$ 具有重实特征根，且每一个重特征根只对应一个独立特征向量，则系统完全能控的充分必要条件是系统经过非奇异变换后的约当规范型

$$\dot{\bar{\boldsymbol{x}}}=\begin{pmatrix}\boldsymbol{J}_1 & \cdots & 0\\ \vdots & \ddots & \vdots\\ 0 & \cdots & \boldsymbol{J}_k\end{pmatrix}\bar{\boldsymbol{x}}+\begin{pmatrix}\bar{\boldsymbol{B}}_1\\ \vdots\\ \bar{\boldsymbol{B}}_k\end{pmatrix}\boldsymbol{u} \tag{2-64}$$

中，每个约当块 $\boldsymbol{J}_i(i=1,2,\cdots,k)$ 最后一行所对应的矩阵 $\bar{\boldsymbol{B}}$ 中各行元素不全为 0，即每个约当块对应的 $\bar{\boldsymbol{B}}_1,\cdots,\bar{\boldsymbol{B}}_k$ 中最后一行行向量无全零行且线性无关。

(2) 线性定常系统输出能控性及其判据

定义 若线性定常系统

$$\begin{cases}\dot{\boldsymbol{x}}(t)=\boldsymbol{Ax}(t)+\boldsymbol{Bu}(t)\\ \boldsymbol{y}(t)=\boldsymbol{Cx}(t)+\boldsymbol{Du}(t)\end{cases} \tag{2-65}$$

式中，$t\in J$，J 是时间域。如果存在容许控制量 $\boldsymbol{u}(t)$，在有限时间段 $[t_0,t_1](t_1>t_0,t_1\in J)$ 内，使得系统的输出量从初始输出 $\boldsymbol{y}(t_0)$ 转移到 $\boldsymbol{y}(t_1)$，则称系统的输出 $\boldsymbol{y}(t_0)$ 是能控的。如果系统的任一非零输出都是能控的，则称系统的输出是完全能控的。

输出能控性判据：线性定常系统输出完全能控的充分必要条件是

$$\operatorname{rank}(\boldsymbol{CB}\quad \boldsymbol{CAB}\quad \cdots\quad \boldsymbol{CA}^{n-1}\boldsymbol{B}\quad \boldsymbol{D})=p \tag{2-66}$$

式中，$(\boldsymbol{CB}\quad \boldsymbol{CAB}\quad \cdots\quad \boldsymbol{CA}^{n-1}\boldsymbol{B}\quad \boldsymbol{D})$为系统输出能控性矩阵；$p$ 是系统输出的维数。即系统输出完全能控的充分必要条件是输出能控性矩阵是满秩的。需要注意的是系统状态能控性与系统输出能控性之间没有必然的联系。

【例 2-9】 判断下面系统的能控性。

$$\dot{\boldsymbol{x}}=\begin{pmatrix}1 & 0\\ 2 & 2\end{pmatrix}\boldsymbol{x}+\begin{pmatrix}1\\ 0\end{pmatrix}\boldsymbol{u}$$

$$\boldsymbol{y}=(2\quad 1)\boldsymbol{x}$$

解：构造能控性矩阵 $\boldsymbol{Q}_c$

$$\boldsymbol{Q}_c=(\boldsymbol{B},\boldsymbol{AB})=\begin{pmatrix}1 & 1\\ 0 & 2\end{pmatrix}$$

由于

$$\operatorname{rank}\boldsymbol{Q}_c=2$$

所以该系统是完全能控的。

(3) 线性定常系统的能观测性及判据

定义 1 若线性定常系统零输入方程为

$$\dot{\boldsymbol{x}}(t)=\boldsymbol{Ax}(t),t\in J$$

$$\boldsymbol{y}(t)=\boldsymbol{Cx}(t),\boldsymbol{x}(0)=\boldsymbol{x}_0$$

式中，J 是时间域。对于初始时刻 $t_0(t_0\in J)$存在未知的非零初始状态 $\boldsymbol{x}_0$：

(ⅰ) 存在另一个有限时刻 $t_1(t_1>t_0,t_1\in J)$；

(ⅱ) 在有限时间段$[t_0,t_1]$内，通过测量的系统输出 $\boldsymbol{y}(t)$可以确定系统的初始状态 $\boldsymbol{x}_0$。

则把初始状态 $\boldsymbol{x}_0$ 称作可观测状态。若状态空间中的所有非零状态都是可观测的，则称系统是完全能观测的。

从能观测性定义可知，在已知有限时间段内输出 $\boldsymbol{y}(t)$的情况下，系统可观测的目标就是为了确定系统的初始状态 $\boldsymbol{x}(t_0)$。系统的输入 $\boldsymbol{u}(t)$及确定性干扰均不会改变系统的能观测性。

定义 2 如果根据有限时间段$[t_0,t_1]$内的输出 $\boldsymbol{y}(t)$能够唯一确定任意指定状态 $\boldsymbol{x}(t_1)$，则称状态 $\boldsymbol{x}(t_1)$在 t_1 时刻是可检测的。连续线性定常系统的能观测性和能检测性等价，而对于离散系统或时变系统来说，二者并不一定等价。

线性定常系统能观测性判据如下。

判据 1 （格拉姆矩阵判据）：线性定常系统完全能观测的充分必要条件是存在 $t_1>0$ 时刻，使得 n 维格拉姆矩阵

$$\boldsymbol{W}_o(0,t_1)=\int_0^{t_1}\mathrm{e}^{-\boldsymbol{A}^{\mathrm{T}}t}\boldsymbol{C}^{\mathrm{T}}\boldsymbol{C}\mathrm{e}^{\boldsymbol{A}t}\,\mathrm{d}t \tag{2-67}$$

是非奇异的。

格拉姆矩阵判据主要用于理论分析，由于实际应用中需要计算矩阵指数函数 $\mathrm{e}^{\boldsymbol{A}t}$，因此当矩阵 $\boldsymbol{A}$ 维数较大时矩阵指数函数的计算烦琐，并且计算量很大。

判据 2 （秩判据）：线性定常系统完全能观测的充分必要条件是系统的能观测性判别

矩阵 $\boldsymbol{Q}_o=(\boldsymbol{C}\quad \boldsymbol{CA}\quad \boldsymbol{CA}^2\quad \cdots\quad \boldsymbol{CA}^{n-1})^{\mathrm{T}}$ 是满秩的，即

$$\operatorname{rank}\boldsymbol{Q}_o=\operatorname{rank}\begin{pmatrix}\boldsymbol{C}\\ \boldsymbol{CA}\\ \boldsymbol{CA}^2\\ \vdots\\ \boldsymbol{CA}^{n-1}\end{pmatrix}=n \tag{2-68}$$

判据 3 （PBH 秩判据）：线性定常系统完全能观测的充分必要条件是对矩阵 $\boldsymbol{A}$ 的所有特征值 $\lambda_1,\lambda_2,\cdots,\lambda_n$，均有

$$\operatorname{rank}\begin{pmatrix}\boldsymbol{C}\\ \lambda_i\boldsymbol{I}-\boldsymbol{A}\end{pmatrix}=n,\ i=1,2,\cdots,n \tag{2-69}$$

判据 4 （PBH 特征向量判据）：线性定常系统完全能观测的充分必要条件是矩阵 $\boldsymbol{A}$ 不能有与矩阵 $\boldsymbol{C}$ 的所有行相正交的非零右特征向量，即对 $\boldsymbol{A}$ 的任一特征值 $\lambda_i(i=1,2,\cdots,n)$ 同时满足

$$\boldsymbol{A\alpha}=\lambda_i\boldsymbol{\alpha},\boldsymbol{C\alpha}=0,\ i=1,2,\cdots,n \tag{2-70}$$

的特征向量 $\boldsymbol{\alpha}\equiv\boldsymbol{0}$。

判据 5 （约当规范型判据）：

① 若线性定常系统具有互不相同的实特征根，则系统完全能观测的充分必要条件是系统经过非奇异变换后的对角标准型

$$\dot{\bar{\boldsymbol{x}}}=\begin{pmatrix}\lambda_1 & \cdots & 0\\ \vdots & \ddots & \vdots\\ 0 & \cdots & \lambda_n\end{pmatrix}\bar{\boldsymbol{x}},\ \boldsymbol{y}=\bar{\boldsymbol{C}}\bar{\boldsymbol{x}} \tag{2-71}$$

中，矩阵 $\bar{\boldsymbol{C}}$ 不存在元素全为 0 的列。

② 若线性定常系统具有重实特征根，且每一个重特征根只对应一个独立特征向量，则系统完全能观测的充分必要条件是系统经过非奇异变换后的约当规范型

$$\dot{\bar{\boldsymbol{x}}}=\begin{pmatrix}\boldsymbol{J}_1 & \cdots & 0\\ \vdots & \ddots & \vdots\\ 0 & \cdots & \boldsymbol{J}_k\end{pmatrix}\bar{\boldsymbol{x}},\ \boldsymbol{y}=\bar{\boldsymbol{C}}\bar{\boldsymbol{x}}=(\bar{\boldsymbol{C}}_1\quad\cdots\quad\bar{\boldsymbol{C}}_k) \tag{2-72}$$

中，每个约当块 $\boldsymbol{J}_i(i=1,2,\cdots,k)$ 第一列所对应的矩阵 $\bar{\boldsymbol{C}}$ 中各列元素不全为 0，即每个约当块对应的 $\bar{\boldsymbol{C}}_1,\cdots,\bar{\boldsymbol{C}}_k$ 中第一列的列向量无全零列且线性无关。

【例 2-10】 判断下面系统的能观测性。

$$\dot{\boldsymbol{x}}=\begin{pmatrix}1 & 0\\ 2 & 2\end{pmatrix}\boldsymbol{x}+\begin{pmatrix}1\\ 0\end{pmatrix}\boldsymbol{u}$$

$$\boldsymbol{y}=(2\quad 1)\boldsymbol{x}$$

解：构造能观测性矩阵 $\boldsymbol{Q}_o$

$$\boldsymbol{Q}_o=\begin{pmatrix}\boldsymbol{C}\\ \boldsymbol{CA}\end{pmatrix}=\begin{pmatrix}2 & 1\\ 4 & 2\end{pmatrix}$$

由于

$$\mathrm{rank}\boldsymbol{Q}_o=1$$

所以该系统是不完全能观测的。

（4）线性定常系统的对偶原理

线性定常系统的能控性和能观测性从概念和判据形式上都很相似，这提示着能控性和能观测性之间存在着某种内在的联系，这个内在联系就是系统的对偶原理。

在历史上，首先研究对偶原理的是法国数学家彭赛列，他在19世纪20年代发现了射影几何理论中的极点和极线对偶性质。对偶原理在数学上射影几何中的极点和极线、圆锥曲线中的点和线，物理学中串联与并联、电阻与电导、电容与电感等，自动控制理论中能控性与能观测性等都已经得到了广泛的研究和应用。控制系统的能控性与能观测性对偶原理最早是由卡尔曼提出来的，下面主要介绍对偶原理的定义及其基本性质。

定义 给定线性定常系统 $\Sigma_1(\boldsymbol{A},\boldsymbol{B},\boldsymbol{C})$

$$\begin{cases}\dot{\boldsymbol{x}}(t)=\boldsymbol{A}\boldsymbol{x}(t)+\boldsymbol{B}\boldsymbol{u}(t)\\ \boldsymbol{y}(t)=\boldsymbol{C}\boldsymbol{x}(t)\end{cases} \tag{2-73}$$

和 $\Sigma_2(\bar{\boldsymbol{A}},\bar{\boldsymbol{B}},\bar{\boldsymbol{C}})$

$$\begin{cases}\dot{\bar{\boldsymbol{x}}}(t)=\bar{\boldsymbol{A}}\bar{\boldsymbol{x}}(t)+\bar{\boldsymbol{B}}\bar{\boldsymbol{u}}(t)\\ \bar{\boldsymbol{y}}(t)=\bar{\boldsymbol{C}}\bar{\boldsymbol{x}}(t)\end{cases} \tag{2-74}$$

满足 $\bar{\boldsymbol{A}}=\boldsymbol{A}^{\mathrm{T}},\bar{\boldsymbol{B}}=\boldsymbol{C}^{\mathrm{T}},\bar{\boldsymbol{C}}=\boldsymbol{B}^{\mathrm{T}}$，则称系统 $\Sigma_1(\boldsymbol{A},\boldsymbol{B},\boldsymbol{C})$ 与 $\Sigma_2(\bar{\boldsymbol{A}},\bar{\boldsymbol{B}},\bar{\boldsymbol{C}})$ 互为对偶系统。

对偶系统又称为伴随系统，可以看出给定系统和对偶系统之间的状态维数一致，而给定系统的输入、输出维数分别等于对偶系统的输出和输入维数。两系统互为对偶意味着输入端与输出端互换信号，传递的方向相反，信号引出点和相加点互换，对应矩阵转置，时间倒转。

给定系统和对偶系统的方块图如图2-10所示。

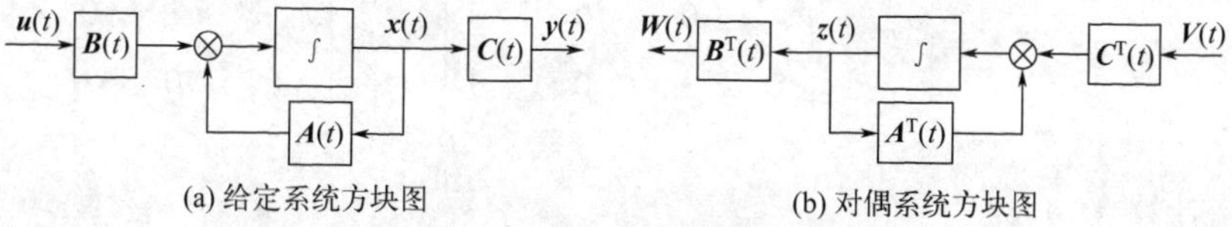

图2-10　给定系统和对偶系统方块图

对偶定理：线性定常系统 $\Sigma_1(\boldsymbol{A},\boldsymbol{B},\boldsymbol{C})$ 和 $\Sigma_2(\bar{\boldsymbol{A}},\bar{\boldsymbol{B}},\bar{\boldsymbol{C}})$ 互为对偶，则 Σ_1 的能控性等价于 Σ_2 的能观测性，Σ_1 的能观测性等价于 Σ_2 的能控性。或者说若 Σ_1 是状态完全可控的（完全可观测的），则 Σ_2 是状态完全可观测的（完全可控的）。

对偶原理的性质如下。

① 互为对偶的两个系统，它们对应的传递函数（阵）互为转置。

证明：若系统 $\Sigma_1(\boldsymbol{A},\boldsymbol{B},\boldsymbol{C})$ 和 $\Sigma_2(\bar{\boldsymbol{A}},\bar{\boldsymbol{B}},\bar{\boldsymbol{C}})$ 互为对偶，则系统 Σ_1 的传递函数（阵）为

$$\boldsymbol{G}_1(s)=\boldsymbol{C}(s\boldsymbol{I}-\boldsymbol{A})^{-1}\boldsymbol{B}$$

而系统 Σ_2 的传递函数（阵）为

$$\boldsymbol{G}_2(s)=\bar{\boldsymbol{C}}(s\boldsymbol{I}-\bar{\boldsymbol{A}})^{-1}\bar{\boldsymbol{B}}$$

$$\Rightarrow\boldsymbol{G}_2(s)=\boldsymbol{B}^{\mathrm{T}}(s\boldsymbol{I}-\boldsymbol{A}^{\mathrm{T}})^{-1}\boldsymbol{C}^{\mathrm{T}}$$

$$\Rightarrow\boldsymbol{G}_2(s)=\boldsymbol{B}^{\mathrm{T}}[(s\boldsymbol{I}-\boldsymbol{A})^{-1}]^{\mathrm{T}}\boldsymbol{C}^{\mathrm{T}}$$

$$\Rightarrow \boldsymbol{G}_2(s)=[\boldsymbol{C}(s\boldsymbol{I}-\boldsymbol{A})^{-1}\boldsymbol{B}]^{\mathrm{T}}=\boldsymbol{G}_1^{\mathrm{T}}(s)$$

② 互为对偶的两个系统，它们对应的特征方程是相同的。

(5) 单输入-单输出系统的能控标准型与能观测标准型

在线性系统中，由于状态变量选择的不唯一性，系统的状态空间表达式也具有多种形式。在实际应用中，经常将状态空间表达式转化为标准形式，如对角标准型、约当规范型等，方便计算和系统分析等。对于完全能控或完全能观测的线性定常系统，可以从能控性与能观测性出发构造非奇异变换矩阵，将系统转化为只有能控系统或能观测系统才具有的标准形式，通常将其称为能控标准型和能观测标准型。

① 单变量系统的能控标准型　给定 n 维单输入-单输出线性定常系统

$$\begin{cases}\dot{\boldsymbol{x}}=\boldsymbol{A}\boldsymbol{x}+\boldsymbol{b}u\\ y=\boldsymbol{c}\boldsymbol{x}\end{cases} \tag{2-75}$$

且系统完全能控，有

$$\operatorname{rank}(\boldsymbol{b}\quad \boldsymbol{A}\boldsymbol{b}\quad \cdots\quad \boldsymbol{A}^{n-1}\boldsymbol{b})=n \tag{2-76}$$

因此，单变量系统状态空间表达式转换为能控标准型的步骤如下。

步骤 1：计算系统的能控性矩阵 $\boldsymbol{Q}_c$。

$$\boldsymbol{Q}_c=(\boldsymbol{b}\quad \boldsymbol{A}\boldsymbol{b}\quad \cdots\quad \boldsymbol{A}^{n-1}\boldsymbol{b}) \tag{2-77}$$

并根据 $\operatorname{rank}\boldsymbol{Q}_c$ 判断系统是否完全能控。

步骤 2：计算系统的特征多项式。

$$\det(s\boldsymbol{I}-\boldsymbol{A})=s^n+a_{n-1}s^{n-1}+\cdots+a_1s+a_0 \tag{2-78}$$

步骤 3：令 $\boldsymbol{x}=\boldsymbol{P}\bar{\boldsymbol{x}}$，计算非奇异变换矩阵 $\boldsymbol{P}$。

$$\boldsymbol{P}=(\boldsymbol{b}\quad \boldsymbol{A}\boldsymbol{b}\quad \cdots\quad \boldsymbol{A}^{n-1}\boldsymbol{b})\begin{pmatrix} a_1 & a_2 & \cdots & a_{n-1} & 1\\ a_2 & \cdots & \cdots & \iddots & 0\\ \vdots & \vdots & \vdots & \vdots & \vdots\\ a_{n-1} & \iddots & 0 & 0 & 0\\ 1 & 0 & \cdots & 0 & 0\end{pmatrix}=\boldsymbol{Q}_c\begin{pmatrix} a_1 & a_2 & \cdots & a_{n-1} & 1\\ a_2 & \cdots & \cdots & \iddots & 0\\ \vdots & \vdots & \vdots & \vdots & \vdots\\ a_{n-1} & \iddots & 0 & 0 & 0\\ 1 & 0 & \cdots & 0 & 0\end{pmatrix} \tag{2-79}$$

步骤 4：计算 $\bar{\boldsymbol{A}},\bar{\boldsymbol{b}},\bar{\boldsymbol{c}}$。

$$\bar{\boldsymbol{A}}=\boldsymbol{P}^{-1}\boldsymbol{A}\boldsymbol{P}=\begin{pmatrix} 0 & 1 & \cdots & 0\\ 0 & 0 & \cdots & \vdots\\ \vdots & \vdots & & 1\\ -a_0 & -a_1 & \cdots & -a_{n-1}\end{pmatrix}$$

$$\bar{\boldsymbol{b}}=\boldsymbol{P}^{-1}\boldsymbol{b}=\begin{pmatrix}0\\ \vdots\\ 0\\ 1\end{pmatrix}$$

$$\bar{\boldsymbol{c}}=\boldsymbol{c}\boldsymbol{P}$$

步骤 5：单变量系统的能控标准型为

$$\begin{cases}\dot{\bar{\boldsymbol{x}}}=\bar{\boldsymbol{A}}\bar{\boldsymbol{x}}+\bar{\boldsymbol{b}}u\\ \bar{y}=\bar{\boldsymbol{c}}\bar{\boldsymbol{x}}\end{cases} \tag{2-80}$$

【例 2-11】 已知线性定常系统

$$\dot{\boldsymbol{x}}=\begin{pmatrix}-1 & 1 & 0\\ 0 & -1 & 0\\ 0 & 0 & -2\end{pmatrix}\boldsymbol{x}+\begin{pmatrix}0\\1\\1\end{pmatrix}u$$

$$y=(1\quad 1\quad 0)\boldsymbol{x}$$

试将其变换成能控标准型。

解：计算能控性矩阵 $\boldsymbol{Q}_c$

$$\boldsymbol{Q}_c=(\boldsymbol{b}\quad \boldsymbol{Ab}\quad \boldsymbol{A}^2\boldsymbol{b})=\begin{pmatrix}0 & 1 & -2\\ 1 & -1 & 1\\ 1 & -2 & 4\end{pmatrix}$$

$\mathrm{rank}\boldsymbol{Q}_c=3$，系统完全能控。

系统的特征多项式为

$$|s\boldsymbol{I}-\boldsymbol{A}|=s^3+4s^2+5s+2$$

令 $\boldsymbol{x}=\boldsymbol{P}\bar{\boldsymbol{x}}$，计算非奇异变换矩阵 $\boldsymbol{P}$

$$\boldsymbol{P}=\boldsymbol{Q}_c\begin{pmatrix}a_1 & a_2 & 1\\ a_2 & 1 & 0\\ 1 & 0 & 0\end{pmatrix}=\begin{pmatrix}0 & 1 & -2\\ 1 & -1 & 1\\ 1 & -2 & 4\end{pmatrix}\begin{pmatrix}5 & 4 & 1\\ 4 & 1 & 0\\ 1 & 0 & 0\end{pmatrix}=\begin{pmatrix}2 & 1 & 0\\ 2 & 3 & 1\\ 1 & 2 & 1\end{pmatrix}$$

$$\boldsymbol{P}^{-1}=\begin{pmatrix}1 & -1 & 1\\ -1 & 2 & -2\\ 1 & -3 & 4\end{pmatrix}$$

计算 $\bar{\boldsymbol{A}}$，$\bar{\boldsymbol{b}}$，$\bar{\boldsymbol{c}}$。

$$\bar{\boldsymbol{A}}=\boldsymbol{P}^{-1}\boldsymbol{AP}=\begin{pmatrix}0 & 1 & 0\\ 0 & 0 & 1\\ -2 & -5 & -4\end{pmatrix},\ \bar{\boldsymbol{b}}=\boldsymbol{P}^{-1}\boldsymbol{b}=\begin{pmatrix}0\\0\\1\end{pmatrix},\ \bar{\boldsymbol{c}}=\boldsymbol{cP}=(4\quad 4\quad 1)$$

该系统能控标准型为

$$\dot{\bar{\boldsymbol{x}}}=\begin{pmatrix}0 & 1 & 0\\ 0 & 0 & 1\\ -2 & -5 & -4\end{pmatrix}\bar{\boldsymbol{x}}+\begin{pmatrix}0\\0\\1\end{pmatrix}u$$

$$\bar{y}=(4\quad 4\quad 1)\bar{\boldsymbol{x}}$$

② 单变量系统的能观测标准型　单变量系统状态空间表达式转换为能观测标准型的步骤如下。

步骤 1：计算系统的能观测性矩阵 $\boldsymbol{Q}_o$。

$$\boldsymbol{Q}_o=\begin{bmatrix}\boldsymbol{c}\\ \boldsymbol{cA}\\ \vdots\\ \boldsymbol{cA}^{n-1}\end{bmatrix}\tag{2-81}$$

并根据 $\mathrm{rank}\boldsymbol{Q}_o$ 判断系统是否完全能观测。

步骤 2：令 $\bar{\boldsymbol{x}}=\boldsymbol{Qx}$，根据特征方程 $|s\boldsymbol{I}-\boldsymbol{A}|=s^n+a_{n-1}s^{n-1}+\cdots+a_1s+a_0$ 构造非奇异变换矩阵 $\boldsymbol{Q}$。

$$Q=\begin{pmatrix}1 & a_{n-1} & \cdots & a_1\\0 & 1 & \ddots & \vdots\\\vdots & \vdots & \vdots & a_{n-1}\\0 & 0 & \cdots & 1\end{pmatrix}\begin{pmatrix}cA^{n-1}\\\vdots\\cA\\c\end{pmatrix} \tag{2-82}$$

步骤 3：计算 $\bar{A},\bar{b},\bar{c}$。

$$\bar{A}=QAQ^{-1}=\begin{pmatrix}0 & 0 & 0 & -a_0\\1 & 0 & 0 & -a_1\\\vdots & \vdots & \vdots & \vdots\\0 & \cdots & 1 & -a_{n-1}\end{pmatrix}$$

$$\bar{b}=Qb$$

$$\bar{c}=cQ^{-1}=(0\quad 0\quad \cdots\quad 1)$$

步骤 4：单变量系统的能观测标准型为

$$\begin{cases}\dot{\bar{x}}=\bar{A}\bar{x}+\bar{b}u\\\bar{y}=\bar{c}\bar{x}\end{cases} \tag{2-83}$$

【例 2-12】 已知线性定常系统

$$\dot{x}=\begin{pmatrix}1 & 2 & 0\\3 & -1 & 1\\0 & 2 & 0\end{pmatrix}x+\begin{pmatrix}2\\1\\1\end{pmatrix}u,\quad y=(0\quad 0\quad 1)x$$

试将其变换成能观测标准型。

解：计算系统的能观测性矩阵 Q_o。

$$Q_o=\begin{pmatrix}c\\cA\\cA^2\end{pmatrix}=\begin{pmatrix}0 & 0 & 1\\0 & 2 & 0\\6 & -2 & 2\end{pmatrix}$$

因为 $\mathrm{rank}Q_o=3$，所以系统完全能观测。

令 $\bar{x}=Qx$，根据特征方程 $|sI-A|=s^3-9s+2$，构造非奇异变换矩阵 Q。

$$Q=\begin{pmatrix}1 & a_2 & a_1\\0 & 1 & a_2\\0 & 0 & 1\end{pmatrix}\begin{pmatrix}cA^2\\cA\\c\end{pmatrix}=\begin{pmatrix}1 & 0 & -9\\0 & 1 & 0\\0 & 0 & 1\end{pmatrix}\begin{pmatrix}6 & -2 & 2\\0 & 2 & 0\\0 & 0 & 1\end{pmatrix}=\begin{pmatrix}6 & -2 & -7\\0 & 2 & 0\\0 & 0 & 1\end{pmatrix}$$

计算 $\bar{A},\bar{b},\bar{c}$。

$$\bar{A}=QAQ^{-1}=\begin{pmatrix}6 & -2 & -7\\0 & 2 & 0\\0 & 0 & 1\end{pmatrix}\begin{pmatrix}1 & 2 & 0\\3 & -1 & 1\\0 & 2 & 0\end{pmatrix}\begin{pmatrix}\frac{1}{6} & \frac{1}{6} & \frac{7}{6}\\0 & \frac{1}{2} & 0\\0 & 0 & 1\end{pmatrix}=\begin{pmatrix}0 & 0 & -2\\1 & 0 & 9\\0 & 1 & 0\end{pmatrix}$$

$$\bar{b}=Qb=\begin{pmatrix}6 & -2 & -7\\0 & 2 & 0\\0 & 0 & 1\end{pmatrix}\begin{pmatrix}2\\1\\1\end{pmatrix}=\begin{pmatrix}3\\2\\1\end{pmatrix}$$

$$\bar{c}=cQ^{-1}=(0\quad 0\quad 1)\begin{pmatrix}\frac{1}{6} & \frac{1}{6} & \frac{7}{6}\\ 0 & \frac{1}{2} & 0\\ 0 & 0 & 1\end{pmatrix}=(0\quad 0\quad 1)$$

单变量系统的能观测标准型为

$$\dot{\bar{x}}=\begin{pmatrix}0 & 0 & -2\\ 1 & 0 & 9\\ 0 & 1 & 0\end{pmatrix}\bar{x}+\begin{pmatrix}3\\ 2\\ 1\end{pmatrix}u$$

$$\bar{y}=(0\quad 0\quad 1)\bar{x}$$

能控性与能观测性在非奇异变换下的性质：

给定 n 维线性定常系统

$$\begin{cases}\dot{x}=Ax+Bu\\ y=Cx\end{cases}$$

经过线性变换 $\bar{x}=Px$，可得

$$\begin{cases}\dot{\bar{x}}=PAP^{-1}\bar{x}+PBu\\ y=CP^{-1}\bar{x}\end{cases}$$

式中，P 为非奇异变换矩阵，则有 $\mathrm{rank}Q_c=\mathrm{rank}\bar{Q}_c$，$\mathrm{rank}Q_o=\mathrm{rank}\bar{Q}_o$，这表明了线性非奇异变换不会改变系统的能控性和能观测性。

能控标准型和能观测标准型是基于线性非奇异变换得到的，是通过一种简单的、明显的方式把系统的状态空间表达式与反映系统结构特性的特征多项式联系起来。系统能控标准型和能观测标准型描述中的系统矩阵都是由系统特征多项式的系数构成的，这对于后面讨论系统综合问题，如状态反馈极点配置、观测器设计、系统镇定问题、系统跟踪问题等，都给予了很大的方便。

此外，由于多输入-多输出系统的能控标准型和能观测标准型是不唯一的，可以有多种形式。

(6) 系统结构分解

线性系统的结构分解又称为卡尔曼标准分解。它是讨论不完全能控和不完全能观测系统状态的分解。线性系统通过代数等价变换，可以将系统整个状态变量分解成四个部分：既能控又能观测子系统、能控不能观测子系统、不能控能观测子系统、既不能控又不能观测子系统。这样的系统分解称为系统的结构分解。研究系统的结构分解可以更深刻地了解系统的结构特性，也有助于更加深入地揭示系统的状态空间描述与传递函数描述之间的本质区别。

① 线性定常系统能控性分解　考虑不完全能控 n 维线性定常系统

$$\begin{cases}\dot{x}=Ax+Bu\\ y=Cx\end{cases}\tag{2-84}$$

式中，$\mathrm{rank}Q_c=k<n$。在 n 个状态中只有 k 个状态是能控的，其余 $n-k$ 个状态是不能控的，按能控性进行结构分解就是找到 k 个能控状态，并写出系统能控状态与不能控状态对应的状态方程。系统按照能控性结构分解算法步骤如下。

步骤 1：列写出系统的能控性矩阵 $Q_c=(B\ \ AB\ \ A^2B\ \ \cdots\ \ A^{n-1}B)$，并计算 $\mathrm{rank}Q_c=k$。

步骤 2：在能控性矩阵 $\boldsymbol{Q}_c$ 中任取 k 个线性无关的列向量$(\boldsymbol{p}_1, \boldsymbol{p}_2, \cdots, \boldsymbol{p}_k)$，再在 $\mathbb{R}^n$ 中任意取 $n-k$ 个列向量$(\boldsymbol{p}_{k+1}, \boldsymbol{p}_{k+2}, \cdots, \boldsymbol{p}_n)$，并保证与前 k 个列向量线性无关。

步骤 3：构造非奇异变换矩阵 $\boldsymbol{P}=(\boldsymbol{p}_1 \quad \cdots \quad \boldsymbol{p}_k \quad \boldsymbol{p}_{k+1} \quad \cdots \quad \boldsymbol{p}_n)$。

步骤 4：按照线性变换 $\bar{\boldsymbol{x}}=\boldsymbol{P}\boldsymbol{x}$，获得变换后的系数矩阵并计算 $\bar{\boldsymbol{A}}=\boldsymbol{P}\boldsymbol{A}\boldsymbol{P}^{-1}$，$\bar{\boldsymbol{B}}=\boldsymbol{P}\boldsymbol{B}$，$\bar{\boldsymbol{C}}=\boldsymbol{C}\boldsymbol{P}^{-1}$，可得

$$\dot{\bar{\boldsymbol{x}}}=\bar{\boldsymbol{A}}\bar{\boldsymbol{x}}+\bar{\boldsymbol{B}}\boldsymbol{u} \Rightarrow \begin{pmatrix} \dot{\bar{\boldsymbol{x}}}_c \\ \dot{\bar{\boldsymbol{x}}}_{\bar{c}} \end{pmatrix}=\begin{pmatrix} \bar{\boldsymbol{A}}_c & \bar{\boldsymbol{A}}_{12} \\ \boldsymbol{0} & \bar{\boldsymbol{A}}_{\bar{c}} \end{pmatrix}\begin{pmatrix} \bar{\boldsymbol{x}}_c \\ \bar{\boldsymbol{x}}_{\bar{c}} \end{pmatrix}+\begin{pmatrix} \bar{\boldsymbol{B}}_c \\ \boldsymbol{0} \end{pmatrix}\boldsymbol{u}$$

$$\boldsymbol{y}=\bar{\boldsymbol{C}}\bar{\boldsymbol{x}}=\begin{pmatrix} \bar{\boldsymbol{C}}_c & \bar{\boldsymbol{C}}_{\bar{c}} \end{pmatrix}\begin{pmatrix} \bar{\boldsymbol{x}}_c \\ \bar{\boldsymbol{x}}_{\bar{c}} \end{pmatrix}$$

式中，$\bar{\boldsymbol{x}}_c$ 表示 k 维能控的状态分量；$\bar{\boldsymbol{x}}_{\bar{c}}$ 表示 $n-k$ 维不能控的状态分量。

由系统能控性分解算法可知，系统可被分解成 k 维完全能控子系统

$$\begin{cases} \dot{\bar{\boldsymbol{x}}}_c=\bar{\boldsymbol{A}}_c\bar{\boldsymbol{x}}_c+\bar{\boldsymbol{A}}_{12}\bar{\boldsymbol{x}}_{\bar{c}}+\bar{\boldsymbol{B}}_c\boldsymbol{u} \\ \boldsymbol{y}_1=\bar{\boldsymbol{C}}_c\bar{\boldsymbol{x}}_c \end{cases}$$

和 $n-k$ 维完全不能控子系统

$$\begin{cases} \dot{\bar{\boldsymbol{x}}}_{\bar{c}}=\bar{\boldsymbol{A}}_{\bar{c}}\bar{\boldsymbol{x}}_{\bar{c}} \\ \boldsymbol{y}_2=\bar{\boldsymbol{C}}_{\bar{c}}\bar{\boldsymbol{x}}_{\bar{c}} \end{cases}$$

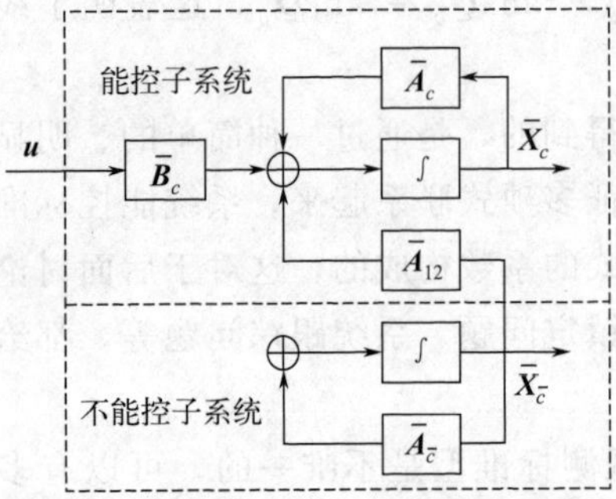

图 2-11 系统能控性结构分解示意图

线性变换 $\bar{\boldsymbol{x}}=\boldsymbol{P}\boldsymbol{x}$ 既不会改变系统的特征值，也不会改变系统的传递函数（阵）的表达。

完全能控子系统和完全不能控子系统分解的框图如图 2-11 所示，其中系统的不能控部分既不受输入的直接影响，也没有通过能控状态受到输入 $\boldsymbol{u}$ 的间接影响。因此，系统的不能控部分不能由输入 $\boldsymbol{u}$ 和输出 $\boldsymbol{y}$ 之间的传递函数来反映，也就是说，系统的传递函数（阵）没有完全反映系统的内部不能控状态的动态特性。

【例 2-13】 若线性定常系统状态空间表达式为

$$\dot{\boldsymbol{x}}=\begin{pmatrix} 1 & 1 & 1 \\ 0 & 1 & 0 \\ 1 & 1 & 1 \end{pmatrix}\boldsymbol{x}+\begin{pmatrix} 0 & 1 \\ 1 & 0 \\ 0 & 1 \end{pmatrix}\boldsymbol{u}，\boldsymbol{y}=(1 \quad 0 \quad 1)\boldsymbol{x}$$

判别系统是否完全能控，若完全不能控，将系统按能控性分解。

解：先构造能控性矩阵。

$$\boldsymbol{Q}_c=(\boldsymbol{B} \quad \boldsymbol{AB} \quad \boldsymbol{A}^2\boldsymbol{B})=\begin{pmatrix} 0 & 1 & 1 & 2 & 3 & 4 \\ 1 & 0 & 1 & 0 & 1 & 0 \\ 0 & 1 & 1 & 2 & 3 & 4 \end{pmatrix}$$

$\mathrm{rank}\boldsymbol{Q}_c=2$，系统不完全能控。

计算非奇异变换矩阵 $\boldsymbol{P}=(\boldsymbol{p}_1 \quad \boldsymbol{p}_2 \quad \boldsymbol{p}_3)$，$\boldsymbol{p}_1, \boldsymbol{p}_2$ 直接从能控性矩阵 $\boldsymbol{Q}_c$ 中获取，$\boldsymbol{p}_3$ 从

实数空间 $\mathbb{R}^3$ 中获取。

$$P=\begin{pmatrix}0&1&1\\1&0&0\\0&1&0\end{pmatrix}$$

计算非奇异变换矩阵的逆矩阵，并进行结构分解。

$$P^{-1}=\begin{pmatrix}0&1&0\\0&0&1\\1&0&-1\end{pmatrix}$$

$$\bar{A}=P^{-1}AP=\begin{pmatrix}1&0&0\\1&2&1\\0&0&0\end{pmatrix}$$

$$\bar{B}=P^{-1}B=\begin{pmatrix}1&0\\0&1\\0&0\end{pmatrix}$$

$$\bar{C}=CP=(0\quad 2\quad 1)$$

于是，能控子系统的状态空间表达式为

$$\dot{\bar{x}}_c=\begin{pmatrix}1&0\\1&2\end{pmatrix}\bar{x}_c+\begin{pmatrix}0\\1\end{pmatrix}\bar{x}_{\bar{c}}+\begin{pmatrix}1&0\\0&1\end{pmatrix}u,\ y_1=(0\quad 2)\bar{x}_c$$

不能控子系统的状态空间表达式为

$$\dot{\bar{x}}_{\bar{c}}=0\cdot\bar{x}_{\bar{c}},\ y_2=1\cdot\bar{x}_{\bar{c}}$$

为了说明非奇异变换矩阵选取时的任意性，本例题中可以重新选择 p_3，从而获得非奇异变换矩阵

$$P=\begin{pmatrix}0&1&0\\1&0&1\\0&1&1\end{pmatrix}$$

其逆矩阵及相应的结构分解为

$$P^{-1}=\begin{pmatrix}1&1&-1\\1&0&0\\-1&0&1\end{pmatrix}$$

$$\bar{A}=P^{-1}AP=\begin{pmatrix}1&0&1\\1&2&2\\0&0&0\end{pmatrix}$$

$$\bar{B}=P^{-1}B=\begin{pmatrix}1&0\\0&1\\0&0\end{pmatrix}$$

$$\bar{C}=CP=(0\quad 2\quad 1)$$

② 线性定常系统能观测性分解　考虑不完全能观测 n 维线性定常系统

$$\begin{cases}\dot{x}=Ax+Bu\\y=Cx\end{cases}\tag{2-85}$$

式中，$\mathrm{rank}\boldsymbol{Q}_o=l<n$，在 n 个状态中只有 l 个状态是能观测的，其余 $n-l$ 个状态是不能观测的，按能观测性进行结构分解就是找到 l 个能观测状态，并写出系统能观测状态与不能观测状态对应的状态方程。系统按照能观测性结构分解算法步骤如下。

步骤 1：列写出系统的能观测性矩阵 $\boldsymbol{Q}_o=(\boldsymbol{C}\quad \boldsymbol{CA}\quad \cdots\quad \boldsymbol{CA}^{n-1})^{\mathrm{T}}$，并计算 $\mathrm{rank}\boldsymbol{Q}_o=l$。

步骤 2：在能观测性矩阵 $\boldsymbol{Q}_o$ 中任取 l 个线性无关的行向量$(\boldsymbol{q}_1^{\mathrm{T}},\boldsymbol{q}_2^{\mathrm{T}},\cdots,\boldsymbol{q}_l^{\mathrm{T}})$，再在 $\mathbb{R}^n$ 中任意取 $n-l$ 个行向量$(\boldsymbol{q}_{l+1}^{\mathrm{T}},\boldsymbol{q}_{l+2}^{\mathrm{T}},\cdots,\boldsymbol{q}_n^{\mathrm{T}})$，并保证与前 l 个行向量线性无关。

步骤 3：构造非奇异变换矩阵 $\boldsymbol{Q}=(\boldsymbol{q}_1^{\mathrm{T}}\quad \cdots\quad \boldsymbol{q}_l^{\mathrm{T}}\quad \boldsymbol{q}_{l+1}^{\mathrm{T}}\quad \cdots\quad \boldsymbol{q}_n^{\mathrm{T}})^{\mathrm{T}}$。

步骤 4：按照线性变换 $\bar{\boldsymbol{x}}=\boldsymbol{Qx}$，获得变换后的系数矩阵并计算 $\bar{\boldsymbol{A}}=\boldsymbol{QAQ}^{-1}$，$\bar{\boldsymbol{B}}=\boldsymbol{QB}$，$\bar{\boldsymbol{C}}=\boldsymbol{CQ}^{-1}$，可得

$$\dot{\bar{\boldsymbol{x}}}=\bar{\boldsymbol{A}}\bar{\boldsymbol{x}}+\bar{\boldsymbol{B}}\boldsymbol{u}\Rightarrow\begin{pmatrix}\dot{\bar{\boldsymbol{x}}}_o\\ \dot{\bar{\boldsymbol{x}}}_{\bar{o}}\end{pmatrix}=\begin{pmatrix}\bar{\boldsymbol{A}}_o & \boldsymbol{0}\\ \bar{\boldsymbol{A}}_{21} & \bar{\boldsymbol{A}}_{\bar{o}}\end{pmatrix}\begin{pmatrix}\bar{\boldsymbol{x}}_o\\ \bar{\boldsymbol{x}}_{\bar{o}}\end{pmatrix}+\begin{pmatrix}\bar{\boldsymbol{B}}_o\\ \bar{\boldsymbol{B}}_{\bar{o}}\end{pmatrix}\boldsymbol{u}$$

$$\boldsymbol{y}=\bar{\boldsymbol{C}}\bar{\boldsymbol{x}}=(\bar{\boldsymbol{C}}_o\quad \boldsymbol{0})\begin{pmatrix}\bar{\boldsymbol{x}}_o\\ \bar{\boldsymbol{x}}_{\bar{o}}\end{pmatrix}$$

式中，$\bar{\boldsymbol{x}}_o$ 表示 l 维能观测的状态分量；$\bar{\boldsymbol{x}}_{\bar{o}}$ 表示 $n-l$ 维不能观测的状态分量。

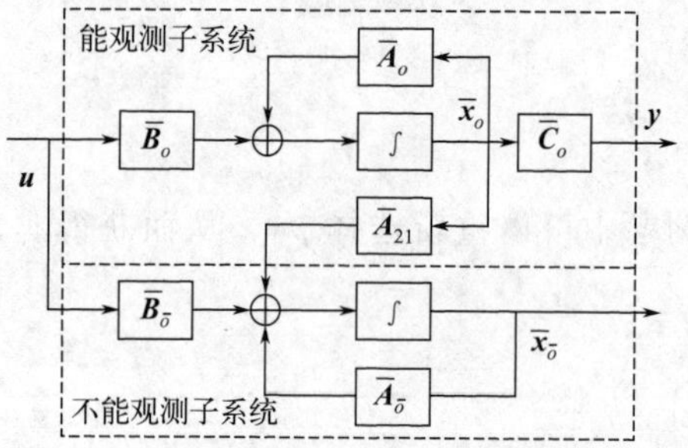

图 2-12　系统能观测性结构分解示意图

由系统能观测性分解算法可知，系统可被分解成 l 维完全能观测子系统

$$\dot{\bar{\boldsymbol{x}}}_o=\bar{\boldsymbol{A}}_o\bar{\boldsymbol{x}}_o+\bar{\boldsymbol{B}}_o\boldsymbol{u}，\ \boldsymbol{y}_1=\bar{\boldsymbol{C}}_o\bar{\boldsymbol{x}}_o$$

和 $n-l$ 维完全不能观测子系统

$$\dot{\bar{\boldsymbol{x}}}_{\bar{o}}=\bar{\boldsymbol{A}}_{21}\bar{\boldsymbol{x}}_o+\bar{\boldsymbol{A}}_{\bar{o}}\bar{\boldsymbol{x}}_{\bar{o}}+\bar{\boldsymbol{B}}_{\bar{o}}\boldsymbol{u}，\ \boldsymbol{y}_2=0$$

能观测子系统和不能观测子系统分解的框图如图 2-12 所示。

【例 2-14】 若线性定常系统状态空间表达式为

$$\dot{\boldsymbol{x}}=\begin{pmatrix}-2 & 2 & -1\\ 0 & -2 & 0\\ 1 & -4 & 0\end{pmatrix}\boldsymbol{x}+\begin{pmatrix}0\\ 0\\ 1\end{pmatrix}\boldsymbol{u}，\ y=(1\quad -1\quad 1)\boldsymbol{x}$$

判别系统是否完全能观测，若不完全能观测，将系统按能观测性分解。

解：先构造能观测性矩阵 $\boldsymbol{Q}_o$。

$$\boldsymbol{Q}_o=\begin{pmatrix}\boldsymbol{C}\\ \boldsymbol{CA}\\ \boldsymbol{CA}^2\end{pmatrix}=\begin{pmatrix}1 & -1 & 1\\ -1 & 0 & -1\\ 1 & 2 & 1\end{pmatrix}$$

由于 $\mathrm{rank}\boldsymbol{Q}_o=2$，故系统不完全能观测。

计算非奇异变换矩阵 $\boldsymbol{Q}=(\boldsymbol{q}_1^{\mathrm{T}}\quad \boldsymbol{q}_2^{\mathrm{T}}\quad \boldsymbol{q}_3^{\mathrm{T}})^{\mathrm{T}}$，$\boldsymbol{q}_1^{\mathrm{T}},\boldsymbol{q}_2^{\mathrm{T}}$ 分别为直接从能观测性矩阵 $\boldsymbol{Q}_o$ 中获取的行向量，$\boldsymbol{q}_3^{\mathrm{T}}$ 为从实数空间 $\mathbb{R}^3$ 中取的行向量。

$$Q=\begin{pmatrix}1 & -1 & 1\\ -1 & 0 & -1\\ 1 & 0 & 0\end{pmatrix}$$

计算非奇异变换矩阵的逆矩阵，并进行结构分解。

$$Q^{-1}=\begin{pmatrix}0 & 0 & 1\\ -1 & -1 & 0\\ 0 & -1 & -1\end{pmatrix},\ \bar{A}=QAQ^{-1}=\begin{pmatrix}0 & 1 & 0\\ -2 & -3 & 0\\ -2 & -1 & -1\end{pmatrix}$$

$$\bar{B}=QB=\begin{pmatrix}1\\ -1\\ 0\end{pmatrix},\ \bar{C}=CQ^{-1}=(1\quad 0\quad 0)$$

于是，能观测子系统的状态空间表达式为

$$\dot{\bar{x}}_o=\begin{pmatrix}0 & 1\\ -2 & -3\end{pmatrix}\bar{x}_o+\begin{pmatrix}1\\ -1\end{pmatrix}u,\ y_1=(1\quad 0)\bar{x}_o$$

不能观测子系统的状态空间表达式为

$$\dot{\bar{x}}_{\bar{o}}=(-2\quad -1)\bar{x}_o-\bar{x}_{\bar{o}}$$

③ 线性定常系统规范分解　如果系统既不完全能控又不完全能观测，那么只对系统进行一次分解并不能对系统的结构有完全的了解，这时必须对系统进行二次分解。在能控性分解的基础上进行能观测性分解，或在能观测性分解的基础上进行能控性分解。把同时按照能控性和能观测性进行的结构分解称为规范分解。规范分解能够把系统分解成四个子系统：既能控又能观测子系统、能控不能观测子系统、不能控能观测子系统、既不能控又不能观测子系统，如图 2-13 所示。

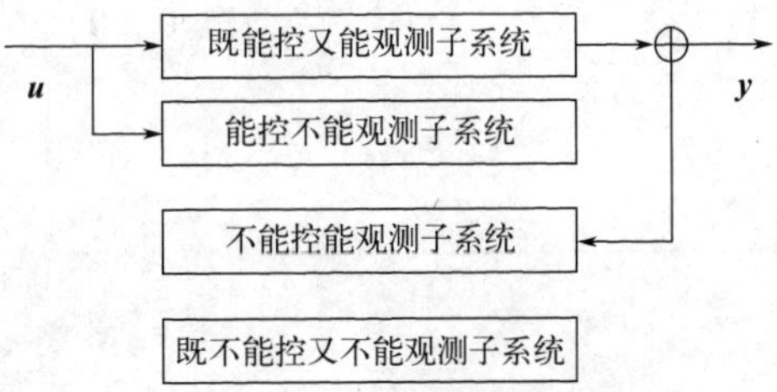

图 2-13　系统规范分解为四个子系统示意图

考虑不完全能控且不完全能观测 n 维线性定常系统

$$\begin{cases}\dot{x}=Ax+Bu\\ y=Cx\end{cases}\tag{2-86}$$

$\text{rank}Q_c=k_1<n$，$\text{rank}Q_o=k_2<n$。

先将系统按照能观测性结构分解，可得

$$\begin{pmatrix}\dot{\bar{x}}_o\\ \dot{\bar{x}}_{\bar{o}}\end{pmatrix}=\begin{pmatrix}\bar{A}_o & \mathbf{0}\\ \bar{A}_{21} & \bar{A}_{\bar{o}}\end{pmatrix}\begin{pmatrix}\bar{x}_o\\ \bar{x}_{\bar{o}}\end{pmatrix}+\begin{pmatrix}\bar{B}_o\\ \bar{B}_{\bar{o}}\end{pmatrix}u$$

$$y=(\bar{C}_o\quad \mathbf{0})\begin{pmatrix}\bar{x}_o\\ \bar{x}_{\bar{o}}\end{pmatrix}$$

然后，再将能观测子系统和不能观测子系统分别进行能控性分解，得到既能控又能观测子系统、不能控能观测子系统、能控不能观测子系统、既不能控又不能观测子系统，即

$$\begin{pmatrix}\dot{\bar{x}}_{co}\\ \dot{\bar{x}}_{c\bar{o}}\\ \dot{\bar{x}}_{\bar{c}o}\\ \dot{\bar{x}}_{\bar{c}\bar{o}}\end{pmatrix}=\begin{pmatrix}\bar{A}_{co} & \bar{A}_{12} & 0 & 0\\ 0 & \bar{A}_{c\bar{o}} & 0 & 0\\ \bar{A}_{31} & \bar{A}_{32} & \bar{A}_{\bar{c}o} & \bar{A}_{34}\\ 0 & \bar{A}_{42} & 0 & \bar{A}_{\bar{c}\bar{o}}\end{pmatrix}\begin{pmatrix}\bar{x}_{co}\\ \bar{x}_{c\bar{o}}\\ \bar{x}_{\bar{c}o}\\ \bar{x}_{\bar{c}\bar{o}}\end{pmatrix}+\begin{pmatrix}\bar{B}_{co}\\ 0\\ \bar{B}_{\bar{c}o}\\ 0\end{pmatrix}u \tag{2-87}$$

$$y=\begin{pmatrix}\bar{C}_{co} & \bar{C}_{c\bar{o}} & 0 & 0\end{pmatrix}\begin{pmatrix}\bar{x}_{co}\\ \bar{x}_{c\bar{o}}\\ \bar{x}_{\bar{c}o}\\ \bar{x}_{\bar{c}\bar{o}}\end{pmatrix} \tag{2-88}$$

系统的传递函数（阵）由式(2-87）及式(2-88）计算可得。

$$G(s)=C(sI-A)^{-1}B=\bar{C}(sI-\bar{A})^{-1}\bar{B}$$

$$=\begin{pmatrix}\bar{C}_{co} & \bar{C}_{c\bar{o}} & 0 & 0\end{pmatrix}\begin{pmatrix}sI-\bar{A}_{co} & -\bar{A}_{12} & 0 & 0\\ 0 & sI-\bar{A}_{c\bar{o}} & 0 & 0\\ -\bar{A}_{31} & -\bar{A}_{32} & sI-\bar{A}_{\bar{c}o} & \bar{A}_{34}\\ 0 & -\bar{A}_{42} & 0 & sI-\bar{A}_{\bar{c}\bar{o}}\end{pmatrix}^{-1}\begin{pmatrix}\bar{B}_{co}\\ 0\\ \bar{B}_{\bar{c}o}\\ 0\end{pmatrix}$$

$$=\begin{pmatrix}\bar{C}_{co}(sI-\bar{A}_{co})^{-1} & \cdots & 0 & 0\end{pmatrix}\begin{pmatrix}\bar{B}_{co}\\ 0\\ \bar{B}_{\bar{c}o}\\ 0\end{pmatrix}$$

$$=\bar{C}_{co}(sI-\bar{A}_{co})^{-1}\bar{B}_{co}$$

可以看出系统的传递函数（阵）仅仅反映系统结构中既能控又能观测子系统的特征值，而不能反映系统既不能控又不能观测部分的特征值，这进一步说明系统状态空间描述是一种完全的描述，而系统的传递函数是一种不完全描述。

2.3 状态反馈与极点配置

2.3.1 系统综合问题概述

线性系统的综合与设计问题就是在已知系统的结构、参数及所期望达到的系统运动形式或特征基础上，确定施加于系统的外部输入作用，即控制律 $u(t)$。换句话说，系统综合问题就是寻找一个适当的控制作用 $u(t)$，使得系统在其作用下的运动行为满足所给出的期望性能指标。

性能指标是评价和设计控制系统的衡量标准，它可以是对系统运动过程所给定的某种期望形式，也可以是对系统运动状态期望形式所规定的某些特征向量，或者就是某个需要取极小值或极大值的一个性能函数。

控制系统中通常采用的性能指标有两类：一类是非优化型性能指标，这是一类不等式型的指标，也就是说只要性能值达到或者好于性能指标，就算实现了综合控制目的；一类是优化型性能指标，这是一类极值型指标，就是要求性能指标在所有值中取为最小或最大值。

非优化型性能指标常见的控制问题如下。

① 极点配置问题　以一组期望的闭环系统极点作为性能指标（达到期望的闭环系统极点），相应的综合问题称为极点配置问题。系统的运动形态及动态性能（超调量、过渡过程等）主要由极点的位置所决定。

② 镇定问题　以系统的渐近稳定性为性能指标，相应的系统综合问题称为镇定问题。

③ 解耦控制问题　以使得“一个多输入-多输出系统”实现为“一个输入只控制一个输出”作为性能指标，相应的综合问题称为解耦控制问题。

④ 跟踪问题　把系统输出无静差地跟踪一个外部信号作为性能指标。这个外部信号可以是直接给定的某个非零时间函数，也可以由某个动态系统的输出产生，再或者是给定参考信号恒为零，相应的综合问题称为跟踪问题。

优化型性能指标最常见的是线性二次型最优控制问题。性能指标函数通常取状态 $\boldsymbol{x}(t)$ 和控制 $\boldsymbol{u}(t)$ 的二次型积分函数

$$\boldsymbol{J}(\boldsymbol{u})=\int_0^{\infty}(\boldsymbol{x}^{\mathrm{T}}\boldsymbol{Q}\boldsymbol{x}+\boldsymbol{u}^{\mathrm{T}}\boldsymbol{R}\boldsymbol{u})\mathrm{d}t$$

式中，$\boldsymbol{R}$ 是正定的对称常数矩阵；$\boldsymbol{Q}$ 是正定的对称常数矩阵或是满足$(\boldsymbol{A},\boldsymbol{Q}^{1/2})$能观测的半正定的对称常数矩阵。对于不同的控制系统综合问题，需要确定出合适的加权矩阵 $\boldsymbol{Q}$ 和 $\boldsymbol{R}$，而综合问题的任务就是要找到一个控制 $\boldsymbol{u}^*$，使得相应的性能指标 $\boldsymbol{J}(\boldsymbol{u}^*)$取为极小值。这就是最优控制问题，确切地说是线性二次型最优控制（Linear Quadratic Optimal Control）问题，即 LQ 调节器问题。

2.3.2　状态反馈与输出反馈

反馈是系统综合与设计的主要方法。在经典控制理论中，传递函数是描述系统模型的主要方法，它仅反映了输入与输出的关系，反馈设计时通常采用输出量作为反馈变量。而在现代控制理论中，由于采用状态变量来描述系统模型，因此，反馈设计时除了采用输出反馈外，还采用状态变量作为反馈变量。本小节中，主要介绍输出反馈与状态反馈的结构与对系统造成的影响等。

状态反馈与输出反馈的系统结构图如图 2-14 所示。

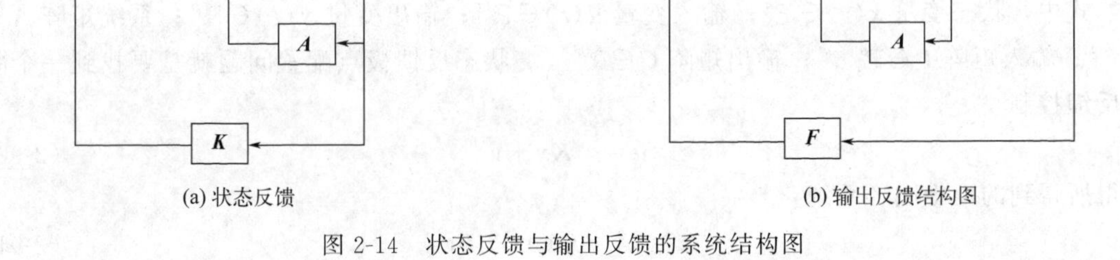

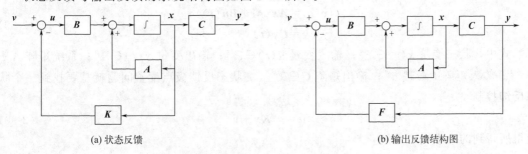

图 2-14　状态反馈与输出反馈的系统结构图

状态反馈与输出反馈的反馈表达式、动态方程及传递函数如表 2-1 所示。

表 2-1 状态反馈与输出反馈的反馈表达式、动态方程及传递函数比较

反馈形式	状态反馈	输出反馈
反馈表达式	$\boldsymbol{u}=-\boldsymbol{Kx}+\boldsymbol{v}$	$\boldsymbol{u}=-\boldsymbol{Fy}+\boldsymbol{v}$
系统动态方程	$\dot{\boldsymbol{x}}=(\boldsymbol{A}-\boldsymbol{BK})\boldsymbol{x}+\boldsymbol{Bv},\boldsymbol{y}=\boldsymbol{Cx}$	$\dot{\boldsymbol{x}}=(\boldsymbol{A}-\boldsymbol{BFC})\boldsymbol{x}+\boldsymbol{Bv},\boldsymbol{y}=\boldsymbol{Cx}$
系统传递函数	$\boldsymbol{G}(s)=\boldsymbol{C}(s\boldsymbol{I}-\boldsymbol{A}+\boldsymbol{BK})^{-1}\boldsymbol{B}$	$\boldsymbol{G}(s)=\boldsymbol{C}(s\boldsymbol{I}-\boldsymbol{A}+\boldsymbol{BFC})^{-1}\boldsymbol{B}$

状态反馈与输出反馈的性能比较如下。

① 对能控性与能观测性的影响　状态反馈的引入，不改变系统的能控性，但可能改变系统的能观测性。输出反馈的引入既不改变系统的能控性，也不改变系统的能观测性。

② 对稳定性的影响　状态反馈和输出反馈都影响系统稳定性。稳定性与特征值有关，在加入反馈后改变了方程，因此也就改变了稳定性。

③ 从反馈信息性质的角度比较　状态反馈所反馈的信息是系统的状态，是一种可以完全表征系统结构的信息，所以状态反馈又称为完全的系统信息反馈。而输出反馈所反馈的信息是系统输出，这是一种不完全的系统信息反馈。一般来说要想使系统获得良好的动态性能，必须采用完全的信息反馈，也就是状态反馈。

④ 从改善系统性能角度比较　状态反馈要比输出反馈强，但也不是说就不再用输出反馈。要想使输出反馈也能达到满意的性能，就应该引入串联补偿器和并联补偿器构成一个动态的输出反馈系统。通常情况下，补偿器是阶次较低的线性系统，它的引入提高了整个反馈系统的阶次，这也是它的一个主要缺点。

⑤ 从实现反馈系统的工程角度比较　因为输出变量是可以直接测量的，所以输出反馈显然要比状态反馈更容易在工程中实现。从这一点上来看，输出反馈要优于状态反馈。要想解决状态反馈的实现问题，就必须引入一个附加的状态观测器。带有状态观测器的状态反馈系统也存在着一个明显的缺点——大大地提高了整个反馈系统的阶次。

2.3.3 状态反馈极点配置

(1) 状态反馈设计

在经典控制中，采用极点配置的方法是由于极点与系统的特性密切相关，例如是否稳定、能够收敛等等。但经典控制采用的设计方法是试凑法，没有办法事先给出控制是否存在的结论。

对于线性定常系统 $\Sigma(\boldsymbol{A},\boldsymbol{B},\boldsymbol{C})$

$$\begin{cases}\dot{\boldsymbol{x}}(t)=\boldsymbol{Ax}(t)+\boldsymbol{Bu}(t)\\ \boldsymbol{y}(t)=\boldsymbol{Cx}(t)\end{cases} \tag{2-89}$$

式中，状态变量 $\boldsymbol{x}(t)\in\mathbb{R}^n$；输入变量 $\boldsymbol{u}(t)\in\mathbb{R}^m$；输出变量 $\boldsymbol{y}(t)\in\mathbb{R}^p$；系统矩阵 $\boldsymbol{A}\in\mathbb{R}^{n\times n}$；输入矩阵 $\boldsymbol{B}\in\mathbb{R}^{n\times m}$；输出矩阵 $\boldsymbol{C}\in\mathbb{R}^{p\times n}$。状态反馈极点配置问题就是要找到一个状态反馈控制

$$\boldsymbol{u}=-\boldsymbol{Kx}+\boldsymbol{v} \tag{2-90}$$

使得所得到的反馈闭环系统

$$\dot{\boldsymbol{x}}=(\boldsymbol{A}-\boldsymbol{BK})\boldsymbol{x}+\boldsymbol{Bv} \tag{2-91}$$

的极点配置到给定的期望极点 λ_i^* $(i=1,2,\cdots,n)$，即

$$\lambda_i(\boldsymbol{A}-\boldsymbol{BK})=\lambda_i^* \tag{2-92}$$

极点可配置条件：线性定常系统可以通过状态反馈使闭环极点配置在任意位置上的充要条件是系统完全能控。

若系统不完全能控，则不能控部分的状态变量不受输入控制，对应极点不可配置。这可以通过对系统进行结构分解分析理解。若系统分解成两个子系统：能控子系统和不能控子系统

$$\begin{pmatrix}\dot{\bar{\boldsymbol{x}}}_c\\ \dot{\bar{\boldsymbol{x}}}_{\bar{c}}\end{pmatrix}=\begin{pmatrix}\bar{\boldsymbol{A}}_c & \bar{\boldsymbol{A}}_{12}\\ \boldsymbol{0} & \bar{\boldsymbol{A}}_{\bar{c}}\end{pmatrix}\begin{pmatrix}\bar{\boldsymbol{x}}_c\\ \bar{\boldsymbol{x}}_{\bar{c}}\end{pmatrix}+\begin{pmatrix}\bar{\boldsymbol{B}}_c\\ \boldsymbol{0}\end{pmatrix}\boldsymbol{u}$$

则由状态反馈

$$\boldsymbol{u}=-\boldsymbol{Kx}+\boldsymbol{v}=-(k_1\quad k_2)\boldsymbol{x}+\boldsymbol{v}$$

可得控制反馈闭环系统矩阵为

$$\bar{\boldsymbol{A}}-\bar{\boldsymbol{B}}\boldsymbol{K}=\begin{pmatrix}\bar{\boldsymbol{A}}_c-\bar{\boldsymbol{B}}_c k_1 & \bar{\boldsymbol{A}}_{12}-\bar{\boldsymbol{B}}_c k_2\\ \boldsymbol{0} & \bar{\boldsymbol{A}}_{\bar{c}}\end{pmatrix}$$

通过分析可知，反馈控制只对能控部分有影响，而对不能控部分不起作用。

(2) 极点配置算法

方法 1：单变量系统的极点配置方法。

给定线性定常系统

$$\begin{cases}\dot{\boldsymbol{x}}=\boldsymbol{Ax}+\boldsymbol{bu}\\ \boldsymbol{y}=\boldsymbol{cx}\end{cases} \tag{2-93}$$

预先给定全维状态观测器期望极点为 λ_i^* $(i=1,2,\cdots,n)$。首先判定线性定常系统是否完全能控，系统完全能控才可以进行极点配置。然后，计算系统的特征多项式为

$$\det(s\boldsymbol{I}-\boldsymbol{A})\triangleq\alpha(s)=s^n+a_{n-1}s^{n-1}+\cdots+a_1s+a_0 \tag{2-94}$$

根据给定的期望极点 λ_i^* $(i=1,2,\cdots,n)$，可以计算出期望的特征多项式为

$$\alpha^*(s)=s^n+a_{n-1}^*s^{n-1}+\cdots+a_1^*s+a_0^* \tag{2-95}$$

比较两个特征多项式式(2-94) 及式(2-95) 可得在期望极点所在线性空间下的增益矩阵为

$$\bar{\boldsymbol{K}}=(a_0^*-a_0\quad a_1^*-a_1\quad\cdots\quad a_{n-1}^*-a_{n-1}) \tag{2-96}$$

定义一个非奇异变换矩阵 $\boldsymbol{P}$，使得

$$\boldsymbol{P}=(\boldsymbol{A}^{n-1}\boldsymbol{b}\quad\cdots\quad\boldsymbol{b})\begin{pmatrix}1 & 0 & \cdots & 0\\ a_{n-1} & 1 & \cdots & \vdots\\ \vdots & \vdots & & 0\\ a_1 & \cdots & a_{n-1} & 1\end{pmatrix} \tag{2-97}$$

利用线性变换关系 $\bar{\boldsymbol{x}}=\boldsymbol{Px}$，可以导出给定系统的能控标准型。因此，状态反馈增益矩阵 $\boldsymbol{K}$ 可以由式(2-98) 估计。

$$\boldsymbol{K}=\bar{\boldsymbol{K}}\boldsymbol{P}^{-1} \tag{2-98}$$

方法 2：直接代入法。

如果系统是低阶的($n\leqslant 3$)，则可将状态反馈增益矩阵 $\boldsymbol{K}$ 直接代入期望的特征多项式进行计算。例如，若给定系统的状态变量 $\boldsymbol{x}$ 是三维的，期望的极点为 λ_1^*，λ_2^*，λ_3^*，则状态反馈增益矩阵可写成

$$\boldsymbol{K}=(k_1 \quad k_2 \quad k_3)$$

将状态反馈增益矩阵 $\boldsymbol{K}$ 直接代入期望的特征多项式可得

$$|s\boldsymbol{I}-(\boldsymbol{A}-\boldsymbol{BK})|=(s-\lambda_1^*)(s-\lambda_2^*)(s-\lambda_3^*) \tag{2-99}$$

使式(2-99) 两端 s 的同次幂系数相等，即可求出 k_1，k_2，k_3 的值。对于低阶系统，这种直接代入法比较简单，但对于高阶系统而言，计算相对复杂。

从极点配置条件可知，只要系统是完全能控的，那么无论系统开环矩阵是否稳定，都可以通过适当选择的反馈矩阵使得系统变稳定，而且控制作用的大小与闭环极点的位置有关。选择状态反馈矩阵的元素时，要防止数值过大，以免动态性能产生不良影响，以及不易进行物理实现。配置极点时，也并非离虚轴越远越好，以免造成频带过宽，使抗干扰性降低。

状态反馈对零点的影响：状态反馈不改变系统的零点，但可能改变系统的能观测性。闭环零点对系统动态性能影响很大，在规定待配置的极点时，必须充分考虑零点的影响。当任意配置极点导致零极点相消时，可能将原有的能观测性转为不能观测性，也可能使原有的不能观测性变为能观测性。

对于给定系统和期望性能指标，状态反馈增益矩阵 $\boldsymbol{K}$ 不唯一，而是依赖于期望闭环极点的位置。工程上要求系统都是稳定的，所以闭环极点一定选在左半平面上。另外如果系统是二阶的，那么系统的动态特性（响应特性）正好与系统期望的闭环极点和零点的位置联系起来。

【例 2-15】 考虑线性定常系统

$$\dot{\boldsymbol{x}}=\begin{pmatrix}-1 & -2\\ -1 & -3\end{pmatrix}\boldsymbol{x}+\begin{pmatrix}2\\ 1\end{pmatrix}\boldsymbol{u}$$

试求状态反馈增益矩阵 $\boldsymbol{K}$ 使得闭环系统的极点为 $-1+\mathrm{j}2$ 和 $-1-\mathrm{j}2$。

解：

方法 1：首先检验系统的能控性。

$$\mathrm{rank}\boldsymbol{Q}_c=\mathrm{rank}(\boldsymbol{B} \quad \boldsymbol{AB})=\mathrm{rank}\begin{pmatrix}2 & -4\\ 1 & -5\end{pmatrix}=2$$

系统完全能控，可以任意配置极点。

计算系统的特征多项式 $|s\boldsymbol{I}-\boldsymbol{A}|=\begin{vmatrix}s+1 & 2\\ 1 & s+3\end{vmatrix}=s^2+4s+1$，与闭环系统期望的特征多项式 $\alpha^*(s)=(s+1-\mathrm{j}2)(s+1+\mathrm{j}2)=s^2+2s+5$ 比较可得

$$\bar{\boldsymbol{K}}=(a_0^*-a_0 \quad a_1^*-a_1)=(4 \quad -2)$$

计算非奇异变换矩阵 $\boldsymbol{P}$

$$\boldsymbol{P}=(\boldsymbol{Ab} \quad \boldsymbol{b})\begin{pmatrix}1 & 0\\ a_1 & 1\end{pmatrix}=\begin{pmatrix}-4 & 2\\ -5 & 1\end{pmatrix}\begin{pmatrix}1 & 0\\ 4 & 1\end{pmatrix}=\begin{pmatrix}4 & 2\\ -1 & 1\end{pmatrix}$$

$$\boldsymbol{P}^{-1}=\begin{pmatrix}1/6 & -1/3\\ 1/6 & 2/3\end{pmatrix}$$

计算反馈增益矩阵

$$K=\bar{K}P^{-1}=(1/3 \quad -8/3)$$

方法 2：设期望的反馈增益矩阵为

$$K=(k_1 \quad k_2)$$

并使得闭环系统特征多项式 $|sI-A+BK|$ 与期望极点构成的特征多项式相等，即

$$|sI-A+BK|=\begin{vmatrix} s+1+2k_1 & 2+2k_2 \\ 1+k_1 & s+3+k_2 \end{vmatrix}=s^2+(4+k_2+2k_1)s+(1+4k_1-k_2)$$

$$=s^2+2s+5$$

于是，有 $4+k_2+2k_1=2$ 和 $1+4k_1-k_2=5$。

计算可得 $k_1=1/3$，$k_2=-8/3$。

反馈增益矩阵为

$$K=(1/3 \quad -8/3)$$

(3) 状态反馈可镇定问题

状态反馈可镇定问题就是找到一个状态反馈控制 $u=-Kx+v$，使得闭环系统是渐近稳定的，也就是它的系统矩阵 $A-BK$ 的特征值都具有负实部。实际上，镇定问题可以看作状态反馈极点配置问题中的一个特例，只不过不是把极点配置到任意指定的位置上，而是把它配置在 S 复平面的左半开平面内。所以，通常这类问题又称为区域型极点配置问题。

极点可镇定条件：线性定常系统是状态反馈可镇定的充要条件是该系统的不能控子系统是渐近稳定的。

根据系统的状态空间模型，可以知道当且仅当系统矩阵 A 的特征值均具有负实部（特征根均位于左半平面）时，该系统是渐近稳定的。

给定线性定常系统

$$\begin{cases}\dot{x}=Ax+Bu \\ y=cx\end{cases}$$

则系统状态反馈可镇定算法步骤如下。

步骤 1：判断系统 $\Sigma(A,B)$ 的能控性，若系统完全能控，则转向步骤 4。

步骤 2：若系统不完全能控，则按系统能控性进行结构分解，推导出能控子系统和不能控子系统状态方程

$$\begin{pmatrix}\dot{\bar{x}}_c \\ \dot{\bar{x}}_{\bar{c}}\end{pmatrix}=\begin{pmatrix}\bar{A}_c & \bar{A}_{12} \\ 0 & \bar{A}_{\bar{c}}\end{pmatrix}\begin{pmatrix}\bar{x}_c \\ \bar{x}_{\bar{c}}\end{pmatrix}+\begin{pmatrix}\bar{B}_c \\ 0\end{pmatrix}u$$

步骤 3：计算出不能控子系统 $\bar{A}_{\bar{c}}$ 的特征根，并判定其是否稳定。如果是稳定的，则转向步骤 4；否则，停止算法。

步骤 4：对于能控子系统的镇定问题，可选取具有负实部的极点，按照极点配置算法将其极点配置到期望值，从而实现系统镇定。

步骤 5：计算终止。

给定线性定常系统如果是完全能控系统，则其一定是可镇定的；但是，可镇定的系统不一定是完全能控的。

【例 2-16】 给定线性定常系统

$$\dot{\boldsymbol{x}}=\begin{pmatrix}0 & 0 & -1\\ 1 & 0 & -3\\ 0 & 1 & -3\end{pmatrix}\boldsymbol{x}+\begin{pmatrix}1\\1\\0\end{pmatrix}\boldsymbol{u}$$

试设计状态反馈增益矩阵 $\boldsymbol{K}$ 使得系统镇定，即能控部分极点配置到-2、-4。

解：判断系统能控性

$$\mathrm{rank}\boldsymbol{Q}_c=\mathrm{rank}(\boldsymbol{B}\quad \boldsymbol{AB}\quad \boldsymbol{A}^2\boldsymbol{B})=\mathrm{rank}\begin{pmatrix}1 & 0 & -1\\ 1 & 1 & -3\\ 0 & 1 & -2\end{pmatrix}=2$$

系统不完全能控，需要对系统进行能控性分解。

构造变换矩阵 $\boldsymbol{P}$。取 $\boldsymbol{Q}_c$ 中的两列向量，再在实数空间任取一列向量，保证 $\boldsymbol{P}$ 为非奇异矩阵。

$$\boldsymbol{P}=\begin{pmatrix}1 & 0 & 1\\ 1 & 1 & 0\\ 0 & 1 & 0\end{pmatrix},\boldsymbol{P}^{-1}=\begin{pmatrix}0 & 1 & -1\\ 0 & 0 & 1\\ 1 & -1 & 1\end{pmatrix}$$

于是，按照 $\bar{\boldsymbol{x}}=\boldsymbol{P}\boldsymbol{x}$，能控性结构分解状态方程为

$$\begin{pmatrix}\dot{\bar{\boldsymbol{x}}}_c\\ \dot{\bar{\boldsymbol{x}}}_{\bar{c}}\end{pmatrix}=\boldsymbol{P}^{-1}\boldsymbol{A}\boldsymbol{P}\bar{\boldsymbol{x}}+\boldsymbol{P}^{-1}\boldsymbol{B}\boldsymbol{u}=\begin{pmatrix}\bar{\boldsymbol{A}}_c & \bar{\boldsymbol{A}}_{12}\\ \boldsymbol{0} & \bar{\boldsymbol{A}}_{\bar{c}}\end{pmatrix}\begin{pmatrix}\bar{\boldsymbol{x}}_c\\ \bar{\boldsymbol{x}}_{\bar{c}}\end{pmatrix}+\begin{pmatrix}\bar{\boldsymbol{B}}_c\\ \boldsymbol{0}\end{pmatrix}\boldsymbol{u}=\begin{pmatrix}0 & -1 & 1\\ 1 & -2 & 0\\ 0 & 0 & -1\end{pmatrix}\begin{pmatrix}\bar{\boldsymbol{x}}_c\\ \bar{\boldsymbol{x}}_{\bar{c}}\end{pmatrix}+\begin{pmatrix}1\\0\\0\end{pmatrix}\boldsymbol{u}$$

系统不能控部分的特征根为 $\lambda=-1$，在 S 复平面负半轴，因而不能控子系统是稳定的，系统是可以镇定的，从而可以对能控子系统进行极点配置。

对能控子系统进行极点配置，能控子系统状态方程为

$$\dot{\bar{\boldsymbol{x}}}_c=\begin{pmatrix}0 & -1\\ 1 & 2\end{pmatrix}\bar{\boldsymbol{x}}_c+\begin{pmatrix}1\\0\end{pmatrix}\boldsymbol{u}$$

令 $\boldsymbol{K}=(k_1\quad k_2)$，用直接代入法求解可得

$$\begin{aligned}|s\boldsymbol{I}-\bar{\boldsymbol{A}}_c+\bar{\boldsymbol{B}}_c\boldsymbol{K}|&=\begin{vmatrix}s+k_1 & 1+k_2\\ -1 & s+2\end{vmatrix}=s^2+(2+k_1)s+(1+2k_1+k_2)\\ &=(s+2)(s+4)=s^2+6s+8\end{aligned}$$

因此，求得 $\boldsymbol{K}=(4\quad -1)$。

(4) 输出反馈极点配置

给定线性定常系统

$$\begin{cases}\dot{\boldsymbol{x}}=\boldsymbol{A}\boldsymbol{x}+\boldsymbol{B}\boldsymbol{u}\\ \boldsymbol{y}=\boldsymbol{c}\boldsymbol{x}\end{cases}$$

输出反馈极点配置就是对任意给定期望极点 λ_i^* $(i=1,2,\cdots,n)$，确定一个反馈矩阵 $\boldsymbol{F}$，使得输出反馈闭环系统

$$\begin{cases}\dot{\boldsymbol{x}}=(\boldsymbol{A}-\boldsymbol{BFC})\boldsymbol{x}+\boldsymbol{B}\boldsymbol{v}\\ \boldsymbol{y}=\boldsymbol{C}\boldsymbol{x}\end{cases}$$

的所有特征值实现期望的极点配置，即

$$\lambda_i(\boldsymbol{A}-\boldsymbol{BFC})=\lambda_i^*,\ i=1,2,\cdots,n$$

输出反馈的特点：对完全能控的连续时间系统，采用输出反馈一般不能任意配置系统的

全部极点；对完全能控的单输入-单输出系统，采用输出反馈只能使得闭环系统极点配置到根轨迹上，而不能配置到根轨迹以外的位置上。

令 $G(s)$ 为单输入-单输出系统的开环传递函数，$\alpha(s)=0$ 和 $\beta(s)=0$ 是对应系统的极点和零点方程，f 为输出反馈增益，则输出反馈闭环系统的传递函数 $G_f(s)$ 为

$$G_f(s)=\frac{\beta(s)}{\alpha(s)+f\beta(s)}$$

因此，输出反馈闭环系统的特征方程为

$$\alpha(s)+f\beta(s)=0$$

当输出反馈增益 $f=0$ 时，闭环系统的极点对应着开环系统的极点；当输出反馈增益 $f\to\infty$ 时，闭环系统的极点对应着开环系统的零点；当输出反馈增益 f 从 0 变化到 $\pm\infty$ 时，闭环系统的极点只能分布在从开环极点出发到开环零点终止的一组轨线上。

2.4 状态观测器

状态观测器是根据系统的外部变量（输入变量和输出变量）的实测值得出状态变量估计值的一类动态系统，也称为状态重构器。20 世纪 60 年代初，为了对控制系统实现状态反馈或其他需要，D. G. 吕恩伯格、R. W. 巴斯和 J. E. 贝特朗等人提出状态观测器的概念和构造方法，通过重构的途径解决了状态不能直接量测的问题。状态观测器的出现，不但为状态反馈的技术实现提供了实际可能性，而且在控制工程的许多方面也得到了实际应用，例如复制扰动以实现对扰动的完全补偿等。近些年，分数阶状态观测器设计吸引了研究人员的关注。

2.4.1 全维状态观测器

到目前为止，对于给定线性定常系统 $\Sigma(\boldsymbol{A},\boldsymbol{B},\boldsymbol{C})$

$$\begin{cases}\dot{\boldsymbol{x}}(t)=\boldsymbol{A}\boldsymbol{x}(t)+\boldsymbol{B}\boldsymbol{u}(t)\\ \boldsymbol{y}(t)=\boldsymbol{C}\boldsymbol{x}(t)\end{cases} \tag{2-100}$$

进行状态反馈设计时，都是基于系统的状态变量全部是已知的，即每一个状态的值都可以由传感器进行测量（观测）。然而，在很多情况下，系统的状态变量不容易直接被传感器测量，或者由于传感器成本相对较高，某些状态变量难以用传感器精准测量。那么对于不可直接测量的状态变量设计状态反馈时，如何处理系统需要进行状态反馈设计与系统状态变量不能直接测量的矛盾呢？解决这一矛盾的方法就是对不能直接量测的状态变量进行估计，这种方法通常称为状态观测或状态重构。用于估计或观测状态变量的动态系统称为状态观测器，简称观测器。（引入状态观测器是为了解决状态反馈时一些状态变量不能观测的问题。）

状态观测器就是在给定系统 $\Sigma(\boldsymbol{A},\boldsymbol{B},\boldsymbol{C})$ 外，构造了一个系统 $\widetilde{\Sigma}(\widetilde{\boldsymbol{A}},\widetilde{\boldsymbol{B}},\widetilde{\boldsymbol{C}})$，系统 $\widetilde{\Sigma}$ 利用给定系统中可以直接测量的输入变量 $\boldsymbol{u}$ 和输出变量 $\boldsymbol{y}$ 作为输入变量，使得状态观测器输出变量 $\widetilde{\boldsymbol{x}}(t)$ 与原系统的真实状态变量 $\boldsymbol{x}(t)$ 渐近等价，即

$$\lim_{t\to\infty}[\widetilde{\boldsymbol{x}}(t)-\boldsymbol{x}(t)]=\lim_{t\to\infty}\Delta\boldsymbol{x}(t)=0 \tag{2-101}$$

式中，$\Delta\boldsymbol{x}(t)$ 为状态观测误差。式(2-101) 的含义就是：随着时间趋于无穷大，状态观测器的输出变量 $\widetilde{\boldsymbol{x}}(t)$ 能够收敛到给定系统的状态变量，即越来越接近于给定系统的状态变

量 $\boldsymbol{x}(t)$。而 $\tilde{\boldsymbol{x}}(t)$ 称为 $\boldsymbol{x}(t)$ 的估计状态或重构状态，因而，$\tilde{\boldsymbol{x}}(t)$ 可作为给定系统的状态变量进行状态反馈实现。

在经典控制理论中没有涉及状态观测器的原因是其反馈通常是输出反馈，输出变量 $\boldsymbol{y}(t)$ 通常是直接可以量测的，无需设计观测器。

对于线性定常系统 $\Sigma(\boldsymbol{A},\boldsymbol{B},\boldsymbol{C})$

$$\begin{cases}\dot{\boldsymbol{x}}(t)=\boldsymbol{A}\boldsymbol{x}(t)+\boldsymbol{B}\boldsymbol{u}(t)\\ \boldsymbol{y}(t)=\boldsymbol{C}\boldsymbol{x}(t)\end{cases} \tag{2-102}$$

式中，状态变量 $\boldsymbol{x}(t)\in\mathbb{R}^n$；输入变量 $\boldsymbol{u}(t)\in\mathbb{R}^m$；输出变量 $\boldsymbol{y}(t)\in\mathbb{R}^p$；系统矩阵 $\boldsymbol{A}\in\mathbb{R}^{n\times n}$；输入矩阵 $\boldsymbol{B}\in\mathbb{R}^{n\times m}$；输出矩阵 $\boldsymbol{C}\in\mathbb{R}^{p\times n}$。假设该系统的状态都是无法直接测量的，但是其系数矩阵 $\boldsymbol{A},\boldsymbol{B},\boldsymbol{C}$ 是已知的，那么一个直观的想法就是利用这些系数矩阵来直接复制构造观测器，从而达到状态重构的目的。

(1) 开环观测器

直接复制系统 $\Sigma(\boldsymbol{A},\boldsymbol{B},\boldsymbol{C})$ 的系数矩阵构造观测器是估计状态变量最简单的方式，这样设计的观测器，称为开环观测器。开环观测器的状态空间表达式为

$$\begin{cases}\dot{\tilde{\boldsymbol{x}}}(t)=\boldsymbol{A}\tilde{\boldsymbol{x}}(t)+\boldsymbol{B}\boldsymbol{u}(t)\\ \tilde{\boldsymbol{y}}(t)=\boldsymbol{C}\tilde{\boldsymbol{x}}(t)\end{cases} \tag{2-103}$$

其系统模拟结构如图 2-15 所示。

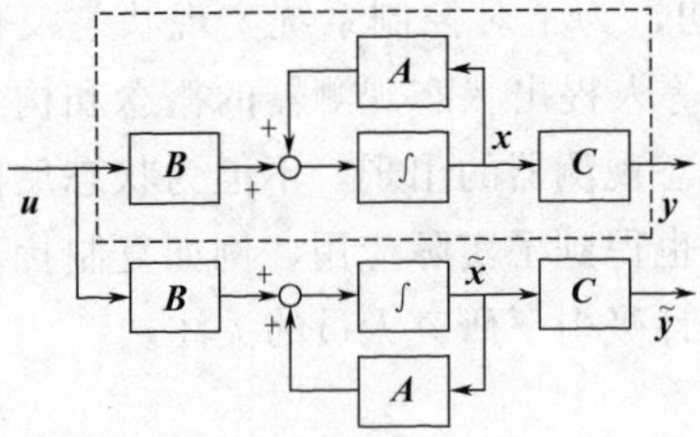

图 2-15　开环观测器

理论上，开环观测器在整个时间域上对给定系统进行状态复制，而实际上开环观测器很难应用，主要原因如下。

① 开环观测器的初始状态与给定系统的初始状态必须相同，而给定系统的初始状态通常是不容易计算的，因此，设置两个初始状态相等是不可行的。

② 由开环观测器误差方程 $\boldsymbol{e}(t)=\boldsymbol{x}(t)-\tilde{\boldsymbol{x}}(t)$ 可知

$$\dot{\boldsymbol{e}}(t)=\dot{\boldsymbol{x}}(t)-\dot{\tilde{\boldsymbol{x}}}(t)=\boldsymbol{A}\boldsymbol{e} \tag{2-104}$$

开环观测器的状态估计误差的动态矩阵 $\dot{\boldsymbol{e}}(t)$ 是由给定系统矩阵 $\boldsymbol{A}$ 决定的。如果给定系统渐近稳定，那么误差动态也是渐近稳定的。如果矩阵 $\boldsymbol{A}$ 中包含了不稳定特征根，那么即使开环观测器与给定系统的初始状态之间存在的差异非常小，$\dot{\boldsymbol{e}}(t)$ 也会随着时间的增加无限放大。

(2) 全维状态观测器

为了克服开环观测器的缺点，需要对其进行改进，引入一个修正项 $\boldsymbol{L}(\boldsymbol{y}-\tilde{\boldsymbol{y}})$，其中修正权重 $\boldsymbol{L}\in\mathbb{R}^{n\times p}$ 是观测器增益矩阵。利用给定系统的输入变量和输出变量构成反馈型观测器，这种观测器称为全维状态观测器。图 2-16 为带有闭环形式的全维状态观测器的系统模拟结构图。全维状态观测器的状态方程为

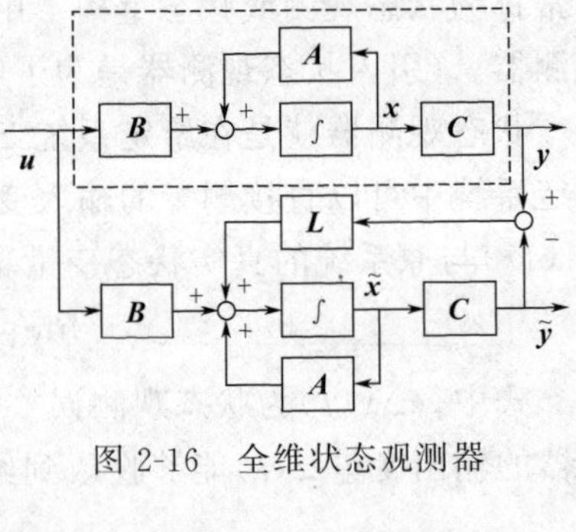

图 2-16　全维状态观测器

$$\begin{aligned}\dot{\tilde{\boldsymbol{x}}}(t)&=\boldsymbol{A}\tilde{\boldsymbol{x}}(t)+\boldsymbol{B}\boldsymbol{u}(t)+\boldsymbol{L}[\boldsymbol{y}(t)-\boldsymbol{C}\tilde{\boldsymbol{x}}(t)]\\&=(\boldsymbol{A}-\boldsymbol{L}\boldsymbol{C})\tilde{\boldsymbol{x}}(t)+\boldsymbol{B}\boldsymbol{u}(t)+\boldsymbol{L}\boldsymbol{y}(t)\end{aligned} \tag{2-105}$$

由式(2-105)可以看出，全维状态观测器的输入变量为$\boldsymbol{u}(t)$和$\boldsymbol{y}(t)$，修正权重矩阵$\boldsymbol{L}$用于调整估计的状态变量$\tilde{\boldsymbol{x}}(t)$，使其渐进跟踪给定系统的真实状态$\boldsymbol{x}(t)$。

由式(2-102)和式(2-105)的差可得全维状态观测器的误差微分方程为

$$\dot{\boldsymbol{e}}(t)=\dot{\boldsymbol{x}}(t)-\dot{\tilde{\boldsymbol{x}}}(t)=(\boldsymbol{A}-\boldsymbol{LC})[\boldsymbol{x}(t)-\tilde{\boldsymbol{x}}(t)]=(\boldsymbol{A}-\boldsymbol{LC})\boldsymbol{e}(t) \tag{2-106}$$

式(2-106)表明，全维状态观测器状态估计误差的动态矩阵$\dot{\boldsymbol{e}}(t)$是由矩阵$\boldsymbol{A}-\boldsymbol{LC}$决定的。如果矩阵$\boldsymbol{A}-\boldsymbol{LC}$是稳定矩阵，则对任意初始误差向量$\boldsymbol{e}(0)=\boldsymbol{x}(0)-\tilde{\boldsymbol{x}}(0)$，误差向量$\boldsymbol{e}(t)$都将趋于零。也就是说，为了让状态估计误差在$t\to\infty$时收敛于零，只需要选择合适的观测器增益矩阵$\boldsymbol{L}$，使得误差动态矩阵$\boldsymbol{A}-\boldsymbol{LC}$的特征值都处于左半平面，即误差动态是渐近稳定的。因此，全维状态观测器的设计就归结为如何确定适当的增益矩阵$\boldsymbol{L}$，使得$\boldsymbol{A}-\boldsymbol{LC}$具有期望的特征值。

(3) 状态可观测条件

对于线性定常系统$\Sigma(\boldsymbol{A},\boldsymbol{B},\boldsymbol{C})$

$$\begin{cases}\dot{\boldsymbol{x}}=\boldsymbol{Ax}+\boldsymbol{Bu} & (2\text{-}107)\\ \boldsymbol{y}=\boldsymbol{Cx} & (2\text{-}108)\end{cases}$$

对式(2-108)两边同时求导可得

$$\dot{\boldsymbol{y}}=\boldsymbol{C}\dot{\boldsymbol{x}} \tag{2-109}$$

将式(2-107)代入式(2-109)并整理有

$$\dot{\boldsymbol{y}}-\boldsymbol{CBu}=\boldsymbol{CAx} \tag{2-110}$$

对式(2-110)两边同时求导得

$$\ddot{\boldsymbol{y}}-\boldsymbol{CB}\dot{\boldsymbol{u}}=\boldsymbol{CA}\dot{\boldsymbol{x}} \tag{2-111}$$

将式(2-107)代入式(2-111)并整理有

$$\ddot{\boldsymbol{y}}-\boldsymbol{CB}\dot{\boldsymbol{u}}-\boldsymbol{CABu}=\boldsymbol{CA}^2\boldsymbol{x} \tag{2-112}$$

同理，连续求导并将式(2-107)代入有

$$\boldsymbol{y}^{(n)}-\boldsymbol{CBu}^{(n-1)}-\boldsymbol{CABu}^{(n-2)}-\boldsymbol{CA}^2\boldsymbol{Bu}^{(n-2)}-\cdots-\boldsymbol{CA}^{n-1}\boldsymbol{Bu}=\boldsymbol{CA}^n\boldsymbol{x} \tag{2-113}$$

将式(2-108)、式(2-110)、式(2-112)、式(2-113)排列成矩阵形式有

$$\begin{bmatrix}\boldsymbol{y}\\ \dot{\boldsymbol{y}}-\boldsymbol{CBu}\\ \ddot{\boldsymbol{y}}-\boldsymbol{CB}\dot{\boldsymbol{u}}-\boldsymbol{CABu}\\ \vdots\\ \boldsymbol{y}^{(n)}-\boldsymbol{CBu}^{(n-1)}-\boldsymbol{CABu}^{(n-2)}-\boldsymbol{CA}^2\boldsymbol{Bu}^{(n-2)}-\cdots-\boldsymbol{CA}^{n-1}\boldsymbol{Bu}\end{bmatrix}=\begin{bmatrix}\boldsymbol{Cx}\\ \boldsymbol{CAx}\\ \boldsymbol{CA}^2\boldsymbol{x}\\ \vdots\\ \boldsymbol{CA}^n\boldsymbol{x}\end{bmatrix}=\begin{bmatrix}\boldsymbol{C}\\ \boldsymbol{CA}\\ \boldsymbol{CA}^2\\ \vdots\\ \boldsymbol{CA}^n\end{bmatrix}\boldsymbol{x} \tag{2-114}$$

令

$$\boldsymbol{Y}=\begin{bmatrix}\boldsymbol{y}\\ \dot{\boldsymbol{y}}-\boldsymbol{CBu}\\ \ddot{\boldsymbol{y}}-\boldsymbol{CB}\dot{\boldsymbol{u}}-\boldsymbol{CABu}\\ \vdots\\ \boldsymbol{y}^{(n)}-\boldsymbol{CBu}^{(n-1)}-\boldsymbol{CABu}^{(n-2)}-\boldsymbol{CA}^2\boldsymbol{Bu}^{(n-2)}-\cdots-\boldsymbol{CA}^{n-1}\boldsymbol{Bu}\end{bmatrix},\ \boldsymbol{Q}_o=\begin{bmatrix}\boldsymbol{C}\\ \boldsymbol{CA}\\ \boldsymbol{CA}^2\\ \vdots\\ \boldsymbol{CA}^n\end{bmatrix}$$

则式(2-114) 可写成

$$Q_o x = Y \tag{2-115}$$

若能观测性矩阵 Q_o 是非奇异矩阵，即给定系统是完全能观测的，则状态变量 x 可以由式(2-116) 估计出来。

$$x = Q_o^{-1} Y \tag{2-116}$$

而由全维状态观测器状态方程式(2-105) 可知，观测器增益矩阵 L 和状态反馈设计中的增益矩阵 K 非常类似，观察它们可得

$$(A - LC)^{\mathrm{T}} = A^{\mathrm{T}} - C^{\mathrm{T}} L^{\mathrm{T}} \sim (A - BK) \tag{2-117}$$

显然，L^{T} 对应了给定系统的对偶系统 $\Sigma_d(A^{\mathrm{T}}, C^{\mathrm{T}}, B^{\mathrm{T}})$进行了状态反馈设计后的增益矩阵 K，即观测器设计问题与状态反馈极点配置问题具有对偶关系。

因此，线性定常系统可观测的条件可总结为结论 1。

结论 1：给定系统 $\Sigma(A, B, C)$的状态观测器存在的充要条件是给定系统是完全能观测的或其对偶系统完全能控。

(4) 全维状态观测器设计方法

方法 1：SISO 系统的状态观测器设计算法。

给定线性定常系统

$$\begin{cases} \dot{x} = Ax + Bu \\ y = Cx \end{cases} \tag{2-118}$$

预先给定全维状态观测器期望极点为 λ_i^* $(i=1,2,\cdots,n)$。假定该系统的特征多项式为

$$\det(sI - A) \triangleq \alpha(s) = s^n + a_{n-1}s^{n-1} + \cdots + a_1 s + a_0 \tag{2-119}$$

定义一个非奇异变换矩阵 Q，使得

$$Q = \begin{bmatrix} 1 & a_{n-1} & \cdots & a_1 \\ 0 & 1 & \cdots & a_2 \\ \vdots & \vdots & & \vdots \\ 0 & 0 & \cdots & a_{n-1} \\ 0 & 0 & \cdots & 1 \end{bmatrix} \begin{bmatrix} CA^{n-1} \\ \vdots \\ CA \\ C \end{bmatrix} \tag{2-120}$$

利用线性变换关系 $\bar{x} = Qx$，可以导出给定系统的能观测标准型。而根据给定全维状态观测器的期望极点 λ_i^* $(i=1,2,\cdots,n)$，可以计算出期望的特征多项式为

$$\alpha^*(s) = s^n + a_{n-1}^* s^{n-1} + \cdots + a_1^* s + a_0^* \tag{2-121}$$

于是，全维状态观测器增益矩阵 L 可以由式(2-122) 估计。

$$L = Q^{-1} \begin{bmatrix} a_0^* - a_0 \\ a_1^* - a_1 \\ \vdots \\ a_{n-1}^* - a_{n-1} \end{bmatrix} \tag{2-122}$$

方法 2：基于对偶原理的状态观测器设计算法。

给定线性定常系统

$$\begin{cases} \dot{x} = Ax + Bu \\ y = Cx \end{cases} \tag{2-123}$$

系统完全能观测，预先给定全维状态观测器期望极点为 λ_i^*（$i=1,2,\cdots,n$）。首先导出给定系统的对偶系统 Σ_d 为

$$\begin{cases}\dot{\boldsymbol{x}}=\boldsymbol{A}^{\mathrm{T}}\boldsymbol{x}+\boldsymbol{C}^{\mathrm{T}}\boldsymbol{u}\\ \boldsymbol{y}=\boldsymbol{B}^{\mathrm{T}}\boldsymbol{x}\end{cases} \tag{2-124}$$

然后，利用状态反馈的极点配置算法确定增益矩阵 $\boldsymbol{K}$ 使得

$$\lambda_i(\boldsymbol{A}^{\mathrm{T}}-\boldsymbol{C}^{\mathrm{T}}K)=\lambda_i^*,\ i=1,2,\cdots,n \tag{2-125}$$

取 $\boldsymbol{L}=\boldsymbol{K}^{\mathrm{T}}$，则设计的全维状态观测器状态方程为

$$\dot{\tilde{\boldsymbol{x}}}=(\boldsymbol{A}-\boldsymbol{LC})\tilde{\boldsymbol{x}}+\boldsymbol{Bu}+\boldsymbol{Ly} \tag{2-126}$$

方法 3：直接代入法。

与极点配置算法的情况类似，如果系统是低阶的($n\leqslant 3$)，则可将增益矩阵 $\boldsymbol{L}$ 直接代入期望的特征多项式进行计算。例如，若给定系统的状态变量 $\boldsymbol{x}$ 是三维的，期望的极点为 λ_1^*，λ_2^*，λ_3^*，则观测器增益矩阵可写成

$$\boldsymbol{L}=\begin{pmatrix}l_1\\ l_2\\ l_3\end{pmatrix}$$

将观测器增益矩阵 $\boldsymbol{L}$ 直接代入期望的特征多项式

$$|s\boldsymbol{I}-(\boldsymbol{A}-\boldsymbol{LC})|=(s-\lambda_1^*)(s-\lambda_2^*)(s-\lambda_3^*) \tag{2-127}$$

使式(2-127) 两端 s 的同次幂系数相等，即可求出 l_1，l_2，l_3 的值。对于低阶系统，这种直接代入法比较简单，但对于高阶系统而言，计算相对复杂。

(5) 测量噪声对观测器设计的影响

若选择好了期望的特征值，只要系统状态完全能观测，就能设计出全维状态观测器。在进行全维状态观测器设计时，理论上来说，观测器误差动态矩阵 $\boldsymbol{A}-\boldsymbol{LC}$ 的特征值可以设置得任意大，但是，实际应用中总会出现测量噪声 $\boldsymbol{f}(t)$直接影响到测量值 $\boldsymbol{y}(t)$的情况。

$$\boldsymbol{y}(t)=\boldsymbol{Cx}(t)+\boldsymbol{f}(t) \tag{2-128}$$

如果考虑测量噪声，则状态估计误差的动态矩阵为

$$\dot{\boldsymbol{e}}(t)=(\boldsymbol{A}-\boldsymbol{LC})\boldsymbol{e}(t)-\boldsymbol{Lf}(t) \tag{2-129}$$

因此，观测器增益的特征值设计过大，会导致增益矩阵 $\boldsymbol{L}$ 过大，由于非齐次方程误差动态无法收敛到零，增益矩阵 $\boldsymbol{L}$ 对状态的测量误差反而有放大的作用。一般地，期望极点的选择应使状态观测器的响应速度至少比所考虑的闭环系统响应速度快 2～5 倍。

【例 2-17】 给定线性定常系统

$$\dot{\boldsymbol{x}}=\begin{pmatrix}0 & 1\\ -2 & -3\end{pmatrix}\boldsymbol{x}+\begin{pmatrix}0\\ 1\end{pmatrix}\boldsymbol{u}$$

$$\boldsymbol{y}=(2\quad 0)\boldsymbol{x}$$

试设计全维状态观测器，观测器期望的极点为－3、－3。

解：

方法一：给定系统的特征多项式为

$$|s\boldsymbol{I}-\boldsymbol{A}|=s^2+3s+2$$

构造非奇异变换矩阵 $\boldsymbol{Q}$，使得

$$Q=\begin{pmatrix}1 & a_1\\0 & 1\end{pmatrix}\begin{pmatrix}CA\\C\end{pmatrix}=\begin{pmatrix}1 & 3\\0 & 1\end{pmatrix}\begin{pmatrix}0 & 2\\2 & 0\end{pmatrix}=\begin{pmatrix}6 & 2\\2 & 0\end{pmatrix}$$

期望的特征多项式为

$$\alpha^*(s)=(s+3)(s+3)=s^2+6s+9$$

则全维状态观测器的增益矩阵 $\boldsymbol{L}$ 为

$$\boldsymbol{L}=\boldsymbol{Q}^{-1}\begin{pmatrix}a_0^*-a_0\\a_1^*-a_1\end{pmatrix}=\begin{pmatrix}0 & 0.5\\0.5 & -1.5\end{pmatrix}\begin{pmatrix}9-2\\6-3\end{pmatrix}=\begin{pmatrix}1.5\\-1\end{pmatrix}$$

方法二：令 $\boldsymbol{K}=(k_1\quad k_2)$，导出给定系统的对偶系统 Σ_d 为$(\boldsymbol{A}^{\mathrm{T}},\boldsymbol{C}^{\mathrm{T}},\boldsymbol{B}^{\mathrm{T}})$，则由对偶系统的特征多项式

$$|s\boldsymbol{I}-(\boldsymbol{A}^{\mathrm{T}}-\boldsymbol{C}^{\mathrm{T}}\boldsymbol{K})|=\begin{vmatrix}s+2k_1 & 2+2k_2\\-1 & s+3\end{vmatrix}=s^2+(3+2k_1)s+(2+6k_1+2k_2)$$

与期望的特征多项式

$$\alpha^*(s)=(s+3)(s+3)=s^2+6s+9$$

比较得 $\boldsymbol{K}=(1.5\quad -1)$。

于是

$$\boldsymbol{L}=\boldsymbol{K}^{\mathrm{T}}=\begin{pmatrix}1.5\\-1\end{pmatrix}$$

方法三：令

$$\boldsymbol{L}=\begin{pmatrix}l_1\\l_2\end{pmatrix}$$

将观测器增益矩阵 $\boldsymbol{L}$ 直接代入期望的特征多项式

$$|s\boldsymbol{I}-(\boldsymbol{A}-\boldsymbol{LC})|=\begin{vmatrix}s+2l_1 & -1\\2+2l_2 & s+3\end{vmatrix}=s^2+(3+2l_1)s+(2+6l_1+2l_2)$$

与期望的特征多项式

$$\alpha^*(s)=(s+3)(s+3)=s^2+6s+9$$

比较得

$$\begin{cases}3+2l_1=6\\2+6l_1+2l_2=9\end{cases}$$

计算得 $l_1=1.5$，$l_2=-1$，观测器增益矩阵为

$$\boldsymbol{L}=\begin{pmatrix}1.5\\-1\end{pmatrix}$$

2.4.2 最小阶状态观测器

全维状态观测器是需要对给定系统的所有状态变量进行估计的，而实际问题中，有一些状态变量能够直接准确测量，或通过对输出变量及其他状态变量间接测量，因此不需要对这些状态变量进行重构。

若给定线性定常系统

$$\begin{cases}\dot{\boldsymbol{x}}=\boldsymbol{Ax}+\boldsymbol{Bu}\\\boldsymbol{y}=\boldsymbol{Cx}\end{cases}\tag{2-130}$$

式中，状态变量 $\boldsymbol{x}\in\mathbb{R}^{n}$；输入变量 $\boldsymbol{u}\in\mathbb{R}^{m}$；输出变量 $\boldsymbol{y}\in\mathbb{R}^{p}$；系统矩阵 $\boldsymbol{A}\in\mathbb{R}^{n\times n}$；输入矩阵 $\boldsymbol{B}\in\mathbb{R}^{n\times m}$；输出矩阵 $\boldsymbol{C}\in\mathbb{R}^{p\times n}$。

若输出变量 $\boldsymbol{y}$ 中只有 $p(p<n)$ 维状态变量是可以量测的，则这 p 维状态变量就不必估计了，只需要估计 $n-p$ 维状态变量就可以了。因此，将只需要设计 $n-p$ 维状态的观测器称为降维观测器。所有状态观测器中阶数最低的观测器称为最小阶状态观测器。下面介绍最小阶状态观测器的设计步骤。

步骤 1：$n-p$ 维需要观测子系统状态空间表达式的建立。在式(2-130) 描述的线性定常系统中，将状态 $\boldsymbol{x}$ 分解为两部分，分别为 p 个直接能测量的状态变量 $\bar{\boldsymbol{x}}_{p}$ 和 $n-p$ 个不能观测的状态变量 $\bar{\boldsymbol{x}}_{n-p}$。引入非奇异变换 $\bar{\boldsymbol{x}}=\boldsymbol{Q}\boldsymbol{x}$，将给定系统式(2-130) 变换为

$$\dot{\bar{\boldsymbol{x}}}=\bar{\boldsymbol{A}}\bar{\boldsymbol{x}}+\bar{\boldsymbol{B}}\boldsymbol{u}\Rightarrow\begin{pmatrix}\dot{\bar{\boldsymbol{x}}}_{p}\\ \dot{\bar{\boldsymbol{x}}}_{n-p}\end{pmatrix}=\begin{pmatrix}\bar{\boldsymbol{A}}_{11} & \bar{\boldsymbol{A}}_{12}\\ \bar{\boldsymbol{A}}_{21} & \bar{\boldsymbol{A}}_{22}\end{pmatrix}\begin{pmatrix}\bar{\boldsymbol{x}}_{p}\\ \bar{\boldsymbol{x}}_{n-p}\end{pmatrix}+\begin{pmatrix}\bar{\boldsymbol{B}}_{1}\\ \bar{\boldsymbol{B}}_{2}\end{pmatrix}\boldsymbol{u} \tag{2-131}$$

$$\boldsymbol{y}=\bar{\boldsymbol{C}}\bar{\boldsymbol{x}}=(\boldsymbol{I}\quad \boldsymbol{0})\begin{pmatrix}\bar{\boldsymbol{x}}_{p}\\ \bar{\boldsymbol{x}}_{n-p}\end{pmatrix}=\bar{\boldsymbol{x}}_{p} \tag{2-132}$$

式中，$\bar{\boldsymbol{A}}=\boldsymbol{Q}\boldsymbol{A}\boldsymbol{Q}^{-1}$，$\bar{\boldsymbol{B}}=\boldsymbol{Q}\boldsymbol{B}$，$\bar{\boldsymbol{C}}=\boldsymbol{C}\boldsymbol{Q}^{-1}=(\boldsymbol{I}\quad \boldsymbol{0})$。

将式(2-131) 展开有

$$\dot{\bar{\boldsymbol{x}}}_{p}=\bar{\boldsymbol{A}}_{11}\bar{\boldsymbol{x}}_{p}+\bar{\boldsymbol{A}}_{12}\bar{\boldsymbol{x}}_{n-p}+\bar{\boldsymbol{B}}_{1}\boldsymbol{u} \tag{2-133}$$

$$\dot{\bar{\boldsymbol{x}}}_{n-p}=\bar{\boldsymbol{A}}_{21}\bar{\boldsymbol{x}}_{p}+\bar{\boldsymbol{A}}_{22}\bar{\boldsymbol{x}}_{n-p}+\bar{\boldsymbol{B}}_{2}\boldsymbol{u} \tag{2-134}$$

由式(2-132)、式(2-133) 和式(2-134) 可得

$$\begin{cases}\dot{\boldsymbol{y}}=\bar{\boldsymbol{A}}_{11}\boldsymbol{y}+\bar{\boldsymbol{A}}_{12}\bar{\boldsymbol{x}}_{n-p}+\bar{\boldsymbol{B}}_{1}\boldsymbol{u}\\ \dot{\bar{\boldsymbol{x}}}_{n-p}=\bar{\boldsymbol{A}}_{21}\boldsymbol{y}+\bar{\boldsymbol{A}}_{22}\bar{\boldsymbol{x}}_{n-p}+\bar{\boldsymbol{B}}_{2}\boldsymbol{u}\end{cases} \tag{2-135}$$

令 $\boldsymbol{z}=\dot{\boldsymbol{y}}-\bar{\boldsymbol{A}}_{11}\boldsymbol{y}-\bar{\boldsymbol{B}}_{1}\boldsymbol{u}$，$\boldsymbol{v}=\bar{\boldsymbol{A}}_{21}\boldsymbol{y}+\bar{\boldsymbol{B}}_{2}\boldsymbol{u}$，式(2-135) 改写为

$$\begin{cases}\dot{\bar{\boldsymbol{x}}}_{n-p}=\bar{\boldsymbol{A}}_{22}\bar{\boldsymbol{x}}_{n-p}+\boldsymbol{v}\\ \boldsymbol{z}=\bar{\boldsymbol{A}}_{12}\bar{\boldsymbol{x}}_{n-p}\end{cases} \tag{2-136}$$

式(2-136) 就是 $n-p$ 维需要观测子系统的状态空间表达式，其中 $\boldsymbol{v}$ 为该子系统的输入向量，$\boldsymbol{z}$ 为该子系统的输出向量。

步骤 2：$n-p$ 维子系统状态观测器的设计。接下来第二步就是对式(2-136) 描述的 $n-p$ 维不能观测子系统进行最小阶状态观测器的设计。设计思路仍然是利用子系统与观测器输出之差，通过增益矩阵 $\boldsymbol{L}$ 来任意配置观测器极点，使得观测器输出尽快逼近 $n-p$ 维不能观测子系统的状态 $\bar{\boldsymbol{x}}_{n-p}$。

根据式(2-136)，即 $n-p$ 维不能观测子系统的状态方程，可设观测器状态方程为

$$\dot{\tilde{\bar{\boldsymbol{x}}}}_{n-p}=\bar{\boldsymbol{A}}_{22}\tilde{\bar{\boldsymbol{x}}}_{n-p}+\boldsymbol{v}+\boldsymbol{L}(\boldsymbol{z}-\bar{\boldsymbol{A}}_{12}\tilde{\bar{\boldsymbol{x}}}_{n-p}) \tag{2-137}$$

式中，$\tilde{\bar{\boldsymbol{x}}}_{n-p}$ 表示观测器重构的状态变量。将 $\boldsymbol{z}=\dot{\boldsymbol{y}}-\bar{\boldsymbol{A}}_{11}\boldsymbol{y}-\bar{\boldsymbol{B}}_{1}\boldsymbol{u}$ 和 $\boldsymbol{v}=\bar{\boldsymbol{A}}_{21}\boldsymbol{y}+\bar{\boldsymbol{B}}_{2}\boldsymbol{u}$ 再代回到式(2-137) 中可得

$$\dot{\tilde{\bar{\boldsymbol{x}}}}_{n-p}=(\bar{\boldsymbol{A}}_{22}-\boldsymbol{L}\bar{\boldsymbol{A}}_{12})\tilde{\bar{\boldsymbol{x}}}_{n-p}+(\bar{\boldsymbol{A}}_{21}-\boldsymbol{L}\bar{\boldsymbol{A}}_{11})\boldsymbol{y}+(\bar{\boldsymbol{B}}_{2}-\boldsymbol{L}\bar{\boldsymbol{B}}_{1})\boldsymbol{u}+\boldsymbol{L}\dot{\boldsymbol{y}} \tag{2-138}$$

该降维观测器极点是由特征方程$|s\boldsymbol{I}-(\bar{\boldsymbol{A}}_{22}-\boldsymbol{L}\bar{\boldsymbol{A}}_{12})|=0$决定的。式(2-138)中$\boldsymbol{y}$和$\boldsymbol{u}$是已知量，而包含的导数项$\boldsymbol{L}\dot{\boldsymbol{y}}$是不希望存在的，因而，需要引入中间变量消去导数项$\boldsymbol{L}\dot{\boldsymbol{y}}$。式(2-138)可变形为

$$\dot{\tilde{\bar{\boldsymbol{x}}}}_{n-p}-\boldsymbol{L}\dot{\boldsymbol{y}}=(\bar{\boldsymbol{A}}_{22}-\boldsymbol{L}\bar{\boldsymbol{A}}_{12})\tilde{\bar{\boldsymbol{x}}}_{n-p}+(\bar{\boldsymbol{A}}_{21}-\boldsymbol{L}\bar{\boldsymbol{A}}_{11})\boldsymbol{y}+(\bar{\boldsymbol{B}}_{2}-\boldsymbol{L}\bar{\boldsymbol{B}}_{1})\boldsymbol{u} \tag{2-139}$$

式(2-139)左边是导数形式，右边给定系统的输入变量$\boldsymbol{u}$和输出变量$\boldsymbol{y}$一直是已知的。令

$$\boldsymbol{\eta}=\tilde{\bar{\boldsymbol{x}}}_{n-p}-\boldsymbol{L}\boldsymbol{y} \tag{2-140}$$

对式(2-140)两边同时求导可得

$$\dot{\boldsymbol{\eta}}=\dot{\tilde{\bar{\boldsymbol{x}}}}_{n-p}-\boldsymbol{L}\dot{\boldsymbol{y}} \tag{2-141}$$

将式(2-139)代入式(2-141)中，就可以消去导数项$\boldsymbol{L}\dot{\boldsymbol{y}}$，即

$$\dot{\boldsymbol{\eta}}=(\bar{\boldsymbol{A}}_{22}-\boldsymbol{L}\bar{\boldsymbol{A}}_{12})\tilde{\bar{\boldsymbol{x}}}_{n-p}+(\bar{\boldsymbol{A}}_{21}-\boldsymbol{L}\bar{\boldsymbol{A}}_{11})\boldsymbol{y}+(\bar{\boldsymbol{B}}_{2}-\boldsymbol{L}\bar{\boldsymbol{B}}_{1})\boldsymbol{u} \tag{2-142}$$

将式(2-140)变形为$\tilde{\bar{\boldsymbol{x}}}_{n-p}=\boldsymbol{\eta}+\boldsymbol{L}\boldsymbol{y}$并代入式(2-142)中，就可以得到以$\boldsymbol{\eta}$为状态变量，以$\boldsymbol{u}$和$\boldsymbol{y}$为输入变量的动态系统。

$$\dot{\boldsymbol{\eta}}=(\bar{\boldsymbol{A}}_{22}-\boldsymbol{L}\bar{\boldsymbol{A}}_{12})\boldsymbol{\eta}+(\bar{\boldsymbol{B}}_{2}-\boldsymbol{L}\bar{\boldsymbol{B}}_{1})\boldsymbol{u}+[(\bar{\boldsymbol{A}}_{21}-\boldsymbol{L}\bar{\boldsymbol{A}}_{11})+\boldsymbol{L}(\bar{\boldsymbol{A}}_{22}-\boldsymbol{L}\bar{\boldsymbol{A}}_{12})]\boldsymbol{y} \tag{2-143}$$

式(2-143)表示的动态系统就是设计的$n-p$维状态观测器。

步骤3：计算原系统中真实状态的估计值$\tilde{\boldsymbol{x}}$。由步骤2设计的状态观测器估计出状态变量$\boldsymbol{\eta}$之后，就可以获得原系统不能观测的状态变量$\bar{\boldsymbol{x}}_{n-p}$的估计值$\tilde{\bar{\boldsymbol{x}}}_{n-p}$。

$$\tilde{\bar{\boldsymbol{x}}}_{n-p}=\boldsymbol{\eta}+\boldsymbol{L}\boldsymbol{y} \tag{2-144}$$

于是，由式(2-132)和式(2-144)可以得到经过非奇异变换之后系统重构的状态$\tilde{\bar{\boldsymbol{x}}}$为

$$\tilde{\bar{\boldsymbol{x}}}=\begin{pmatrix}\bar{\boldsymbol{x}}_{p}\\ \tilde{\bar{\boldsymbol{x}}}_{n-p}\end{pmatrix}=\begin{pmatrix}\boldsymbol{y}\\ \boldsymbol{\eta}+\boldsymbol{L}\boldsymbol{y}\end{pmatrix} \tag{2-145}$$

考虑到非奇异变换$\bar{\boldsymbol{x}}=\boldsymbol{Q}\boldsymbol{x}$，由此可以得到原系统中真实状态的估计值为

$$\tilde{\boldsymbol{x}}=\boldsymbol{Q}^{-1}\tilde{\bar{\boldsymbol{x}}}=\boldsymbol{Q}^{-1}\begin{pmatrix}\boldsymbol{y}\\ \boldsymbol{\eta}+\boldsymbol{L}\boldsymbol{y}\end{pmatrix} \tag{2-146}$$

最小阶状态观测器模拟结构如图2-17所示，只需要$n-p$个积分器，远少于全维状态观测器所需的积分器。降维状态观测器最大的意义在于应用更少的传感器，节省了开销，提高了观测器的效率。

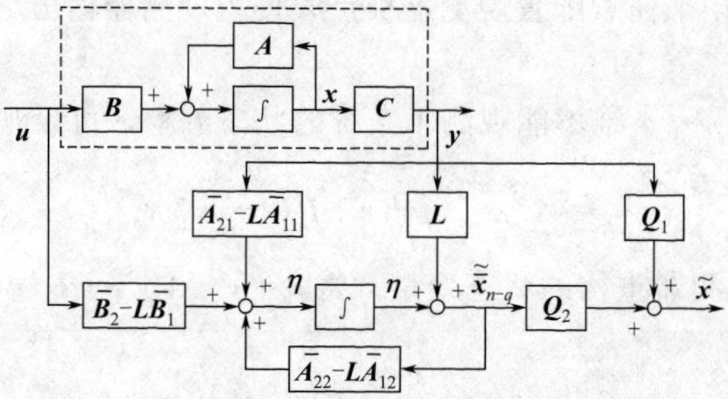

图2-17 最小阶状态观测器

一般地，全维状态观测器中，输出变量经过积分滤波器后传递，干扰信号对观测状态的影响大大减小。最小阶状态观测器中输出变量 $\boldsymbol{y}$ 通过非奇异变换矩阵直接传递，若输出变量 $\boldsymbol{y}$ 中包含干扰信号，则干扰会全部出现在观测状态中，与全维状态观测器相比，其抗干扰能力差。

【例 2-18】 给定线性定常系统

$$\dot{\boldsymbol{x}}=\begin{pmatrix}4&0&4\\-7&0&-8\\1&1&1\end{pmatrix}\boldsymbol{x}+\begin{pmatrix}1\\0\\-1\end{pmatrix}\boldsymbol{u},$$

$$\boldsymbol{y}=(1\quad 0\quad 1)\boldsymbol{x}$$

试设计一个最小阶状态观测器，其期望的特征值为-4、-4。

解：该系统的特征多项式为

$$|s\boldsymbol{I}-\boldsymbol{A}|=\begin{vmatrix}s-4&0&-4\\7&s&8\\-1&-1&s-1\end{vmatrix}=s^3-5s^2+8s-4$$

构造非奇异变换矩阵 $\boldsymbol{Q}$，使得

$$\boldsymbol{Q}=\begin{pmatrix}1&a_2&a_1\\0&1&a_2\\0&0&1\end{pmatrix}\begin{pmatrix}\boldsymbol{CA}^2\\\boldsymbol{CA}\\\boldsymbol{C}\end{pmatrix}=\begin{pmatrix}1&-5&8\\0&1&-5\\0&0&1\end{pmatrix}\begin{pmatrix}18&5&17\\5&1&5\\1&0&1\end{pmatrix}=\begin{pmatrix}1&0&0\\0&1&0\\1&0&1\end{pmatrix}$$

利用线性变换关系 $\bar{\boldsymbol{x}}=\boldsymbol{Q}\boldsymbol{x}$，可以导出给定系统的能观测标准型。

$$\dot{\bar{\boldsymbol{x}}}=\bar{\boldsymbol{A}}\bar{\boldsymbol{x}}+\bar{\boldsymbol{B}}\boldsymbol{u}=\boldsymbol{QAQ}^{-1}\bar{\boldsymbol{x}}+\boldsymbol{QBu}=\begin{pmatrix}0&0&4\\1&0&-8\\0&1&5\end{pmatrix}\bar{\boldsymbol{x}}+\begin{pmatrix}1\\0\\0\end{pmatrix}\boldsymbol{u}$$

$$\boldsymbol{y}=\bar{\boldsymbol{C}}\bar{\boldsymbol{x}}=\boldsymbol{CQ}^{-1}\bar{\boldsymbol{x}}=(0\quad 0\quad 1)\bar{\boldsymbol{x}}$$

由 $\boldsymbol{y}=(0\quad 0\quad 1)\bar{\boldsymbol{x}}=\bar{\boldsymbol{x}}_3$ 可知，需要设计的最小阶状态观测器为二阶观测器，且要估计的状态为 $\bar{\boldsymbol{x}}_{\bar{o}}=\begin{pmatrix}\bar{\boldsymbol{x}}_1\\\bar{\boldsymbol{x}}_2\end{pmatrix}$，根据最小阶状态观测器的设计步骤，有如下过程。

步骤 1：建立需要观测子系统状态空间表达式

$$\begin{pmatrix}\dot{\bar{\boldsymbol{x}}}_{\bar{o}}\\\dot{\bar{\boldsymbol{x}}}_3\end{pmatrix}=\begin{pmatrix}\bar{\boldsymbol{A}}_{11}&\bar{\boldsymbol{A}}_{12}\\\bar{\boldsymbol{A}}_{21}&\bar{\boldsymbol{A}}_{22}\end{pmatrix}\begin{pmatrix}\bar{\boldsymbol{x}}_{\bar{o}}\\\bar{\boldsymbol{x}}_3\end{pmatrix}+\begin{pmatrix}\bar{\boldsymbol{B}}_1\\\bar{\boldsymbol{B}}_2\end{pmatrix}\boldsymbol{u}$$

由于 $\bar{\boldsymbol{A}}_{11}=\begin{pmatrix}0&0\\1&0\end{pmatrix}$，$\bar{\boldsymbol{A}}_{12}=\begin{pmatrix}4\\-8\end{pmatrix}$，$\bar{\boldsymbol{A}}_{21}=(0\quad 1)$，$\bar{\boldsymbol{A}}_{22}=5$，$\bar{\boldsymbol{B}}_1=\begin{pmatrix}1\\0\end{pmatrix}$，$\bar{\boldsymbol{B}}_2=0$，则

$$\dot{\bar{\boldsymbol{x}}}_{\bar{o}}=\begin{pmatrix}0&0\\1&0\end{pmatrix}\bar{\boldsymbol{x}}_{\bar{o}}+\begin{pmatrix}4\\-8\end{pmatrix}\bar{x}_3+\begin{pmatrix}1\\0\end{pmatrix}\boldsymbol{u},\dot{\bar{\boldsymbol{x}}}_3=(0\quad 1)\bar{\boldsymbol{x}}_{\bar{o}}+5\bar{\boldsymbol{x}}_3$$

用 $\boldsymbol{y}=\bar{\boldsymbol{x}}_3$ 代入可得

$$\dot{\bar{\boldsymbol{x}}}_{\bar{o}}=\begin{pmatrix}0&0\\1&0\end{pmatrix}\bar{\boldsymbol{x}}_{\bar{o}}+\begin{pmatrix}4\\-8\end{pmatrix}\boldsymbol{y}+\begin{pmatrix}1\\0\end{pmatrix}\boldsymbol{u},\ \dot{\boldsymbol{y}}=(0\quad 1)\bar{\boldsymbol{x}}_{\bar{o}}+5\boldsymbol{y}$$

令 $\boldsymbol{z}=\dot{\boldsymbol{y}}-5\boldsymbol{y}$，$\boldsymbol{v}=\begin{pmatrix}4\\-8\end{pmatrix}\boldsymbol{y}+\begin{pmatrix}1\\0\end{pmatrix}\boldsymbol{u}$，则需要观测子系统状态空间表达式为

$$\dot{\bar{\boldsymbol{x}}}_{\bar{o}}=\begin{pmatrix}0&0\\1&0\end{pmatrix}\bar{\boldsymbol{x}}_{\bar{o}}+\boldsymbol{v},\quad \boldsymbol{z}=(0\quad 1)\bar{\boldsymbol{x}}_{\bar{o}}$$

步骤 2：设计状态观测器。令观测器增益矩阵为 $\boldsymbol{L}=\begin{pmatrix}l_1\\l_2\end{pmatrix}$，则观测器状态方程为

$$\dot{\bar{\boldsymbol{x}}}_{\bar{o}}=\begin{pmatrix}0&0\\1&0\end{pmatrix}\bar{\boldsymbol{x}}_{\bar{o}}+\boldsymbol{v}+\boldsymbol{L}[\boldsymbol{z}-(0\quad 1)\bar{\boldsymbol{x}}_{\bar{o}}]$$

将 $\boldsymbol{z}=\dot{\boldsymbol{y}}-5\boldsymbol{y}$，$\boldsymbol{v}=\begin{pmatrix}4\\-8\end{pmatrix}\boldsymbol{y}+\begin{pmatrix}1\\0\end{pmatrix}\boldsymbol{u}$ 代回上式可得

$$\dot{\bar{\boldsymbol{x}}}_{\bar{o}}-\boldsymbol{L}\dot{\boldsymbol{y}}=\begin{pmatrix}0&0\\1&0\end{pmatrix}\bar{\boldsymbol{x}}_{\bar{o}}+\begin{pmatrix}4\\-8\end{pmatrix}\boldsymbol{y}+\begin{pmatrix}1\\0\end{pmatrix}\boldsymbol{u}-5\boldsymbol{L}\boldsymbol{y}-\boldsymbol{L}(0\quad 1)\bar{\boldsymbol{x}}_{\bar{o}}$$

令 $\boldsymbol{\eta}=\bar{\boldsymbol{x}}_{\bar{o}}-\boldsymbol{L}\boldsymbol{y}$，则

$$\dot{\boldsymbol{\eta}}=\dot{\bar{\boldsymbol{x}}}_{\bar{o}}-\boldsymbol{L}\dot{\boldsymbol{y}}=\begin{pmatrix}0&0\\1&0\end{pmatrix}\bar{\boldsymbol{x}}_{\bar{o}}+\begin{pmatrix}4\\-8\end{pmatrix}\boldsymbol{y}+\begin{pmatrix}1\\0\end{pmatrix}\boldsymbol{u}-5\boldsymbol{L}\boldsymbol{y}-\boldsymbol{L}(0\quad 1)\bar{\boldsymbol{x}}_{\bar{o}}$$

$$\Rightarrow\dot{\boldsymbol{\eta}}=\begin{pmatrix}0&0\\1&0\end{pmatrix}(\boldsymbol{\eta}+\boldsymbol{L}\boldsymbol{y})+\begin{pmatrix}4\\-8\end{pmatrix}\boldsymbol{y}+\begin{pmatrix}1\\0\end{pmatrix}\boldsymbol{u}-5\boldsymbol{L}\boldsymbol{y}-\boldsymbol{L}(0\quad 1)(\boldsymbol{\eta}+\boldsymbol{L}\boldsymbol{y})$$

$$\Rightarrow\dot{\boldsymbol{\eta}}=\left[\begin{pmatrix}0&0\\1&0\end{pmatrix}-\boldsymbol{L}(0\quad 1)\right]\boldsymbol{\eta}+\begin{pmatrix}1\\0\end{pmatrix}\boldsymbol{u}+\left[\begin{pmatrix}0&0\\1&0\end{pmatrix}\boldsymbol{L}+\begin{pmatrix}4\\-8\end{pmatrix}-5\boldsymbol{L}-\boldsymbol{L}(0\quad 1)\boldsymbol{L}\right]\boldsymbol{y}$$

由观测器特征多项式

$$\left|s\boldsymbol{I}-\begin{pmatrix}0&0\\1&0\end{pmatrix}+\boldsymbol{L}(0\quad 1)\right|=\begin{vmatrix}s&l_1\\-1&s+l_2\end{vmatrix}=s^2+l_2s+l_1$$

与期望的特征多项式

$$(s+4)(s+4)=s^2+8s+16$$

比较得

$$\boldsymbol{L}=\begin{pmatrix}16\\8\end{pmatrix}$$

于是估计的状态为

$$\bar{\boldsymbol{x}}_{\bar{o}}=\boldsymbol{\eta}+\boldsymbol{L}\boldsymbol{y}=\begin{pmatrix}\boldsymbol{\eta}_1+16\boldsymbol{y}\\\boldsymbol{\eta}_2+8\boldsymbol{y}\end{pmatrix}$$

步骤 3：计算原系统中真实状态的估计值。

系统所有的状态为

$$\tilde{\bar{\boldsymbol{x}}}=\begin{pmatrix}\bar{\boldsymbol{x}}_{\bar{o}}\\\boldsymbol{y}\end{pmatrix}=\begin{pmatrix}\boldsymbol{\eta}_1+16\boldsymbol{y}\\\boldsymbol{\eta}_2+8\boldsymbol{y}\\\boldsymbol{y}\end{pmatrix}$$

利用非奇异变换 $\bar{\boldsymbol{x}}=\boldsymbol{Q}\boldsymbol{x}$，可以得到原系统中真实状态的估计值为

$$\tilde{\boldsymbol{x}}=\boldsymbol{Q}^{-1}\tilde{\bar{\boldsymbol{x}}}=\begin{pmatrix}1&0&0\\0&1&0\\1&0&1\end{pmatrix}^{-1}\begin{pmatrix}\boldsymbol{\eta}_1+16\boldsymbol{y}\\\boldsymbol{\eta}_2+8\boldsymbol{y}\\\boldsymbol{y}\end{pmatrix}=\begin{pmatrix}1&0&0\\0&1&0\\-1&0&1\end{pmatrix}\begin{pmatrix}\boldsymbol{\eta}_1+16\boldsymbol{y}\\\boldsymbol{\eta}_2+8\boldsymbol{y}\\\boldsymbol{y}\end{pmatrix}=\begin{pmatrix}\boldsymbol{\eta}_1+16\boldsymbol{y}\\\boldsymbol{\eta}_2+8\boldsymbol{y}\\-\boldsymbol{\eta}_1-15\boldsymbol{y}\end{pmatrix}$$

2.4.3　分离原理

到目前为止，状态反馈极点配置和状态观测器都是分开单独设计的。当两者同时设计时，会出现什么问题？当真实状态无法量测时，需设计观测器实现对真实状态的估计，那么这个估计的状态能否用于状态反馈极点配置呢？这一节主要讨论极点配置和状态观测器同时设计时出现的影响与问题。

考虑完全能控且完全能观测的线性定常系统

$$\begin{cases}\dot{\boldsymbol{x}}=\boldsymbol{A}\boldsymbol{x}+\boldsymbol{B}\boldsymbol{u}\\ \boldsymbol{y}=\boldsymbol{C}\boldsymbol{x}\end{cases} \tag{2-147}$$

基于重构状态 $\tilde{\boldsymbol{x}}$ 实现的线性状态反馈控制

$$\boldsymbol{u}=-\boldsymbol{K}\tilde{\boldsymbol{x}}+\boldsymbol{v} \tag{2-148}$$

以及全维状态观测器

$$\dot{\tilde{\boldsymbol{x}}}=(\boldsymbol{A}-\boldsymbol{L}\boldsymbol{C})\tilde{\boldsymbol{x}}+\boldsymbol{B}\boldsymbol{u}+\boldsymbol{L}\boldsymbol{y} \tag{2-149}$$

由于前面反馈控制增益 $\boldsymbol{K}$ 以及观测增益 $\boldsymbol{L}$ 都是分开设计，现在若要同时设计，需要考虑它们组合在一起后的闭环系统动态矩阵的稳定性，于是，将式(2-148）分别代入式(2-147）和式(2-149）中，构成扩展的状态方程为

$$\begin{pmatrix}\dot{\boldsymbol{x}}\\ \dot{\tilde{\boldsymbol{x}}}\end{pmatrix}=\begin{pmatrix}\boldsymbol{A} & -\boldsymbol{B}\boldsymbol{K}\\ \boldsymbol{L}\boldsymbol{C} & \boldsymbol{A}-\boldsymbol{L}\boldsymbol{C}-\boldsymbol{B}\boldsymbol{K}\end{pmatrix}\begin{pmatrix}\boldsymbol{x}\\ \tilde{\boldsymbol{x}}\end{pmatrix}+\begin{pmatrix}\boldsymbol{B}\\ \boldsymbol{B}\end{pmatrix}\boldsymbol{v} \tag{2-150}$$

式(2-150）是一个同时考虑了反馈系统状态变量以及观测器估计状态变量的动态系统。显然，观测器的引入提高了状态反馈系统的维数。扩展状态方程式(2-150）的特征根由式(2-151）决定。

$$\begin{aligned}\left|s\boldsymbol{I}-\begin{pmatrix}\boldsymbol{A} & -\boldsymbol{B}\boldsymbol{K}\\ \boldsymbol{L}\boldsymbol{C} & \boldsymbol{A}-\boldsymbol{L}\boldsymbol{C}-\boldsymbol{B}\boldsymbol{K}\end{pmatrix}\right| &=\begin{vmatrix}s\boldsymbol{I}-\boldsymbol{A} & \boldsymbol{B}\boldsymbol{K}\\ -\boldsymbol{L}\boldsymbol{C} & s\boldsymbol{I}-\boldsymbol{A}+\boldsymbol{L}\boldsymbol{C}+\boldsymbol{B}\boldsymbol{K}\end{vmatrix}\\ &=\left|(s\boldsymbol{I}-\boldsymbol{A})(s\boldsymbol{I}-\boldsymbol{A}+\boldsymbol{L}\boldsymbol{C}+\boldsymbol{B}\boldsymbol{K})+\boldsymbol{L}\boldsymbol{C}\boldsymbol{B}\boldsymbol{K}\right|\\ &=\left|s\boldsymbol{I}-\boldsymbol{A}+\boldsymbol{B}\boldsymbol{K}\right|\left|s\boldsymbol{I}-\boldsymbol{A}+\boldsymbol{L}\boldsymbol{C}\right|\end{aligned} \tag{2-151}$$

由式(2-151）可以看出，该动态系统的特征值分别为独立的状态反馈控制与全维状态观测器两部分各自的特征值多项式乘积，也就是说系统的状态反馈控制器和状态观测器可以分别独立设计再最后合成。这就是所谓的分离定理。

分离定理：若线性定常系统 $\dot{\boldsymbol{x}}=\boldsymbol{A}\boldsymbol{x}+\boldsymbol{B}\boldsymbol{u},\boldsymbol{y}=\boldsymbol{C}\boldsymbol{x}$ 既完全能控又完全能观测，则设计带有观测器的状态反馈闭环控制系统时，状态反馈控制设计和观测器设计可以分开独立进行。

分离定理表明观测器的引入不会改变状态反馈增益矩阵 $\boldsymbol{K}$ 所配置的系统特征值，而状态反馈的实现也不会影响到已配置好的观测器特征值。因此，带有观测器的状态反馈闭环控制系统的设计可以遵循以下流程。

① 检验给定系统的能控性和能观测性。

② 设计状态反馈控制 $\boldsymbol{u}=-\boldsymbol{K}\tilde{\boldsymbol{x}}+\boldsymbol{v}$。

③ 计算观测器增益矩阵 $\boldsymbol{L}$，并写出全维状态观测器方程。

④ 给出带有观测器的状态反馈闭环控制系统的状态空间表达式。

【例 2-19】 给定线性定常系统

$$\dot{\boldsymbol{x}}=\begin{pmatrix}0 & 0\\1 & -6\end{pmatrix}\boldsymbol{x}+\begin{pmatrix}1\\0\end{pmatrix}\boldsymbol{u}$$

$$\boldsymbol{y}=\begin{pmatrix}0 & 1\end{pmatrix}\boldsymbol{x}$$

试用状态反馈将闭环极点配置为$-4\pm \mathrm{j}6$，并设计实现状态反馈的状态观测器，观测器期望的极点为-10、-10。

解：首先检验系统的能控性和能观测性。

$$\mathrm{rank}\boldsymbol{Q}_c=\mathrm{rank}(\boldsymbol{B}\quad \boldsymbol{AB})=\mathrm{rank}\begin{pmatrix}1 & 0\\0 & 1\end{pmatrix}=2$$

$$\mathrm{rank}\boldsymbol{Q}_o=\mathrm{rank}\begin{pmatrix}\boldsymbol{C}\\\boldsymbol{CA}\end{pmatrix}=\mathrm{rank}\begin{pmatrix}0 & 1\\1 & -6\end{pmatrix}=2$$

可见，给定系统是既完全能控又完全能观测的。因而可以进行状态反馈极点配置和观测器设计。

根据分离定理，状态反馈极点配置和观测器设计可以分开单独进行。先进行状态反馈极点配置。令反馈增益矩阵$\boldsymbol{K}=(k_1\quad k_2)$，则闭环系统特征多项式为

$$|s\boldsymbol{I}-\boldsymbol{A}+\boldsymbol{BK}|=\begin{vmatrix}s+k_1 & k_2\\-1 & s+6\end{vmatrix}=s^2+(6+k_1)s+(6k_1+k_2)$$

与期望的特征多项式

$$(s+4-\mathrm{j}6)(s+4+\mathrm{j}6)=s^2+8s+52$$

比较得

$$\boldsymbol{K}=(2\quad 40)$$

设计全维状态观测器。令观测器增益矩阵

$$\boldsymbol{L}=\begin{pmatrix}l_1\\l_2\end{pmatrix}$$

则有

$$|s\boldsymbol{I}-\boldsymbol{A}+\boldsymbol{LC}|=\begin{vmatrix}s & l_1\\-1 & s+6+l_2\end{vmatrix}=s^2+(6+l_2)s+l_1$$

与期望的特征多项式

$$(s+10)(s+10)=s^2+20s+100$$

比较得

$$\boldsymbol{L}=\begin{pmatrix}100\\14\end{pmatrix}$$

全维状态观测器方程为

$$\dot{\tilde{\boldsymbol{x}}}=(\boldsymbol{A}-\boldsymbol{LC})\tilde{\boldsymbol{x}}+\boldsymbol{Bu}+\boldsymbol{Ly}=\begin{pmatrix}0 & -100\\1 & -20\end{pmatrix}\tilde{\boldsymbol{x}}+\begin{pmatrix}1\\0\end{pmatrix}\boldsymbol{u}+\begin{pmatrix}100\\14\end{pmatrix}\boldsymbol{y}$$

因而，带有观测器的状态反馈闭环控制系统是四阶的，其状态空间表达式为

$$\begin{pmatrix}\dot{x}\\ \dot{\tilde{x}}\end{pmatrix}=\begin{pmatrix}A & -BK\\ LC & A-LC-BK\end{pmatrix}\begin{pmatrix}x\\ \tilde{x}\end{pmatrix}+\begin{pmatrix}B\\ B\end{pmatrix}v=\begin{pmatrix}0 & 0 & -2 & -40\\ 1 & -6 & 0 & 0\\ 0 & 100 & 2 & -60\\ 0 & 14 & 1 & -20\end{pmatrix}\begin{pmatrix}x\\ \tilde{x}\end{pmatrix}+\begin{pmatrix}1\\ 0\\ 1\\ 0\end{pmatrix}v$$

$$y=(0\quad 1\quad 0\quad 0)\begin{pmatrix}x\\ \tilde{x}\end{pmatrix}$$

本章小结

本章系统地研究了适用于多输入-多输出系统的状态空间表示方法，详细地介绍了状态空间描述的基本概念、基本性质、状态空间模型的建立方法，线性定常系统的状态空间运动分析，能控性和能观测性的基本概念与判据，能控标准型、能观测标准型及结构分解，以及基于状态空间模型的控制系统设计方法——状态反馈极点配置和观测器的设计等。

拓展阅读　现代控制理论在“天问一号”中的应用

习　题

2-1　给定控制系统如图 2-18(a) 与 (b) 所示，选择图中标注的状态为状态变量，试写出闭环系统的状态空间表达式。

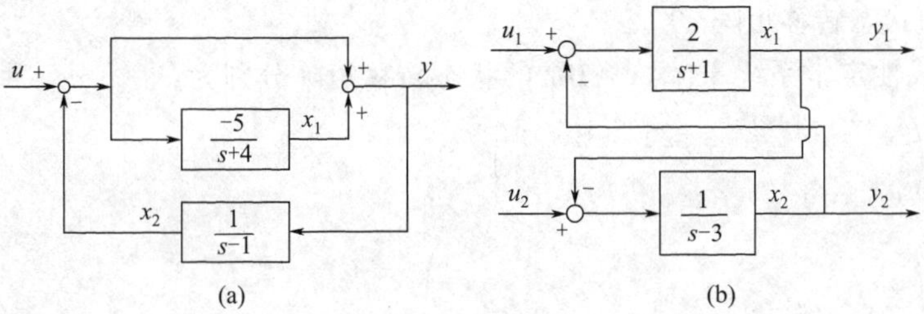

图 2-18

2-2　选择输入为 u，输出为 u_o，试建立图 2-19 所示系统的状态空间表达式。

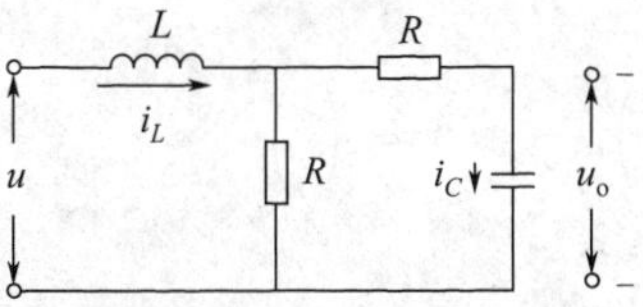

图 2-19

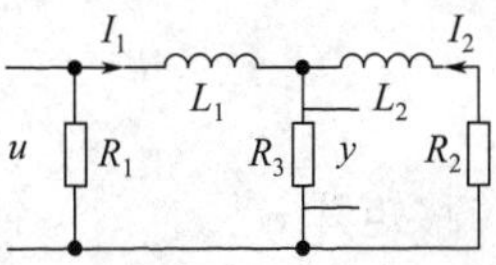

图 2-20

2-3　若输入为 u，输出为 y，选择状态变量 $x_1=I_1$ 及 $x_2=I_2$，试建立图 2-20 所示系统的状态空间表达式。

2-4 写出下列系统的状态空间表达式。

① $2\dddot{y}+3\dot{y}=\dot{u}-u$

② $5\dfrac{d^2y(t)}{dt^2}+4\dfrac{dy(t)}{dt}+y(t)+\int_0^t y(\tau)d\tau=u(t)$

③ $\dfrac{d^4y(t)}{dt^4}+6\dfrac{d^2y(t)}{dt^2}+4\dfrac{dy(t)}{dt}+y(t)=\dfrac{du(t)}{dt}+2u(t)$

④ $G(s)=\dfrac{7}{s^3+2s^2+s}$

⑤ $G(s)=\dfrac{s+1}{s^3+7s+8}$

2-5 已知系统的状态空间表达式，试求系统的传递函数。

① $\dot{\boldsymbol{x}}=\begin{pmatrix}0 & 1\\ -2 & -3\end{pmatrix}\boldsymbol{x}+\begin{pmatrix}0\\1\end{pmatrix}u, y=(1\quad 0)\boldsymbol{x}$

② $\dot{\boldsymbol{x}}=\begin{pmatrix}1 & 1\\ -1 & 0\end{pmatrix}\boldsymbol{x}+\begin{pmatrix}1\\1\end{pmatrix}u, y=(0\quad 1)\boldsymbol{x}$

2-6 已知线性定常系统的状态方程为 $\dot{\boldsymbol{x}}=\boldsymbol{A}\boldsymbol{x}$，其中

① $\boldsymbol{A}=\begin{pmatrix}0 & 1\\ 0 & -2\end{pmatrix}$

② $\boldsymbol{A}=\begin{pmatrix}0 & 1\\ -1 & 0\end{pmatrix}$

③ $\boldsymbol{A}=\begin{pmatrix}0 & 1 & 0\\ 0 & 0 & 1\\ 0 & 1 & 0\end{pmatrix}$

试求系统的状态转移矩阵 $e^{\boldsymbol{A}t}$。

2-7 已知线性定常系统 $\dot{\boldsymbol{x}}=\boldsymbol{A}\boldsymbol{x}+\boldsymbol{B}u$ 的状态转移矩阵分别为：

① $\boldsymbol{\Phi}(t)=\begin{pmatrix}2e^{-t}-e^{-2t} & -2e^{-t}+e^{-2t}\\ e^{-t}-e^{-2t} & -e^{-t}+2e^{-2t}\end{pmatrix}$

② $\boldsymbol{\Phi}(t)=\begin{pmatrix}e^{-t} & 0 & 0\\ 0 & (1-2t)e^{-2t} & 4te^{-2t}\\ 0 & te^{-2t} & (1+2t)e^{-t}\end{pmatrix}$

试求系统的系数矩阵 $\boldsymbol{A}$。

2-8 已知系统的状态方程为

$$\dot{\boldsymbol{x}}=\begin{pmatrix}-2 & 0\\ 2 & 2\end{pmatrix}\boldsymbol{x}+\begin{pmatrix}0\\1\end{pmatrix}u,\ \boldsymbol{x}(0)=\begin{pmatrix}1\\0\end{pmatrix}$$

① 写出状态转移矩阵 $e^{\boldsymbol{A}t}$。

② 求初始时刻 $t=0$ 时，系统在单位阶跃输入作用下的状态运动解 $\boldsymbol{x}(t)$。

2-9 假设系统的状态空间表达式为

① $\dot{\boldsymbol{x}}=\begin{pmatrix}1 & 0\\ 2 & 2\end{pmatrix}\boldsymbol{x}+\begin{pmatrix}1\\0\end{pmatrix}u, y=(2\quad 1)\boldsymbol{x}$

② $\dot{x}=\begin{pmatrix}1 & 1\\ -1 & 0\end{pmatrix}x+\begin{pmatrix}1\\1\end{pmatrix}u,\ y=(0\quad 1)x$

请确定系统的能控性和能观测性。

2-10　若线性系统的传递函数为

$$G(s)=\frac{s+a}{s^3+10s^2+27s+18}$$

试确定参数 a 取何值时能使系统完全能控、完全能观测。

2-11　已知系统的状态空间表达式为

$$\dot{x}=\begin{pmatrix}1 & -2\\ 3 & 4\end{pmatrix}x+\begin{pmatrix}1\\1\end{pmatrix}u,\ y=(1\quad 0)x$$

试将该系统转化为能控标准型及能观测标准型。

2-12　已知系统状态空间表达式为

$$\dot{x}=\begin{pmatrix}0 & 0 & -1\\ 1 & 0 & -3\\ 0 & 1 & -3\end{pmatrix}x+\begin{pmatrix}1\\1\\0\end{pmatrix}\boldsymbol{u},\ y=(0\quad 1\quad -2)x$$

① 系统是否完全能控？如不完全能控，试写出能控子系统。

② 系统是否完全能观测？如不完全能观测，试写出能观测子系统。

2-13　已知系统传递函数为

$$G(s)=\frac{s+1}{s^3+3s^2+4s+2}$$

① 写出该系统的状态空间表达式。

② 写出该系统既能控又能观测、能控不能观测、不能控能观测、既不能控又不能观测子系统的动态方程。

2-14　已知被控系统由以下 3 个环节串联而成，其传递函数分别为

$$G_1(s)=\frac{3}{s+2},\ G_2(s)=\frac{1}{s+1},\ G_3(s)=\frac{2}{s}$$

① 选择每个环节的输出为状态变量，写出系统的状态空间表达式。

② 设计状态反馈矩阵 $\boldsymbol{K}$，使闭环极点为−3、−2+2j、−2−2j。

③ 画出极点配置后的闭环系统结构图。

2-15　若已知某系统的状态方程为

$$\dot{x}=\begin{pmatrix}-1 & 0 & 0\\ 0 & 0 & 1\\ 0 & -3 & 1\end{pmatrix}x+\begin{pmatrix}0\\0\\1\end{pmatrix}\boldsymbol{u}$$

试设计状态反馈使得闭环极点配置到以下两组极点：−2、−3、−1 或−2、−2、−3。如果能配置，则求出反馈增益矩阵 $\boldsymbol{K}$。

2-16　若给定系统

$$\dot{x}=\begin{pmatrix}-2 & 2 & -1\\ 0 & -2 & 0\\ 1 & -4 & 0\end{pmatrix}x+\begin{pmatrix}0\\0\\1\end{pmatrix}\boldsymbol{u},\ y=(0\quad 1\quad 0)x$$

① 系统是否能控？若完全能控，则化成能控标准型；若不完全能控，则分别写出能控、不能控子系统表达式。

② 能否设计状态反馈使闭环极点为-2、-3、-4？请说明原因。

2-17 已知系统的传递函数为

$$G(s)=\frac{10}{s^3+3s^2+2s}$$

试设计状态反馈$\boldsymbol{K}$，使极点为-2、$-1\pm \mathrm{j}$。

2-18 已知系统的状态空间表达式为

$$\dot{\boldsymbol{x}}=\begin{pmatrix}0 & 1\\ -2 & -3\end{pmatrix}\boldsymbol{x}+\begin{pmatrix}0\\ 1\end{pmatrix}u,\ y=(2\quad 0)\boldsymbol{x}$$

试设计全维状态观测器，使其极点为-5、5。

2-19 设受控系统的状态空间表达式为

$$\dot{\boldsymbol{x}}=\begin{pmatrix}0 & 3\\ 0 & -1\end{pmatrix}\boldsymbol{x}+\begin{pmatrix}0\\ 1\end{pmatrix}u,\ y=(1\quad 1)\boldsymbol{x}$$

请设计极点为-2、-2的全维状态观测器，并构成状态反馈系统使其闭环极点配置在$-1\pm \mathrm{j}$上。

2-20 给定单输入-单输出系统的传递函数为

$$G_0(s)=\frac{1}{s(s+1)}$$

① 写出系统的状态空间表达式。

② 请构造状态反馈，使闭环极点为$-1\pm\sqrt{3}\mathrm{j}$。

③ 试确定全维状态观测器，使其特征根均为-4。

④ 画出带有观测器的状态反馈闭环控制系统的组成结构图。

第3章 采样控制系统分析方法

3.1 概述

自从计算机进入自动控制领域，出现计算机控制系统以来，计算机实时控制技术的发展异常迅速。计算机与自动控制的结合使得自动化技术进入了崭新的前所未有的发展阶段。

计算机控制技术的思想始于20世纪50年代中期，早期的计算机使用电子管，体积庞大，价格昂贵，可靠性差，只能从事一些操作指导和设定值控制等。这一时期工业过程计算机控制系统工作不稳定，需要模拟控制装置对过程进行控制。

1962年，英国的帝国化学工业公司利用计算机完全代替了原来的模拟控制。该计算机控制多个变量和阀门。计算机完全替代模拟控制装置直接控制过程变量，因而称这样的控制为直接数字控制（Direct Digital Control，DDC）。

随着计算机技术的发展，20世纪60年代后期出现了各种体积小、速度快、工作可靠、价格便宜、适合工业控制的小型计算机，计算机控制技术进入了小型计算机时期。小型计算机的出现大大地拓宽了计算机控制系统的应用领域，市场日益扩大。

1972年，微型计算机的出现和发展使计算机控制技术又进入了一个崭新的阶段。采用微型计算机已经制造出大量的分级递阶控制系统、分散型控制系统、专用控制器等。随后出现了集散控制系统（Distributed Control System，DCS）、可编程控制器（Programmable Logic Controller，PLC）、工业控制机（Industrial Personal Computer，IPC）、计算机集成制造系统（Computer Integrated Manufacturing Systems，CIMS）等，这些都对工业的发展起到了巨大的促进作用。

在控制工程中，控制系统主要分成两大类：连续时间控制系统和离散时间控制系统。在线性连续控制系统中，各种信号都是连续的时间函数，这种系统通常也称为连续时间控制系统。在时间上连续变化的信号称为连续时间信号（简称连续信号），在时间上连续、幅值上也连续的信号通常称为模拟信号。

在控制系统中有一处或多处信号不是时间的连续函数，而是在时间上离散的一系列脉冲序列或数字信号，这类系统称为离散时间控制系统。在离散时间控制系统中，仅定义在离散时间点或时间段上的信号为离散时间信号（简称离散信号）。控制工程中普遍存在离散时间系统，而计算机的高速发展促进了数字化控制在工业过程中的广泛应用。

离散控制系统、采样控制系统和数字化控制系统（计算机控制系统）都是同一类系统，但从严格意义来说是有差别的。控制系统中的离散信号是脉冲序列形式的离散系统，称为采样控制系统（脉冲控制系统）。控制系统中的离散信号是数字序列形式的离散系统，称为数字控制系统（计算机控制系统）。离散控制系统的内涵最广，它涵盖了采样和数字控制系统。离散控制处理的是离散信号。

下面以图 3-1 所示的计算机控制系统框图中信号流向及形式介绍离散控制系统中的基本概念。

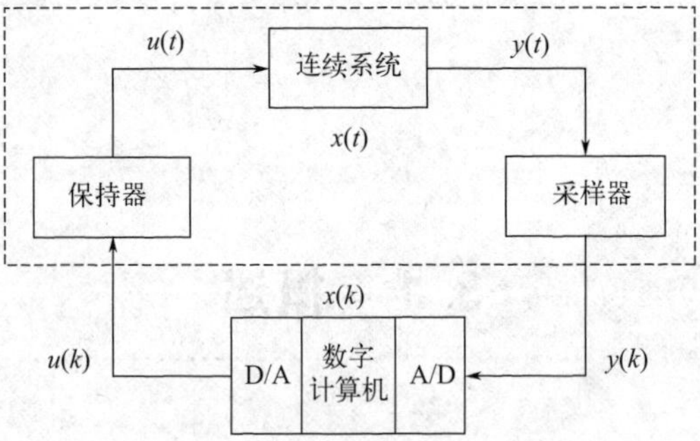

图 3-1 计算机控制系统框图

定义 1 通常认为离散信号包含采样信号与数字信号。采样信号是指模拟信号由采样器按照一定时间间隔采样获得的时间上整量化的信号。数字信号是指信号在时间上和幅值上同时整量化的信号。整量化也称量化，是指用一组二进制码来逼近采样得到的模拟信号的过程。

定义 2 连续模拟信号是指在时间上连续，幅值上连续的模拟信号。如测量变送器或保持器的输出信号，即图中的信号 $u(t)$、$y(t)$和 $x(t)$。

定义 3 离散模拟信号是时间上离散、幅值上连续的脉冲序列信号，而在两个相邻脉冲之间没有信号。如采样器的输出信号 $y(k)$或 D/A 变换器的输出信号 $u(k)$。

定义 4 连续数字信号是指在时间上连续，在量值上用二进制码表示的信号。如计算机内部存储或处理的信号 $x(k)$。

定义 5 离散数字信号是指在时间上离散，量值上用二进制码表示的数字信号。如计算机的输出信号或 A/D 变换器的输出信号。

采样控制系统具有的优点：容易实现复杂的控制规律，控制规律易改变，精度高、抗干扰性能好。采样控制系统和连续控制系统的共同点：闭环控制，需要分析稳定性、动态响应和稳态性能，需要进行校正。

3.2 采样与保持

由于计算机内部存储或处理的信号通常是二进制码表示的数字信号，因此需要将连续信号转换成离散的信号，即采样信号。从某种意义上来说，采样是为了获取满足需求的控制系统而设计的，这样的控制系统必然在某一处或几处出现脉冲信号或数字信号，这种控制系统称为采样控制系统。

(1) 采样过程

定义1 把连续信号按照一定规律取若干点或段转变为离散信号（脉冲信号或数字信号）的操作或过程，称为采样。实现采样的装置称为采样器，又称采样开关。

定义2 在对连续模拟信号采样过程中，采样开关两次闭合之间的时间间隔，称为采样周期，通常用 T 表示。采样角频率 $\omega=\dfrac{2\pi}{T}$(rad/s)，采样频率 $f_s=\dfrac{1}{T}$。

定义3 采样持续时间 τ 是指采样开关每次闭合的时间，又称采样时间。

在实际采样过程中，图3-2表示连续模拟信号 $f(t)$ 经过采样开关采样后，得到离散的脉冲序列 $f^*(t)$，该脉冲序列是一个宽度为 τ 的调幅脉冲序列信号 $f(kT),k=0,1,2,\cdots$。由于采样开关闭合时间极为短暂，通常为毫秒级或微秒级，远远小于采样周期($\tau\ll T$)，因此，采样开关输出信号等效于瞬时接通的理想采样开关输出的瞬时值描述的脉冲信号，即 $f(0),f(T),f(2T),\cdots,f(kT)$，如图3-2(d) 所示。显然，采样过程中丢失了采样间隔之间的信息。

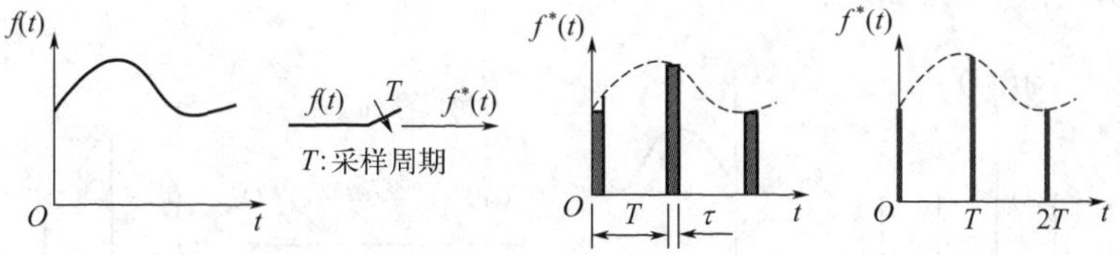

(a) 连续模拟信号　(b) 采样开关　(c) 采样开关输出的脉冲信号　(d) 理想采样开关的输出信号

图3-2　模拟信号的采样过程

(2) 采样过程的数学描述

理想的采样开关相当于一个单位理想脉冲序列发生器，能够产生一系列的单位脉冲。从数学上，单位脉冲函数的定义为

$$\delta(t)=\begin{cases}\infty, & t=0\\ 0, & t\neq 0\end{cases} \tag{3-1}$$

且

$$\int_{-\infty}^{+\infty}\delta(t)\mathrm{d}t=1 \tag{3-2}$$

单位脉冲函数可以理解为在 $t=0$ 时刻存在一个宽度为0、幅值无穷大、面积为1的脉冲。

$\delta(t)$ 函数的一个重要特性就是筛选性。设 $f(t)$ 是定义在实数范围内的一个有界函数，且在 $t=t_0$ 处连续，则

$$\int_{-\infty}^{+\infty}f(t)\delta(t-t_0)\mathrm{d}t=f(t_0) \tag{3-3}$$

其含义就是单位脉冲函数与任一函数乘积的积分，结果等于脉冲所在处该函数的值。

单位脉冲序列 $\delta_T(t)$ 的数学表达式为

$$\delta_T(t)=\sum_{k=-\infty}^{k=+\infty}\delta(t-kT) \tag{3-4}$$

式中，T 为采样周期；k 为整数。单位脉冲序列就是由周期为 T 的一系列单位理想脉

冲组成，如图 3-3(a) 所示。

如图 3-3(c) 所示，理想的采样过程可以理解成一个脉冲幅值调制过程，即采样开关的输出信号 $f^*(t)$可以表示为单位脉冲序列 $\delta_T(t)$与连续模拟信号 $f(t)$的乘积。

$$f^*(t)=f(t)\delta_T(t) \tag{3-5}$$

式中，$\delta_T(t)$表示载波信号，决定采样时间；$f(t)$表示测试信号，决定采样信号的幅值；$f^*(t)$代表调制信号，此处为采样信号。由于在实际控制系统中，当 $t<0$ 时，均有 $f(t)=0$。因此，采样开关的输出信号 $f^*(t)$可以表示为

$$f^*(t)=f(t)\sum_{k=0}^{\infty}\delta(t-kT) \tag{3-6}$$

而 $f^*(t)$仅仅在采样开关闭合瞬时才有意义，因而，$f^*(t)$可以表示成

$$f^*(t)=\sum_{k=0}^{\infty}f(kT)\delta(t-kT)=f(0)\delta(t)+f(T)\delta(t-T)+f(2T)\delta(t-2T)+\cdots \tag{3-7}$$

式中，$\delta(t-kT)$仅仅表示脉冲产生的时刻，而脉冲的幅值完全由连续信号 $f(t)$在采样时刻 kT 处的函数值 $f(kT)$决定。

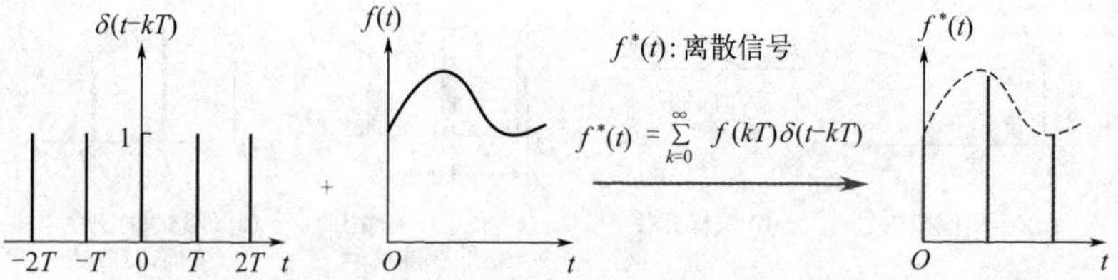

(a) 单位脉冲序列　(b) 模拟信号　(c) 理想采样开关的输出信号

图 3-3　理想采样的调制过程

采样信号 $f^*(t)$的拉氏变换为

$$F^*(s)=L(f^*(t))=L\left(\sum_{k=0}^{\infty}f(kT)\delta(t-kT)\right) \tag{3-8}$$

根据拉氏变换的位移定理

$$L(\delta(t-kT))=e^{-kTs}\int_0^{\infty}\delta(t)e^{-st}dt=e^{-kTs} \tag{3-9}$$

则采样信号 $f^*(t)$的拉氏变换为

$$F^*(s)=\sum_{k=0}^{\infty}f(kT)e^{-kTs} \tag{3-10}$$

采样信号 $f^*(t)$只描述了在采样瞬时 kT 处连续信号 $f(t)$的数值，因此，其拉氏变换 $F^*(s)$不能给出连续信号 $f(t)$在采样间隔之间的信息。反之，若已知连续信号 $f(t)$在采样时刻 kT 处的函数值 $f(kT)$，则可以求出 $f^*(t)$的拉氏变换 $F^*(s)$。

【例 3-1】 设采样器的输入信号为 $f(t)=a^{\frac{t}{T}}$，试求采样器输出信号 $f^*(t)$的拉氏变换。

解：由于 $f(t)=a^{\frac{t}{T}}$，则在采样瞬时的函数值为

$$f(kT)=a^{\frac{kT}{T}}=a^k$$

因此，采样器输出信号 $f^*(t)$的拉氏变换为

$$F^*(s)=\sum_{k=0}^{\infty}f(kT)e^{-kTs}=\sum_{k=0}^{\infty}a^k e^{-kTs}=1+ae^{-Ts}+a^2e^{-2Ts}+\cdots$$

根据无穷递减等比级数求和公式，可得

$$F^*(s)=\frac{1-a^k e^{-kTs}}{1-ae^{-Ts}}$$

当 $k=\infty$ 时，采样器输出信号的拉氏变换为

$$F^*(s)=\frac{1}{1-ae^{-Ts}}=\frac{e^{Ts}}{e^{Ts}-a}$$

(3) 采样定理

采样信号 $f^*(t)$ 是利用采样开关对连续信号 $f(t)$ 采样得到的，它只是给出了在采样时刻 kT 连续信号的信息，而丢失了采样间隔之间的信息。为了讨论采样信号中保留了连续信号信息的理论依据，需要对采样信号的频谱和连续信号的频谱进行分析。

理想脉冲序列的傅里叶级数展开式为

$$\delta_T(t)=\sum_{k=0}^{\infty}\delta(t-kT)=\sum_{k=-\infty}^{\infty}C_k e^{-jk\omega_s t} \tag{3-11}$$

式中，T 为采样周期；$\omega_s=\frac{2\pi}{T}$ 为采样角频率；C_k 为傅里叶级数，其值为

$$C_k=\frac{1}{T}\int_{-T/2}^{T/2}\delta_T(t)e^{-jk\omega_s t}dt=\frac{1}{T} \tag{3-12}$$

于是，理想脉冲序列的傅里叶级数展开式为

$$\delta_T(t)=\frac{1}{T}\sum_{k=-\infty}^{\infty}e^{-jk\omega_s t} \tag{3-13}$$

而采样信号 $f^*(t)$ 为

$$f^*(t)=f(t)\delta_T(t)=\sum_{k=0}^{\infty}f(kT)\delta(t-kT)=\frac{1}{T}\sum_{k=-\infty}^{k=\infty}f(t)e^{-jk\omega_s t} \tag{3-14}$$

对式(3-14) 取拉氏变换，得

$$F^*(s)=\frac{1}{T}\sum_{k=-\infty}^{k=\infty}L(f(t)e^{-jk\omega_s t})=\frac{1}{T}\sum_{k=-\infty}^{k=\infty}F(s-jk\omega_s) \tag{3-15}$$

式(3-15) 表明，采样信号的拉氏变换 $F^*(s)$ 是以 ω_s 为周期的函数，也与连续信号的拉氏变换 $F(s)$ 相关联。如果 $F^*(s)$ 的极点都位于 S 平面的左半平面上，令 $s=j\omega$，则采样信号 $F^*(s)$ 的傅里叶变换为

$$F^*(j\omega)=\frac{1}{T}\sum_{k=-\infty}^{k=\infty}F(j\omega-jk\omega_s) \tag{3-16}$$

式中，$F^*(j\omega)$ 是采样信号 $f^*(t)$ 的频谱函数；$F(j\omega)$ 为连续信号 $f(t)$ 的频谱函数。式(3-16) 就反映了采样信号频谱与连续信号频谱之间的关系。图 3-4 描述了连续信号及其采样信号的频谱图。

一般情况下，连续信号 $f(t)$ 的频谱 $F(j\omega)$ 为单一的连续频谱，其频带宽度是有限的，其上限频率值为 ω_{max}，如图 3-4(b) 所示。而采样信号 $f^*(t)$ 的频谱 $F^*(j\omega)$ 用级数表示为

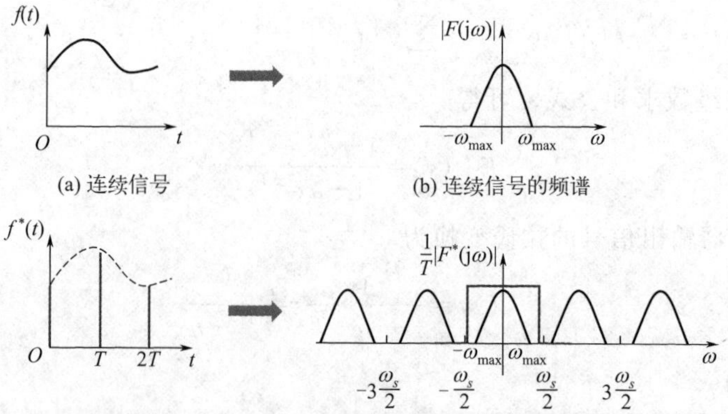

(a) 连续信号　(b) 连续信号的频谱

(c) 采样信号　(d) $\omega_s \geqslant 2\omega_{max}$采样信号的频谱(方框表示利用理想低通滤波器后获得的主频分量)

图 3-4　连续信号及其采样信号的频谱图

$$F^*(\mathrm{j}\omega)=\frac{1}{T}[\cdots+F(\mathrm{j}\omega-\mathrm{j}2\omega_s)+F(\mathrm{j}\omega-\mathrm{j}\omega_s)+F(\mathrm{j}\omega)+F(\mathrm{j}\omega+\mathrm{j}\omega_s)+F(\mathrm{j}\omega+\mathrm{j}2\omega_s)+\cdots] \tag{3-17}$$

从中可以看出，它是以采样频率 ω_s 为周期的无穷多个频谱的和，除了包含主频分量外，还有许多高频频谱分量，如图 3-4(d) 所示，采样信号的频谱形状与连续函数频谱形状相同，幅值只有连续信号频谱的$\frac{1}{T}$。当 $k=0$ 时，采样信号的频谱 $F^*(\mathrm{j}\omega)$只包含主频分量，即

$$F^*(\mathrm{j}\omega)=\frac{1}{T}F(\mathrm{j}\omega) \tag{3-18}$$

这说明采样信号频谱的主频分量与连续信号频谱仅相差一个常数$\frac{1}{T}$。

若选择合适的采样周期 T，则采样信号频谱中各个波形不重叠，如图 3-4(d) 所示，相互间隔一定的频率，即 $\omega_s \geqslant 2\omega_{max}$ 时，采用一个理想的低通滤波器可以将采样信号频谱中的高频分量滤掉，只保留主频分量，从而获得与连续信号相同形状的频谱。理想滤波器的频率特性数学表达为

$$F(\mathrm{j}\omega)=\begin{cases}1, |\omega| \leqslant \omega_s/2 \\ 0, |\omega| > \omega_s/2\end{cases} \tag{3-19}$$

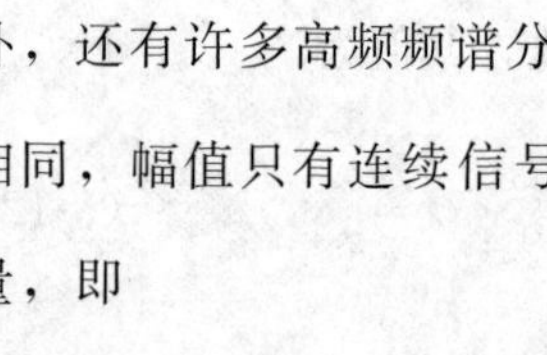

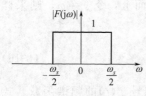

图 3-5　理想滤波器的频谱

理想滤波器的频谱如图 3-5 所示。在这种情况下，利用理想滤波器可以把 $|\omega| > \omega_{max}$ 的高频分量全部过滤掉，在采样信号频谱 $F^*(\mathrm{j}\omega)$中只保留主频分量$\frac{1}{T}F(\mathrm{j}\omega)$部分，原始信号就可以通过采样信号毫无畸变地复现出来。

如果加大采样周期 T，则采样角频率 $\omega_s=\frac{2\pi}{T}$相应地减小，当 $\omega_s < 2\omega_{max}$ 时，采样信号频谱中的各频谱分量就互相重叠，如图 3-6 所示，重叠后的频谱与原连续信号的频谱就不一样了，此时，即使采用理想低通滤波器也无法恢复原始的连续信号频谱。

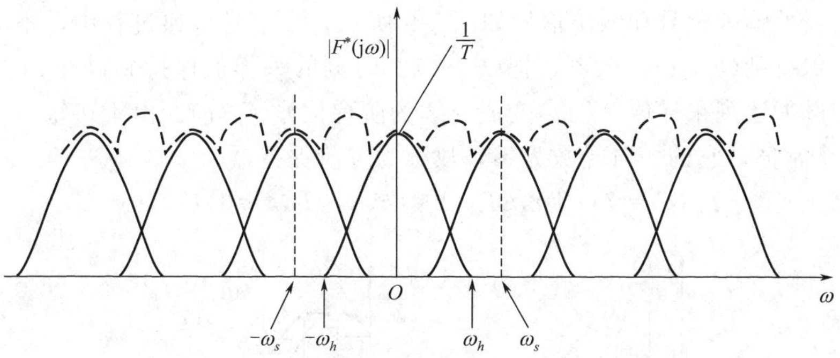

图 3-6　$\omega_s < 2\omega_{\max}$ 采样信号频谱（实线）及恢复的采样信号（虚线）

香农采样定理：对具有有限带宽($-\omega_{\max} < \omega < \omega_{\max}$)连续信号 $f(t)$进行采样，则能够无失真地从采样信号 $f^*(t)$恢复原始信号的采样角频率 $\omega_s = \frac{2\pi}{T}$满足的条件是：$\omega_s \geqslant 2\omega_{\max}$。

采样周期 T 选取得过小，虽然能得到更多的控制过程信息、更好的控制效果，但会增加计算量、占用太多的计算机内存等。采样周期 T 选取得过大，会给控制过程带来较大误差、降低系统的动态性能，甚至可能导致系统失去稳定。工程实践表明，采样周期可以通过单位阶跃响应的上升时间 t_r 或调节时间 t_s 的经验公式 $T = \frac{t_r}{10}$或 $T = \frac{t_s}{40}$来选取。一般工业过程中典型信号的采样周期 T 的选择如表 3-1 所示。

表 3-1　工业过程采样周期 T 选择经验值

状态变量	流量	压力	液位	温度	成分
采样周期/s	1	5	5	20	20

(4) 信号保持和零阶保持器

在采样控制系统中，如何把采样信号恢复为原始连续信号是一个重要问题。由香农采样定理可知，在满足采样频率大于 2 倍的连续信号最高频率条件下，采用理想滤波器可以滤除采样信号中的高频分量，无失真地恢复原有的连续信号。

在实际的工程实践中，理想滤波器是不可能实现的。因此，必须寻找在频率特性上接近理想滤波器，而且物理上又是可以实现的滤波器。在采样控制系统中，通常采用保持器来实现理想滤波器的功能。

保持器是一种将采样信号恢复为连续信号的装置，它是一种在时域内的外推装置，具有常值、线性、二次函数（抛物线）型外推规律的保持器，分别称为零阶、一阶、二阶保持器。保持器常见的结构示意图如图 3-7 所示。

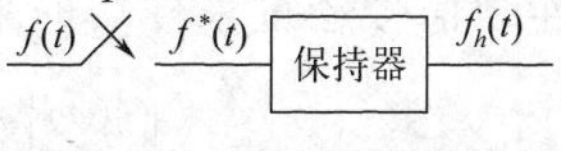

图 3-7　保持器结构图

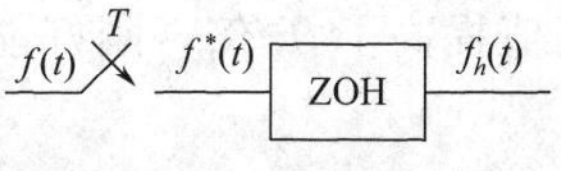

图 3-8　零阶保持器结构图

物理上可实现的保持器必须按照当前时刻和过去时刻的采样值进行外推，而不能采用未来时刻的采样值进行外推。保持器中最简单、最常用的是零阶保持器，通常用符号“ZOH”来表示，其结构示意图如图 3-8 所示。

零阶保持器的输入信号和输出信号如图 3-9 所示，在信号传递过程中，把 kT 时刻的采样信号值一直保持到$(k+1)T$ 时刻，把$(k+1)T$ 时刻的采样值保持到$(k+2)T$ 时刻，依此类推，从而把脉冲序列采样值 $f^*(t)$变成连续的阶梯信号 $f_h(t)$。由于在每一个采样区间内 $f_h(t)$都是一个常值，它的一阶导数为零，故称为零阶保持器。

$$f_h(t)=f(kT),kT\leqslant t\leqslant(k+1)T,k=0,1,2,\cdots \tag{3-20}$$

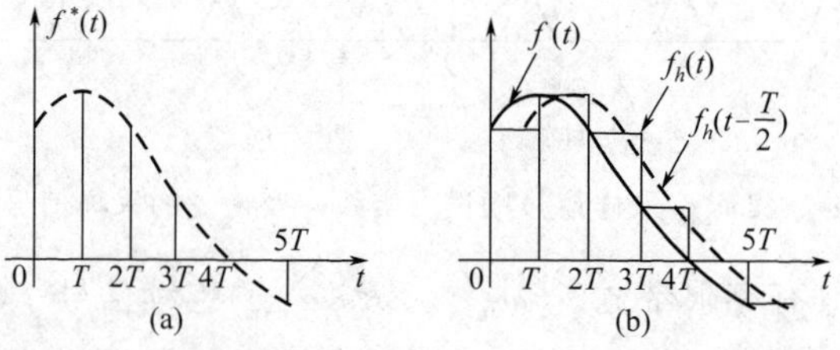

图 3-9 零阶保持器的输入信号和输出信号示意图

如果把恢复的阶梯信号 $f_h(t)$的中点连接起来，则可得到与连续信号 $f(t)$形状一致，时间上滞后半个采样周期 $T/2$ 的平均响应曲线 $f_h\left(t-\dfrac{T}{2}\right)$，如图 3-9(b) 中虚线所示。

零阶保持器的数学模型：零阶保持器的输出信号可以看成是一个幅值为 A，宽度为 T 的矩形波，如图 3-10 所示。它相当于一个幅值为 A 的阶跃函数 $u(t)$和滞后时间 T 的反向阶跃函数 $u(t-T)$的差，即

$$f_h(t)=Au(t)-Au(t-T) \tag{3-21}$$

零阶保持器的传递函数为

$$G_0(s)=\frac{L(f_h(t))}{L(f(t))}=\frac{\dfrac{A}{s}-\dfrac{A\mathrm{e}^{-Ts}}{s}}{A}=\frac{1-\mathrm{e}^{-Ts}}{s} \tag{3-22}$$

令 $s=\mathrm{j}\omega$，则可得零阶保持器的频率特性为

$$G_0(\mathrm{j}\omega)=\frac{1-\mathrm{e}^{-\mathrm{j}\omega T}}{\mathrm{j}\omega}=\frac{T\sin(\omega T/2)}{\omega T/2}\mathrm{e}^{-\mathrm{j}\frac{\omega T}{2}} \tag{3-23}$$

其中幅频特性和相频特性分别为

$$|G_0(\mathrm{j}\omega)|=\left|\frac{T\sin(\omega T/2)}{\omega T/2}\right|,\ \angle G_0(\mathrm{j}\omega)=\angle\sin\left(\frac{\omega T}{2}\right)+\angle\mathrm{e}^{-\mathrm{j}\frac{\omega T}{2}} \tag{3-24}$$

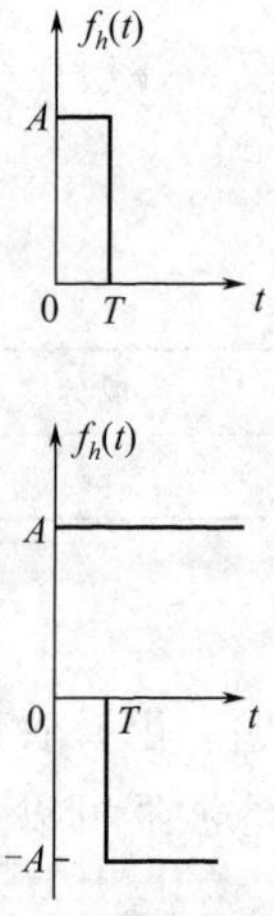

图 3-10 零阶保持器输出信号波形示意图

零阶保持器的幅频特性和相频特性如图 3-11 所示，由此可得零阶保持器的特性如下。

① 低通特性 零阶保持器幅频特性的输出随着信号频率的增加而迅速衰减，具有明显的低通特性，但高频分量不能完全滤掉，可以近似实现理想低通滤波器的功能。零阶保持器使得主频分量的幅值提高了 T 倍，刚好能够补偿连续信号经过采样后的采样信号主频分量幅值的衰减。

② 相角滞后特性 零阶保持器的相频特性中产生了$\dfrac{\omega T}{2}$的相角滞后，而且随着 ω 的增加相角滞后增加。零阶保持器的相角滞后对采样系统的稳定性产生影响，通常会使得系统的稳定性变差。

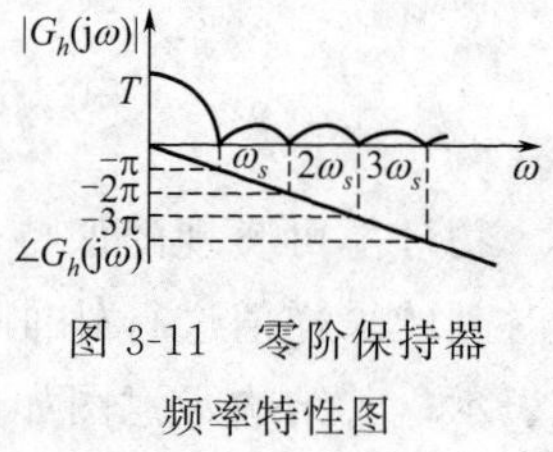

图 3-11 零阶保持器频率特性图

③ 时间滞后特性　零阶保持器的输出信号是一个阶梯信号 $f_h(t)$，连接阶梯信号幅值中点得到平均响应曲线为 $f_h\left(t-\frac{T}{2}\right)$，它与采样前的连续信号 $f(t)$ 相比，时间上滞后了 $\frac{T}{2}$，使得采样系统总的相角滞后增大，从而导致系统的相对稳定性也变差。

④ 零阶保持器的一个优点就是可以近似地用无源网络来实现。若将零阶保持器传递函数中的 e^{Ts} 展开成幂级数，并取前两项，则有

$$G_0(s)=\frac{1-e^{-Ts}}{s}=\frac{1}{s}\left(1-\frac{1}{e^{Ts}}\right)\approx\frac{1}{s}\left(1-\frac{1}{1+Ts}\right)=\frac{T}{Ts+1} \tag{3-25}$$

这就是一个典型的 RC 网络的传递函数。

3.3　采样信号的 Z 变换

线性连续系统分析中，描述系统的微分方程经过拉氏变换的方法得到系统的传递函数，并分析系统性能。类似地，在线性离散系统中，可以用 Z 变换的方法将描述系统的差分方程转换为脉冲传递函数。Z 变换在采样系统中的作用与拉氏变换在连续系统中的作用等效，可以看作是采样函数的拉氏变换。将采样信号作 Z 变换，具有应用方便、物理意义明确等优点，因而得到了广泛的应用。线性连续系统的拉氏变换分析与线性离散系统 Z 变换分析比较如图 3-12 所示。

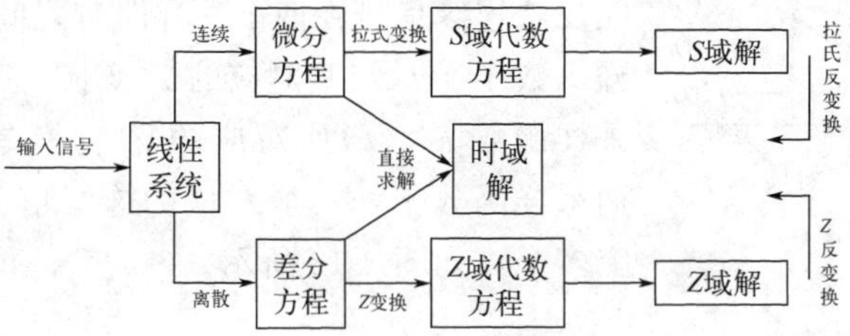

图 3-12　Z 变换与拉氏变换比较示意图

(1) Z 变换的定义

根据连续信号 $f(t)$ 的拉氏变换

$$F(s)=L(f(t))=\int_0^{\infty}f(t)e^{-st}\,dt \tag{3-26}$$

和脉冲函数 $\delta(t)$ 的筛选性

$$\int_0^{\infty}e^{-st}\delta(t-kT)\,dt=e^{-skT} \tag{3-27}$$

对采样信号 $f^*(t)$ 进行拉氏变换，有

$$\begin{aligned}F^*(s)&=L(f^*(t))=\int_0^{\infty}f^*(t)e^{-st}\,dt\\&=\int_0^{\infty}\sum_{k=0}^{\infty}f(kT)\delta(t-kT)e^{-st}\,dt\\&=\int_0^{\infty}f(0)\delta(t)e^{-st}\,dt+\int_0^{\infty}f(T)\delta(t-T)e^{-st}\,dt+\end{aligned}$$

$$\int_0^{\infty} f(2T)\delta(t-2T)\mathrm{e}^{-st}\,\mathrm{d}t+\cdots$$
$$=f(0)+f(T)\mathrm{e}^{-sT}+f(2T)\mathrm{e}^{-s2T}+\cdots$$
$$=\sum_{k=0}^{\infty} f(kT)\mathrm{e}^{-skT}$$

因此，采样信号 $f^*(t)$的拉氏变换 $F^*(s)$为

$$F^*(s)=\sum_{k=0}^{\infty} f(kT)\mathrm{e}^{-skT} \tag{3-28}$$

为了运算方便，引入复自变量

$$z=\mathrm{e}^{sT}$$

则采样信号的拉氏变换 $F^*(s)$为

$$F^*(s)\Big|_{s=\frac{1}{T}\ln z}=\sum_{k=0}^{\infty} f(kT)z^{-k} \tag{3-29}$$

实际上，式(3-28) 与式(3-29) 都表示采样信号 $f^*(t)$的拉氏变换，只不过式(3-28) 定义在 S 域内，而式(3-29) 定义在 Z 域内。

采样信号 $f^*(t)$的 Z 变换定义为

$$F(z)=Z(f^*(t))=\sum_{k=0}^{\infty} f(kT)z^{-k} \tag{3-30}$$

需要注意的是，$F(z)$是采样信号 $f^*(t)$的 Z 变换，而不是连续信号 $f(t)$的 Z 变换。也就是说，Z 变换仅仅考虑了连续信号在采样时刻的值，而不能反映连续信号在两个采样时刻之间的函数值。并且，采样函数 $f^*(t)$与其对应的 Z 变换 $F(z)$是一一对应的，即采样函数 $f^*(t)$所对应的 Z 变换是唯一的，反之亦然。而采样函数 $f^*(t)$所对应的连续信号 $f(t)$不唯一，有无穷多个，如图 3-13 所示。

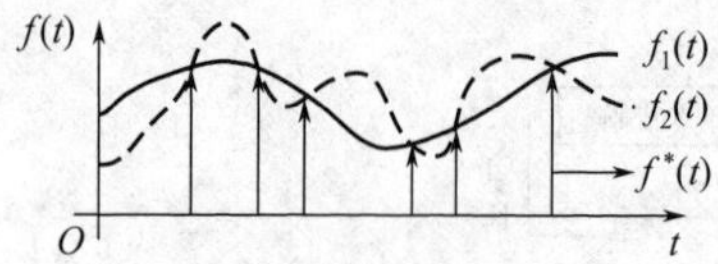

图 3-13 采样函数与对应的连续信号示意图

(2) Z 变换计算方法

计算采样函数的 Z 变换有多种方法，常用的有两种，下面根据例题介绍这两种 Z 变换方法。

方法 1：级数求和法。

该方法是直接根据 Z 变换的定义，将采样函数的 Z 变换表示为展开式的形式。

$$F(z)=\sum_{k=0}^{\infty} f(kT)z^{-k}=f(0)+f(T)z^{-1}+f(2T)z^{-2}+\cdots+f(kT)z^{-k}+\cdots \tag{3-31}$$

只要已知连续函数 $f(t)$在各个采样时刻的函数值，就可以按照展开式计算 Z 变换。该方法的缺点主要是级数展开式有无穷多项，若不能写成闭合式，则很难应用。而一般常用连续函数 Z 变换的级数展开式都需写成闭合式。

【例 3-2】 求单位阶跃函数的 Z 变换。

$$u(t)=1(t)$$

解：由 Z 变换定义可以写出单位阶跃函数的级数展开式

$$U(z)=Z(u(t))=\sum_{k=0}^{\infty}1(kT)z^{-k}=1+z^{-1}+z^{-2}+\cdots+z^{-k}+\cdots$$

根据无穷等比级数求和公式，可得单位阶跃函数的 Z 变换为

$$U(z)=\frac{1}{1-z^{-1}}=\frac{z}{z-1}$$

收敛域为 $|z|>1$。

【例 3-3】 求指数函数 $f(t)=e^{-at}$ 的 Z 变换。

解：由 Z 变换定义可以写出指数函数的级数展开式。

$$F(z)=Z(f(t))=\sum_{k=0}^{\infty}f(kT)z^{-k}=\sum_{k=0}^{\infty}e^{-akT}z^{-k}$$

$$F(z)=1+e^{-aT}z^{-1}+e^{-2aT}z^{-2}+e^{-3aT}z^{-3}+\cdots=\frac{1}{1-e^{-aT}z^{-1}}=\frac{z}{z-e^{-aT}}$$

收敛域为 $|e^{-aT}z^{-1}|<1$。

【例 3-4】 求斜坡函数 $f(t)=t$ 的 Z 变换。

解：由 Z 变换定义可以写出斜坡函数的级数展开式。

$$F(z)=Z(f(t))=\sum_{k=0}^{\infty}f(kT)z^{-k}=\sum_{k=0}^{\infty}kTz^{-k}$$

$$F(z)=0+Tz^{-1}+2Tz^{-2}+3Tz^{-3}+\cdots=Tz^{-1}(1+2z^{-1}+3z^{-2}+\cdots)$$

因而 $F(z)=\dfrac{Tz^{-1}}{(1-z^{-1})^2}=\dfrac{Tz}{(z-1)^2}$

收敛域为 $|z^{-1}|<1$。

方法 2：部分分式法。若连续函数可以表示为指数函数之和的形式

$$f(t)=\sum_{i=0}^{\infty}a_i e^{-p_i t} \tag{3-32}$$

或连续函数的拉氏变换可以表示为部分分式的形式

$$F(z)=\sum_{i=0}^{\infty}\frac{a_i}{s+p_i} \tag{3-33}$$

则可以根据指数函数的 Z 变换求解。

【例 3-5】 求 $F(s)=\dfrac{1}{s(s+1)}$ 的 Z 变换。

解：$F(s)=\dfrac{1}{s(s+1)}=\dfrac{1}{s}-\dfrac{1}{s+1}$

查表可得：$\dfrac{1}{s}$ 对应的是阶跃函数，其 Z 变换为 $\dfrac{z}{z-1}$；$\dfrac{1}{s+1}$ 的 Z 变换为 $\dfrac{z}{z-e^{-T}}$。

于是，$F(s)$ 的 Z 变换为

$$F(z)=\frac{z}{z-1}-\frac{z}{z-e^{-T}}=\frac{z(1-e^{-T})}{(z-1)(z-e^{-T})}$$

方法 3：留数计算法。已知连续函数 $f(t)$ 的拉氏变换 $F(s)$ 及其全部极点 $-p_i$，则可以采用留数法计算连续函数的 Z 变换。连续函数 $f(t)$ 的 Z 变换为

$$F(z)=\sum_{i=0}^{n}\operatorname{Res}\left[F(s)\frac{z}{z-\mathrm{e}^{sT}}\right]\bigg|_{s=-p_i}=\sum_{i=0}^{n}\operatorname{Res}\left[F(-p_i)\frac{z}{z-\mathrm{e}^{-p_iT}}\right]=\sum_{i=0}^{n}R_i \tag{3-34}$$

式中，$R_i=\operatorname{Res}\left[F(-p_i)\frac{z}{z-\mathrm{e}^{-p_iT}}\right]$为$F(s)\frac{z}{z-\mathrm{e}^{sT}}$在极点$s=-p_i$上的留数。

① 当$F(s)$具有单极点$s=-p_i$时。

$$R_i=\lim_{s\to -p_i}(s+p_i)\left[F(s)\frac{z}{z-\mathrm{e}^{sT}}\right]$$

② 当$F(s)$在$-p_i$处具有r重极点时。

$$R_i=\frac{1}{(r-1)!}\lim_{s\to -p_i}\frac{\mathrm{d}^{r-1}}{\mathrm{d}s^{r-1}}\left[(s+p_i)^rF(s)\frac{z}{z-\mathrm{e}^{sT}}\right]$$

此外，还可以用下式计算Z变换。

$$F(z)=\sum_{i}\operatorname{Res}\left[\frac{F(s)}{1-z^{-1}\mathrm{e}^{sT}}\right]\bigg|_{s=-p_i}+\alpha=\hat{F}(z)+\alpha$$

式中，$\alpha=\lim\limits_{s\to\infty}sF(s)-\lim\limits_{z\to\infty}\hat{F}(z)$。

【例 3-6】 已知$F(s)=\frac{a(1-\mathrm{e}^{-Ts})}{s(s+a)}$，求其$Z$变换$F(z)$。

解：由

$$\hat{F}(z)=\sum_{i=1}^{2}\operatorname{Res}\left[\frac{a(1-\mathrm{e}^{-Ts})}{s(s+a)(1-z^{-1}\mathrm{e}^{sT})}\right]\bigg|_{s=0,-a}=\frac{\mathrm{e}^{aT}-1}{1-z^{-1}\mathrm{e}^{-aT}}$$

$$\alpha=\lim_{s\to\infty}sF(s)-\lim_{z\to\infty}\hat{F}(z)=0-(\mathrm{e}^{aT}-1)=1-\mathrm{e}^{aT}$$

所以有

$$F(z)=\hat{F}(z)+\alpha=\frac{1-\mathrm{e}^{-aT}}{z-\mathrm{e}^{-aT}}$$

(3) *Z* 变换的性质

线性定理：连续信号$f_1(t)$和$f_2(t)$线性组合的Z变换等于单独连续信号Z变换的线性组合。

$$Z[af_1(t)+bf_2(t)]=aF_1(z)+bF_2(z) \tag{3-35}$$

式中，a、b为常数。

滞后定理：若连续信号$f(t)$，当$t<0$时，$f(t)=0$，且$Z(f(t))=F(z)$，则滞后k个采样周期T的函数$f(t-kT)$的Z变换为

$$Z(f(t-kT))=z^{-k}F(z) \tag{3-36}$$

该定理表明整个采样序列在时间轴上向右平移了k个采样周期。也就是说，原函数在时域中延迟了k个采样周期相当于Z变换乘以z^{-k}。显然，算子z^{-k}的物理意义表示了时域中的时滞环节，把采样信号延迟了k个采样周期。

超前定理：若连续信号$f(t)$，且$Z(f(t))=F(z)$，则满足初始条件

$$f(0)=f(T)=f(2T)=\cdots=f((k-1)T)=0$$

的超前k个采样周期T的函数$f(t+kT)$的Z变换为

$$Z(f(t+kT))=z^{k}F(z) \tag{3-37}$$

算子 z^k 的物理意义是表示了时域中的超前环节，把采样信号超前了 k 个采样周期。

滞后定理和超前定理是 Z 变换性质中的两个重要定理，其作用相当于拉氏变换中的微分和积分定理。应用滞后定理和超前定理可以将描述采样控制系统的差分方程转化为 Z 域中的代数方程。

初值定理：若连续信号 $f(t)$，有 $Z(f(t))=F(z)$，并且采样时间序列的初值存在，则有

$$f(0)=\lim_{z\to\infty}F(z) \tag{3-38}$$

终值定理：若连续信号 $f(t)$，有 $Z(f(t))=F(z)$，并且时间序列 $f(kT)$ $(k=1,2,\cdots)$ 为有限值，则极限 $\lim\limits_{k\to\infty}f(kT)$ 存在，有

$$f(\infty)=\lim_{k\to\infty}f(kT)=\lim_{z\to1}(z-1)F(z)=\lim_{z\to1}(1-z^{-1})F(z) \tag{3-39}$$

在采样控制系统中，常常用终值定理来计算系统的稳态误差。

卷积定理：在采样控制系统中，采样序列 $f_1^*(t)$ 和 $f_2^*(t)$ 从零时刻开始，即当 $t<0$ 时，$f_1^*(t)=0$，$f_2^*(t)=0$，则 $f_1^*(t),f_2^*(t)$ 的卷积定义为

$$f_1^*(t)*f_2^*(t)=\sum_{k=0}^{n}f_1(kT)f_2(nT-kT)$$

其 Z 变换为

$$Z(f_1^*(t)*f_2^*(t))=Z\left(\sum_{k=0}^{n}f_1(kT)f_2(nT-kT)\right)=F_1(z)F_2(z) \tag{3-40}$$

卷积定理说明，两个采样函数卷积的 Z 变换等于这两个采样函数相应的 Z 变换的乘积。在采样控制系统中，卷积定理是连接时域与 Z 域的桥梁。

(4) Z 反变换计算方法

与拉氏反变换相似，Z 反变换就是已知 Z 变换的表达式 $F(z)$，计算出其相应的时域内离散时间响应 $f(kT)=Z^{-1}(F(z))$。Z 反变换本质上是计算出离散时间序列 $f(kT)$ 或者采样信号 $f^*(t)$，而不是连续信号 $f(t)$。在采样控制系统中，常用差分方程来描述系统的数学模型，Z 变换可以把差分方程转换为脉冲传递函数，而 Z 反变换根据脉冲传递函数计算出采样系统的时间响应。Z 反变换计算方法有幂级数法、部分分式法和留数计算法。

方法 1：幂级数法。又称长除法，就是将 $F(z)$ 常用的有理分式利用长除法得到一个无穷级数的表达形式。若 $F(z)$ 的有理分式为

$$F(z)=\frac{b_m z^m+b_{m-1}z^{m-1}+\cdots+b_1 z+b_0}{z^n+a_{n-1}z^{n-1}+\cdots+a_2 z^2+a_1 z+a_0},n\geqslant m \tag{3-41}$$

式中，$a_i(i=1,2,\cdots,n-1)$、$b_j(j=1,2,\cdots,m)$ 为常数。对上式采用长除法，用分子多项式除以分母多项式得到

$$F(z)=c_0+c_1 z^{-1}+c_2 z^{-2}+\cdots+c_k z^{-k}+\cdots=\sum_{k=0}^{\infty}c_k z^{-k} \tag{3-42}$$

假设级数是收敛的，通过与 Z 变换定义式比较可知，系数 $c_k(k=0,1,2,\cdots)$ 对应于脉冲序列的幅值，因此，$F(z)$ 的 Z 反变换为

$$f(kT)=c_0\delta(t)+c_1\delta(t-T)+c_2\delta(t-2T)+\cdots+c_k\delta(t-kT)\cdots=\sum_{k=0}^{\infty}c_k\delta(t-kT) \tag{3-43}$$

幂级数法计算 Z 反变换，优点是计算简便，实际应用中只需要求出几项就可以。但是，该方法难于给出通项表达式的形式。

【例 3-7】 已知 $F(z)=\dfrac{z}{(z-1)(z-2)}$，用长除法求 Z 反变换。

解：$F(z)=\dfrac{z}{(z-1)(z-2)}=\dfrac{z}{z^2-3z+2}$

用长除法可求得

$$F(z)=\frac{z}{z^2-3z+2}=z^{-1}+3z^{-2}+7z^{-3}+\cdots$$

方法 2：部分分式法。又称查表法。该方法与拉氏反变换的部分分式法类似，首先将 $\dfrac{F(z)}{z}$进行部分分式展开，得到

$$\frac{F(z)}{z}=\frac{a_1}{z-a_1}+\frac{a_2}{z-a_2}+\cdots+\frac{a_k}{z-a_k} \tag{3-44}$$

然后，两边同乘以 z，得到 $F(z)$的部分分式展开式

$$F(z)=\frac{a_1z}{z-a_1}+\frac{a_2z}{z-a_2}+\cdots+\frac{a_kz}{z-a_k} \tag{3-45}$$

最后，通过查表得到采样时刻相应的脉冲序列表达式及采样函数

$$f^*(t)=\sum_{k=0}^{\infty}f(kT)\delta(t-kT) \tag{3-46}$$

【例 3-8】 已知 $F(z)=\dfrac{z}{(z-3)(z-4)}$，用部分分式法求 Z 反变换。

解：首先求$\dfrac{F(z)}{z}$

$$\frac{F(z)}{z}=\frac{1}{(z-3)(z-4)}=\frac{1}{z-4}-\frac{1}{z-3} \tag{3-47}$$

则，$F(z)$的部分分式表示为

$$F(z)=\frac{z}{z-4}-\frac{z}{z-3}$$

查表有$\dfrac{z}{z-a}=a^{\frac{t}{T}}$，则

$$f(kT)=4^{\frac{t}{T}}-3^{\frac{t}{T}}=4^k-3^k$$

因此，采样函数为

$$f^*(t)=\sum_{k=0}^{\infty}(4^k-3^k)\delta(t-kT) \tag{3-48}$$

方法 3：留数计算法。又称反演积分法。由于在实际问题中，函数 $F(z)$除了是有理函数外，还可能是超越函数，无法用部分分式法或级数求和法来计算 Z 反变换，只能采用留数计算法进行求解。

Z 变换定义式为

$$F(z)=\sum_{k=0}^{\infty}f(kT)z^{-k}=f(0)+f(T)z^{-1}+f(2T)z^{-2}+\cdots+f(kT)z^{-k}+\cdots \tag{3-49}$$

从上式可以看出 $F(z)$ 是 Z 平面上的级数，级数的各项系数 $f(0),f(T),f(2T),\cdots,f(kT)$ 可以通过积分的方法求得，此时需要用到留数定理，因此称为留数计算法。

3.4　离散系统的数学模型

连续系统的常见数学模型有微分方程、传递函数和状态空间方程，与连续系统分析类似，离散系统有相对应的数学模型：差分方程、脉冲传递函数和离散状态方程。本节主要介绍离散系统的这三种数学模型及其相互转换。

(1) 差分方程

在连续控制系统中，微分方程常用来描述系统输入信号和输出信号之间的关系，而在离散控制系统中，常用差分方程来描述离散系统的输入信号与输出信号之间的关系。

定义 1　所谓差分是指采样系统中两个采样信号之间的差值。例如，若采样输出信号为 $y(kT)$，采样周期 $T=1\text{s}$，连续两次采样时刻的信号分别为 $y(k+1)$ 与 $y(k)$，则 $y(k+1)-y(k)$ 就表示它们的差分。

实际应用中，常采用数学中的微商代替差分，如

$$\frac{\Delta y}{\Delta t}=\frac{y(k+1)-y(k)}{(k+1)T-kT}=\frac{y(k+1)-y(k)}{T} \tag{3-50}$$

差分又分为前向差分和后向差分。在采样控制系统中，经常应用的是后向差分，而前向差分较少使用。

定义 2　当前时刻 k 的各阶差分都依赖于当前时刻的采样值 $y(k)$ 和未来时刻 $k+1$, $k+2,\cdots$ 的采样值 $y(k+1)$，$y(k+2)$，…就称为前向差分。例如：$\Delta y=y(k+1)-y(k)$。

定义 3　当前时刻 k 的各阶差分都依赖于当前时刻的采样值 $y(k)$ 和历史时刻 $k-1$, $k-2,\cdots$ 的采样值 $y(k-1)$，$y(k-2)$，…就称为后向差分。例如：$\Delta y=y(k)-y(k-1)$。

下面根据连续系统的微分方程来推导出描述离散系统的差分方程。设连续系统的输入信号为 $x(t)$，输出信号为 $y(t)$，则一阶连续系统的微分方程表达为

$$T_1\frac{\mathrm{d}y}{\mathrm{d}t}+y(t)=k_1x(t) \tag{3-51}$$

将式中的微商 $\frac{\mathrm{d}y}{\mathrm{d}t}$ 近似用差分表示，即

$$\frac{\mathrm{d}y}{\mathrm{d}t}=\frac{y(k+1)-y(k)}{T} \tag{3-52}$$

并将其代到微分方程中可得

$$T_1\frac{y(k+1)-y(k)}{T}+y(t)=k_1x(k) \tag{3-53}$$

经整理得到

$$y(k+1)+ay(k)=bx(k) \tag{3-54}$$

式中，$a=\frac{T-T_1}{T_1}$；$b=\frac{k_1T}{T_1}$。

若连续系统是二阶的，则二阶微分方程为

$$T_1T_2\frac{\mathrm{d}^2y}{\mathrm{d}t^2}+(T_1+T_2)\frac{\mathrm{d}y}{\mathrm{d}t}+y(t)=k_1x(t) \tag{3-55}$$

离散化可得到相应的二阶差分方程。近似二阶差分为

$$\frac{\mathrm{d}^2y}{\mathrm{d}t^2}=\frac{\mathrm{d}}{\mathrm{d}t}\left[\frac{y(k+1)-y(k)}{T}\right]=\frac{y(k+2)-2y(k+1)+y(k)}{T^2} \tag{3-56}$$

将近似差分代入微分方程中，整理可得

$$y(k+2)+a_1y(k+1)+a_2y(k)=bx(k) \tag{3-57}$$

式中，$a_1=\left(\frac{1}{T_1}+\frac{1}{T_2}\right)T-2$；$a_2=1-\left(\frac{1}{T_1}+\frac{1}{T_2}\right)T+\frac{T^2}{T_1T_2}$；$b=\frac{k_1T^2}{T_1T_2}$。

一般地，n 阶微分方程离散化后得到的 n 阶差分方程为

$$\begin{aligned}y(k+n)+a_1y(k+n-1)+\cdots+a_{n-1}y(k+1)+a_ny(k)=b_0x(k+m)\\+b_1x(k+m-1)+\cdots+b_mx(k)，n\geqslant m\end{aligned} \tag{3-58}$$

【例 3-9】 已知某控制系统的数学模型为

$$\frac{\mathrm{d}^2y}{\mathrm{d}t^2}+4\frac{\mathrm{d}y}{\mathrm{d}t}+y(t)=u(t)$$

若取采样周期 $T=1\mathrm{s}$，请写出其相应采样系统的差分方程模型。

解：由于 $T=1\mathrm{s}$，则取

$$\frac{\mathrm{d}y}{\mathrm{d}t}=y(k+1)-y(k)$$

$$\frac{\mathrm{d}^2y}{\mathrm{d}t^2}=y(k+2)-2y(k+1)+y(k)$$

代入微分方程可得

$$y(k+2)-2y(k+1)+y(k)+4[y(k+1)-y(k)]+y(k)=u(k)$$

经整理，可得相应采样系统的差分方程为

$$y(k+2)+2y(k+1)-2y(k)=u(k)$$

(2) 脉冲传递函数

与用传递函数描述连续系统数学模型类似，在离散系统中，常用脉冲传递函数来描述系统模型，并对系统进行分析和设计。

定义 1 线性离散系统在零初始条件下，输出序列 $y(k)$ 的 Z 变换与输入序列 $r(k)$ 的 Z 变换之比，称为该系统的脉冲传递函数，记作

$$G(z)=\frac{Y(z)}{R(z)} \tag{3-59}$$

式中，$Y(z)=Z(y^*(t))$，$R(z)=Z(r^*(t))$。

在多数实际控制系统中，输出信号是连续信号而不是采样信号，为了能对系统使用脉冲传递函数，可以在系统的输出端虚拟一个采样开关，如图 3-14 中虚线所示开关，它与输入采样开关具有相同的采样周期，即与输入采样开关同步，所以输出端有无采样开关对脉冲传递函数的求取没有影响。实际系统中，这个虚拟开关是不存在的。

输入端必须要有采样开关，否则会影响到脉冲传递函数的存在。假设输入端无采样开关，则

$$Y(z)=Z(G(s)R(s))=GR(z) \tag{3-60}$$

由于输入信号不是脉冲序列，所以只能得到输出的脉冲序列 $Y(z)$，而无法根据定义得到脉冲传递函数。

为了说明脉冲传递函数的物理意义，下面从系统单位脉冲响应出发重新推导脉冲传递函数的公式。如图 3-14 所示，连续信号 $r(t)$经过采样开关后得到输入采样信号 $r^*(t)$，即

$$r^*(t)=\sum_{k=0}^{\infty}r(kT)\delta(t-kT) \tag{3-61}$$

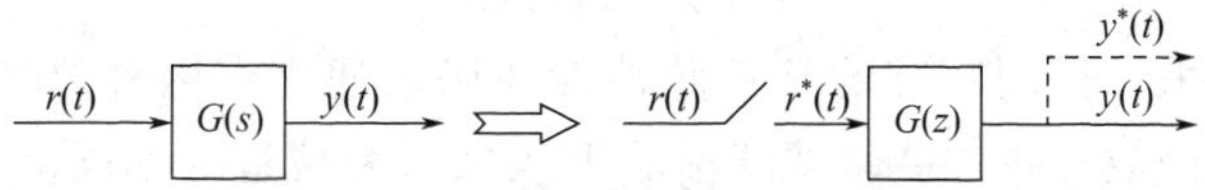

图 3-14 连续系统与采样系统示意图

由于系统对象为连续环节 $G(s)$，因此，在采样输入信号 $r^*(t)$作用下，系统输出信号 $y(t)$为连续信号，是一系列脉冲响应之和。

$$y(t)=r(0)g(t)+r(T)g(t-T)+\cdots+r(nT)g(t-nT) \tag{3-62}$$

式中，$g(t-nT)(n=0,1,2,\cdots)$为不同时刻单位脉冲响应函数，即 $g(t)=L^{-1}(G(s))$，$g(t-T)=L^{-1}(G(s)e^{-Ts})$，…。而 $t=kT$ 时刻采样输出值等于该时刻及以前所有时刻的脉冲在 kT 时刻的脉冲响应之和，即

$$\begin{aligned}y(kT)&=r(0)g(kT)+r(T)g(kT-T)+\cdots+r(nT)g(kT-nT)+\cdots\\&=\sum_{n=0}^{k}r(nT)g(kT-nT)\end{aligned} \tag{3-63}$$

系统脉冲响应 $g(t)$从 $t=0$ 以后才出现信号，所以 $t<0$ 时，$g(t)=0$。而当 $n>k$ 时，$g(kT-nT)=0$，即 kT 时刻以后（未来时刻）的脉冲不会在此时刻产生输出响应。因此，式(3-63) 又可以写成

$$y(kT)=\sum_{n=0}^{\infty}r(nT)g(kT-nT) \tag{3-64}$$

式(3-64) 两边同乘以 z^{-k}，并取和，则有

$$Y(z)=\sum_{k=0}^{\infty}y(kT)z^{-k}=\sum_{k=0}^{\infty}\sum_{n=0}^{\infty}r(nT)g(kT-nT)z^{-k} \tag{3-65}$$

令 $m=k-n$，则有

$$Y(z)=\sum_{m=-n}^{\infty}\sum_{n=0}^{\infty}r(nT)g(mT)z^{-(m+n)} \tag{3-66}$$

而当 $m<0$ 时，$g(mT)=0$，于是可得

$$Y(z)=\sum_{m=0}^{\infty}\sum_{n=0}^{\infty}r(nT)g(mT)z^{-(m+n)}=\sum_{m=0}^{\infty}g(mT)z^{-m}\sum_{n=0}^{\infty}r(nT)z^{-n}=G(z)R(z) \tag{3-67}$$

因此，系统的脉冲传递函数为

$$G(z)=\frac{Y(z)}{R(z)}=\sum_{m=0}^{\infty}g(mT)z^{-m} \tag{3-68}$$

由此可知，系统的脉冲传递函数是系统单位脉冲响应 $g(t)$经过采样后的信号 $g^*(t)$的 Z 变换。

脉冲传递函数的计算方法如下。

① 定义法。

$$G(z)=\frac{Y(z)}{R(z)}$$

② 单位脉冲响应序列的 Z 变换法。

$$G(z)=Z(g^*(t))$$

③ 传递函数的 Z 变换法。

$$G(z)=Z(G(s))$$

在开环状态下，采样控制系统的开环脉冲传递函数通常有两种典型结构，如图 3-15 所示，它们的脉冲传递函数计算主要取决于采样开关数目和位置的不同。

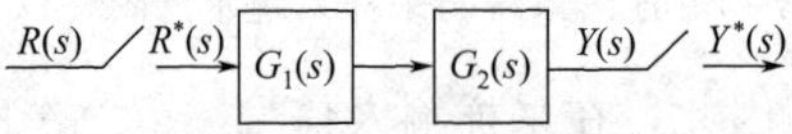

(a) $G(z)=G_1G_2(z)$

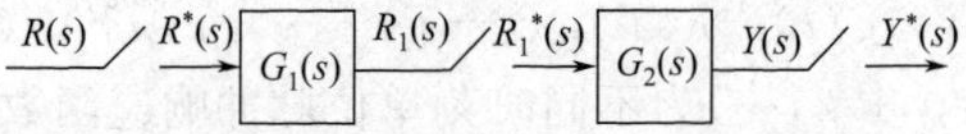

(b) $G(z)=G_1(z)G_2(z)$

图 3-15 典型开环采样系统结构示意图

图 3-15(a) 串联环节之间无同步采样开关

$$Y^*(s)=[G_1(s)G_2(s)R^*(s)]^* \tag{3-69}$$

则

$$G(z)=\frac{Y(z)}{R(z)}=\frac{Z(Y^*(s))}{Z(R^*(s))}=\frac{Z(G_1(s)G_2(s))^*Z(R^*(s))}{Z(R^*(s))}=G_1G_2(z) \tag{3-70}$$

图 3-15(b) 串联环节之间有同步采样开关

$$R_1(s)=G_1(s)R^*(s)，Y(s)=G_2(s)R_1^*(s) \tag{3-71}$$

则

$$R_1^*(s)=[G_1(s)R^*(s)]^*=G_1^*(s)R^*(s)$$

$$Y^*(s)=[G_2(s)R_1^*(s)]^*=G_2^*(s)R_1^*(s)=G_2^*(s)G_1^*(s)R^*(s)$$

$$G(z)=\frac{Y(z)}{R(z)}=\frac{Z(Y^*(s))}{Z(R^*(s))}=\frac{Z(G_2^*(s)G_1^*(s)R^*(s))}{Z(R^*(s))}=\frac{Z(G_2^*(s))Z(G_1^*(s))Z(R^*(s))}{Z(R^*(s))}$$
$$=G_1(z)G_2(z) \tag{3-72}$$

在求取采样控制系统的脉冲传递函数时，需要判断各个环节之间有无采样开关隔开。有无开关得到的脉冲传递函数完全不同，这一点与连续系统不同，连续系统的两个环节串联，其传递函数就等于两个环节传递函数的乘积。

与开环采样系统一样，在闭环情况下各个通道中环节之间有无采样开关相隔开，得到的闭环脉冲传递函数以及输出的 Z 变换是不同的。闭环采样系统的脉冲传递函数与闭环系统的结构、采样开关的数量和位置有密切关系。下面给出几种典型闭环采样系统的脉冲传递函数计算方法。

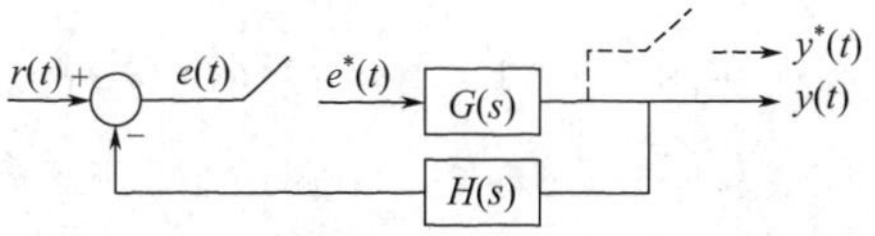

图 3-16　闭环采样控制系统结构示意图 1

典型系统结构 1：如图 3-16 所示的闭环采样控制系统，试给出其脉冲传递函数。

系统输出信号 $y(t)$ 的拉氏变换为

$$Y(s)=G(s)E^*(s) \tag{3-73}$$

误差信号 $e(t)$ 的拉氏变换为

$$E(s)=R(s)-H(s)Y(s) \tag{3-74}$$

经过采样开关采样后，得到采样信号 $e^*(t)$ 的拉氏变换为

$$E^*(s)=[E(s)]^*=[R(s)-H(s)Y(s)]^*=R^*(s)-[H(s)Y(s)]^* \tag{3-75}$$

把 $Y(s)$ 代入上式，得

$$E^*(s)=R^*(s)-[H(s)G(s)E^*(s)]^*=R^*(s)-[H(s)G(s)]^*E^*(s) \tag{3-76}$$

整理得到

$$E^*(s)=\frac{R^*(s)}{1+[H(s)G(s)]^*} \tag{3-77}$$

将式(3-77) 代入式(3-73)，得

$$Y(s)=\frac{G(s)R^*(s)}{1+[H(s)G(s)]^*} \tag{3-78}$$

于是

$$Y^*(s)=[Y(s)]^*=\left[\frac{G(s)R^*(s)}{1+[H(s)G(s)]^*}\right]^*=\frac{G^*(s)R^*(s)}{1+[H(s)G(s)]^*} \tag{3-79}$$

根据脉冲传递函数的定义，可得闭环采样控制系统的脉冲传递函数 $G_h(z)$ 为

$$G_h(z)=\frac{Y(z)}{R(z)}=\frac{G(z)}{1+HG(z)} \tag{3-80}$$

典型系统结构 2：如图 3-17(a) 与 (b) 所示的闭环采样控制系统，试给出其脉冲传递函数。

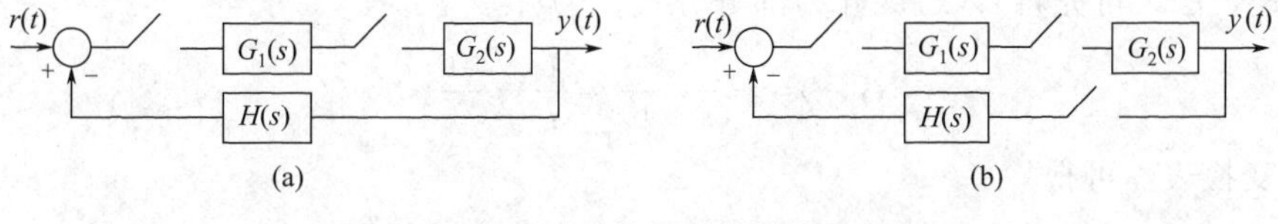

图 3-17　闭环采样控制系统结构示意图 2

这两个闭环采样系统结构类似，只不过采样开关数目和位置不同，那么它们的脉冲传递函数是否相同呢？忽略采样开关的情况下，它们具有相同的传递函数 $G(s)$，即

$$G(s)=\frac{G_1(s)G_2(s)}{1+H(s)G_1(s)G_2(s)} \tag{3-81}$$

查看通路之间的开关情况，在图 3-17(a) 中 $G_1(s)$ 与 $G_2(s)$ 之间有开关，$G_2(s)$ 与 $H(s)$ 之间没有开关，则脉冲传递函数为

$$G(z)=\frac{G_1(z)G_2(z)}{1+G_1(z)G_2H(z)} \tag{3-82}$$

而在图 3-17(b) 中，$G_2(s)$与$H(s)$之间是有开关的，则其脉冲传递函数为

$$G(z)=\frac{G_1(z)G_2(z)}{1+G_1(z)G_2(z)H(z)} \tag{3-83}$$

显然，这两个闭环采样系统结构由于开关的数目和位置不同，脉冲传递函数也不一样。闭环采样系统的脉冲传递函数的求取步骤如下。

步骤 1：查看输入端有无开关，如果有，则可以写出闭环脉冲传递函数，继续步骤 2，否则只能写出输出函数的 Z 变换。

步骤 2：取消全部采样开关，按照连续控制系统方法写出闭环传递函数。

步骤 3：加入采样开关（包括输出虚拟开关），改写脉冲传递函数，改写方法为：主通道对应分子，整个闭环回路对应分母，如果其中某个环节的两端均被采样开关隔开，则在闭环脉冲传递函数中此环节单独做 Z 变换，否则，两个无开关连接的环节先将其传递函数相乘，再将乘积做 Z 变换。

【例 3-10】 已知某开环系统的传递函数为

$$G(s)=\frac{1}{s(s+1)}$$

求相应的脉冲传递函数。

解：先求系统单位脉冲响应。

$$g(t)=L^{-1}(G(s))=L^{-1}\left(\frac{1}{s(s+1)}\right)=L^{-1}\left(\frac{1}{s}-\frac{1}{s+1}\right)=1-\mathrm{e}^{t}$$

单位脉冲响应序列则为

$$g^*(t)=\sum_{n=0}^{\infty}g(nT)\delta(t-nT)=\sum_{n=0}^{\infty}(1-\mathrm{e}^{nT})\delta(t-nT)$$

根据 Z 变换的定义，脉冲传递函数为

$$G(z)=\sum_{n=0}^{\infty}g(nT)z^{-n}=\sum_{n=0}^{\infty}(1-\mathrm{e}^{nT})z^{-n}$$

$$=\sum_{n=0}^{\infty}(z^{-n}-\mathrm{e}^{nT}z^{-n})=\frac{z}{z-1}-\frac{z}{z-\mathrm{e}^{-T}}=\frac{z(1-\mathrm{e}^{-T})}{(z-1)(z-\mathrm{e}^{-T})}$$

若用查表法，可先将 $G(s)$展开为部分分式。

$$G(s)=\frac{1}{s(s+1)}=\frac{1}{s}-\frac{1}{s+1}$$

然后查 Z 变换表，可得

$$G(z)=\frac{z}{z-1}-\frac{z}{z-\mathrm{e}^{-T}}=\frac{z(1-\mathrm{e}^{-T})}{(z-1)(z-\mathrm{e}^{-T})}$$

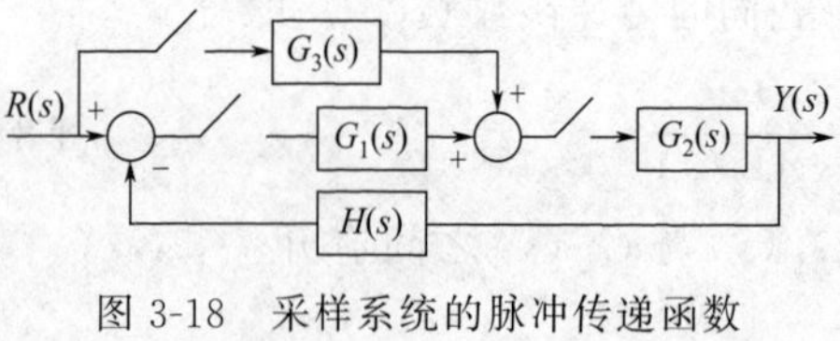

图 3-18 采样系统的脉冲传递函数

【例 3-11】 求图 3-18 所示采样系统的脉冲传递函数。

解：先忽略开关，直接计算整个闭环系统的传递函数，然后考虑环节之间是否有开关，再获得脉冲传递函数。在不考虑开关的情况下，根据

信号流向，闭环系统的传递信号 $G(s)$ 可由下式求得。

$$\{R(s)G_3(s)+[R(s)-H(s)Y(s)]G_1(s)\}G_2(s)=Y(s)$$

即

$$G(s)=\frac{Y(s)}{R(s)}=\frac{G_1(s)G_2(s)+G_2(s)G_3(s)}{1+G_1(s)G_2(s)H(s)}$$

确认在信号通路上各个模块之间是否有开关，如 $G_1(s)$ 与 $G_2(s)$ 之间有开关，$G_2(s)$ 与 $G_3(s)$ 之间也有开关，而 $G_2(s)$ 与 $H(s)$ 之间没有开关，则脉冲传递函数可写为

$$G(z)=\frac{Y(z)}{R(z)}=\frac{G_1(z)G_2(z)+G_2(z)G_3(z)}{1+G_1(z)G_2H(z)}$$

(3) 离散状态空间表达式

在离散系统中与连续系统状态方程相对应的数学模型是离散状态空间表达式，它是通过对连续系统状态方程离散化得到的。已知线性定常系统的状态空间表达式为

$$\begin{cases}\dot{\boldsymbol{x}}(t)=\boldsymbol{Ax}(t)+\boldsymbol{Bu}(t)\\ \boldsymbol{y}(t)=\boldsymbol{Cx}(t)+\boldsymbol{Du}(t)\end{cases}\tag{3-84}$$

则其对应的离散系统数学模型的离散状态方程为

$$\begin{cases}\boldsymbol{x}[(k+1)T]=\boldsymbol{Gx}(kT)+\boldsymbol{Hu}(kT)\\ \boldsymbol{y}(kT)=\boldsymbol{Cx}(kT)+\boldsymbol{Du}(kT)\end{cases}\tag{3-85}$$

式中，$\boldsymbol{G},\boldsymbol{H},\boldsymbol{C},\boldsymbol{D}$ 均为常数矩阵，且 $\boldsymbol{G}=\mathrm{e}^{\boldsymbol{A}T}$，$\boldsymbol{H}=\int_0^T \mathrm{e}^{\boldsymbol{A}T}\boldsymbol{B}\,\mathrm{d}t$；$T$ 为采样周期。

① 精确离散化方程　对于连续系统状态方程的状态响应

$$\boldsymbol{x}(t)=\mathrm{e}^{\boldsymbol{A}(t-t_0)}\boldsymbol{x}(t_0)+\int_{t_0}^{t}\mathrm{e}^{\boldsymbol{A}(t-\tau)}\boldsymbol{Bu}(\tau)\mathrm{d}\tau\tag{3-86}$$

考虑采样时刻 $t_0=kT$ 到 $t=(k+1)T$ 时刻这一采样周期内的解，则离散系统的解为

$$\boldsymbol{x}[(k+1)T]=\mathrm{e}^{\boldsymbol{A}T}\boldsymbol{x}(kT)+\int_{kT}^{(k+1)T}\mathrm{e}^{\boldsymbol{A}[(k+1)T-\tau]}\boldsymbol{Bu}(\tau)\mathrm{d}\tau\tag{3-87}$$

在一个采样周期 $kT<t<(k+1)T$ 内，$\boldsymbol{u}(t)$ 为零阶保持器输出，故 $\boldsymbol{u}(t)\equiv\boldsymbol{u}(kT)$。

令 $t=(k+1)T-\tau$，则 $\mathrm{d}t=-\mathrm{d}\tau$，式(3-87) 变形为

$$\begin{aligned}\boldsymbol{x}[(k+1)T]&=\mathrm{e}^{\boldsymbol{A}T}\boldsymbol{x}(kT)-\boldsymbol{Bu}(kT)\int_T^0\mathrm{e}^{\boldsymbol{A}t}\,\mathrm{d}t\\&=\mathrm{e}^{\boldsymbol{A}T}\boldsymbol{x}(kT)+\boldsymbol{u}(kT)\int_0^T\mathrm{e}^{\boldsymbol{A}t}\boldsymbol{B}\,\mathrm{d}t\end{aligned}\tag{3-88}$$

因此，可得

$$\boldsymbol{G}=\mathrm{e}^{\boldsymbol{A}T},\ \boldsymbol{H}=\int_0^T\mathrm{e}^{\boldsymbol{A}T}\boldsymbol{B}\,\mathrm{d}t$$

② 近似离散化方程　采用数学中的微商思想，即用

$$\frac{\boldsymbol{x}[(k+1)T]-\boldsymbol{x}(kT)}{T}\tag{3-89}$$

代替连续系统中状态的导数 $\dot{\boldsymbol{x}}(t)$，于是有

$$\frac{\boldsymbol{x}[(k+1)T]-\boldsymbol{x}(kT)}{T}=\boldsymbol{Ax}(kT)+\boldsymbol{Bu}(kT)\tag{3-90}$$

经过整理得到

$$\boldsymbol{x}[(k+1)T]=(\boldsymbol{I}-\boldsymbol{A}T)\boldsymbol{x}(kT)+\boldsymbol{B}T\boldsymbol{u}(kT)\tag{3-91}$$

可得

$$G=I-AT，H=BT$$

当采样周期非常小时，这种近似的精度是可以接受的。

【例 3-12】 已知如下系统，试求其离散状态空间表达式。

$$\dot{x}=\begin{pmatrix}0&1\\0&-1\end{pmatrix}x+\begin{pmatrix}0\\1\end{pmatrix}u，y=(1\quad 0)x$$

解：① 精确化离散方法。

$$e^{At}=L^{-1}((sI-A)^{-1})=\begin{pmatrix}1&1-e^{-t}\\0&e^{-t}\end{pmatrix}$$

$$G=e^{AT}=\begin{pmatrix}1&1-e^{-T}\\0&e^{-T}\end{pmatrix}$$

$$H=\int_0^T e^{AT}B\,dt=\int_0^T\begin{pmatrix}1-e^{-T}\\e^{-T}\end{pmatrix}dt=\begin{pmatrix}T+e^{-T}-1\\1-e^{-T}\end{pmatrix}$$

当采样周期 $T=0.1s$ 时，有

$$G=\begin{pmatrix}1&1-e^{-0.1}\\0&e^{-0.1}\end{pmatrix}=\begin{pmatrix}1&0.095\\0&0.905\end{pmatrix}，H=\begin{pmatrix}1+e^{-0.1}-1\\1-e^{-0.1}\end{pmatrix}=\begin{pmatrix}0.005\\0.095\end{pmatrix}$$

当采样周期 $T=1.0s$ 时，有

$$G=\begin{pmatrix}1&1-e^{-1}\\0&e^{-1}\end{pmatrix}=\begin{pmatrix}1&0.632\\0&0.368\end{pmatrix}，H=\begin{pmatrix}0.1+e^{-1}-1\\1-e^{-1}\end{pmatrix}=\begin{pmatrix}-0.532\\0.632\end{pmatrix}$$

② 近似化离散方法。

$$G=I-AT=\begin{pmatrix}1&T\\0&1-T\end{pmatrix}，H=BT=\begin{pmatrix}0\\T\end{pmatrix}$$

当采样周期 $T=0.1s$ 时，有

$$G=I-AT=\begin{pmatrix}1&0.1\\0&0.9\end{pmatrix}，H=\begin{pmatrix}0\\0.1\end{pmatrix}$$

当采样周期 $T=1.0s$ 时，有

$$G=I-AT=\begin{pmatrix}1&1\\0&0\end{pmatrix}，H=\begin{pmatrix}0\\1\end{pmatrix}$$

（4）离散系统模型之间的相互转换

差分方程与脉冲传递函数之间的相互转换：差分方程是离散系统时域表达，而脉冲传递函数是离散系统的 Z 域表达，这两种数学模型之间可以通过 Z 变换与 Z 反变换进行相互转换。

已知系统的 n 阶差分方程为

$$\begin{aligned}&y(k+n)+a_{n-1}y(k+n-1)+\cdots+a_1y(k+1)+a_0y(k)\\&=b_mr(k+m)+b_{m-1}r(k+m-1)+\cdots+b_0r(k)，n\geqslant m\end{aligned}$$

根据 Z 变换的超前定理，在初始条件为零的条件下，上式两边同时做 Z 变换，可得

$$(z^n+a_{n-1}z^{n-1}+\cdots+a_1z+a_0)Y(z)=(b_mz^m+b_{m-1}z^{m-1}+\cdots+b_1z+b_0)R(z)$$

则采样系统的脉冲传递函数为

$$G(z)=\frac{Y(z)}{R(z)}=\frac{b_m z^m+b_{m-1}z^{m-1}+\cdots+b_1 z+b_0}{z^n+a_{n-1}z^{n-1}+\cdots+a_1 z+a_0}$$

由于脉冲传递函数是在零初始条件下定义的，因此，只有在零初始条件下，差分方程与脉冲传递函数才可以相互转换。

反之，已知系统的脉冲传递函数，可以对其做 Z 反变换，然后得到前向差分或后向差分的表达式，从而获得系统差分方程。在离散系统的理论计算及推导中常采用前向差分的形式，而实际的计算机控制系统中常采用后向差分的形式。

【例 3-13】 在初始条件为零的条件下，求系统差分方程相对应的脉冲传递函数。

① $y(k+2)+2y(k+1)+3y(k)=r(k+1)-2r(k)$

② $y(k)-5y(k-1)-6y(k-2)=r(k)$

解：① 利用 Z 变换超前定理，对差分方程进行 Z 变换，得

$$z^2Y(z)+2zY(z)+3Y(z)=zR(z)-2R(z)$$

经整理可得

$$G(z)=\frac{Y(z)}{R(z)}=\frac{z-2}{z^2+2z+3}$$

② 利用 Z 变换滞后定理，对差分方程进行 Z 变换，得

$$Y(z)-5z^{-1}Y(z)-6z^{-2}Y(z)=R(z)$$

经整理可得

$$G(z)=\frac{Y(z)}{R(z)}=\frac{1}{1-5z^{-1}-6z^{-2}}=\frac{z^2}{z^2-5z-6}$$

【例 3-14】 已知采样系统中某控制器脉冲传递函数为

$$D(z)=\frac{U(z)}{E(z)}=\frac{z+1}{z^2+5z+6}$$

求其相应的差分方程。

解：由脉冲传递函数得

$$z^2U(z)+5zU(z)+6U(z)=zE(z)+E(z)$$

对上式进行 Z 反变换，得前向差分方程为

$$u(k+2)+5u(k+1)+6u(k)=e(k+1)+e(k)$$

或后向差分方程为

$$u(k)+5u(k-1)+6u(k-2)=e(k-1)+e(k-2)$$

差分方程与离散状态空间表达式之间的相互转换：线性离散系统差分方程转换为离散状态空间表达式的方法与连续系统的微分方程转换为状态空间表达式方法类似，通过选取状态变量，转换为离散状态空间表达式。而由于离散状态空间表达式转换为差分方程时，直接转换比较复杂，通常是先将离散状态空间表达式转换为脉冲传递函数，然后再求差分方程。下面分两种情况讨论差分方程向离散状态空间表达式的转换。

① 输入变量不含有高于一阶差分时，差分方程转换为离散状态空间表达式。对于一个单输入-单输出的 n 阶差分方程

$$y(k+n)+a_{n-1}y(k+n-1)+\cdots+a_1 y(k+1)+a_0 y(k)=b_0 r(k)$$

首先，选取状态变量

$$x_1(k)=y(k)$$

$$x_2(k)=y(k+1)$$
$$\vdots$$
$$x_n(k)=y(k+n-1)$$

然后，计算状态变量 $k+1$ 时刻的值，可得

$$x_1(k+1)=y(k+1)=x_2(k)$$
$$x_2(k+1)=y(k+2)=x_3(k)$$
$$\vdots$$
$$x_n(k+1)=y(k+n)=-a_0x_1(k)-a_1x_2(k)-\cdots-a_{n-1}x_n(k)+b_0r(k)$$

写成矩阵形式可得

$$\begin{pmatrix} x_1(k+1) \\ x_2(k+1) \\ \vdots \\ x_n(k+1) \end{pmatrix}=\begin{pmatrix} 0 & 1 & 0 & \cdots & 0 & 0 \\ 0 & 0 & 1 & \cdots & 0 & 0 \\ \vdots & \vdots & \vdots & & \vdots & \vdots \\ 0 & 0 & 0 & \cdots & 1 & 0 \\ 0 & 0 & 0 & \cdots & 0 & 1 \\ -a_0 & -a_1 & -a_2 & \cdots & -a_{n-2} & -a_{n-1} \end{pmatrix}\begin{pmatrix} x_1(k) \\ x_2(k) \\ \vdots \\ x_{n-2}(k) \\ x_{n-1}(k) \\ x_n(k) \end{pmatrix}+\begin{pmatrix} 0 \\ 0 \\ \vdots \\ 0 \\ 0 \\ b_0 \end{pmatrix}r(k)$$

$$y(k)=(1 \quad 0 \quad 0 \quad \cdots \quad 0 \quad 0)\begin{pmatrix} x_1(k) \\ x_2(k) \\ \vdots \\ x_{n-2}(k) \\ x_{n-1}(k) \\ x_n(k) \end{pmatrix}$$

② 输入变量含有高于一阶差分时，差分方程转换为离散状态方程空间表达式比较复杂，本书不再详述。

【例 3-15】 若线性离散系统的运动状态由差分方程描述，即

$$y(k+3)+2y(k+2)+5y(k+1)+6y(k)=2r(k)$$

试写出该系统的状态空间方程。

解：选择状态变量

$$x_1(k)=y(k)$$
$$x_2(k)=y(k+1)$$
$$x_3(k)=y(k+2)$$

于是有

$$x_1(k+1)=y(k+1)=x_2(k)$$
$$x_2(k+1)=y(k+2)=x_3(k)$$
$$x_3(k+1)=y(k+3)=-2y(k+2)-5y(k+1)-6y(k)+2r(k)$$
$$\Rightarrow x_3(k+1)=-6x_1(k)-5x_2(k)-2x_3(k)+2r(k)$$

写成矩阵形式有

$$\begin{pmatrix} x_1(k+1) \\ x_2(k+1) \\ x_3(k+1) \end{pmatrix}=\begin{pmatrix} 0 & 1 & 0 \\ 0 & 0 & 1 \\ -6 & -5 & -2 \end{pmatrix}\begin{pmatrix} x_1(k) \\ x_2(k) \\ x_3(k) \end{pmatrix}+\begin{pmatrix} 0 \\ 0 \\ 2 \end{pmatrix}r(k)$$

$$y(k)=(1\quad 0\quad 0)\begin{pmatrix}x_1(k)\\x_2(k)\\x_3(k)\end{pmatrix}$$

脉冲传递函数与离散状态空间表达式之间的相互转换：根据脉冲传递函数求取离散状态空间表达式也称为实现问题。当采用模拟器件实现系统的数学模型时，需要把微分方程或脉冲传递函数转换为离散状态空间表达式，然后，根据离散状态变量图可以得到系统的物理实现。如果用计算机来实现控制系统仿真，则需要把数学模型转换为信号流程图或状态变量图，得到仿真模块图进行编程。由脉冲传递函数转换为离散状态空间表达式的方法有直接程序法、嵌套程序法、并联程序法、串联程序法。

由离散状态空间表达式转换为脉冲传递函数，首先将离散状态空间表达式进行 Z 变换，然后，在零初始条件下消去中间变量，就可以得到脉冲传递函数。已知离散系统状态空间表达式为

$$\begin{cases}\boldsymbol{x}(k+1)=\boldsymbol{G}\boldsymbol{x}(k)+\boldsymbol{H}\boldsymbol{u}(k)\\ \boldsymbol{y}(k)=\boldsymbol{C}\boldsymbol{x}(k)+\boldsymbol{D}\boldsymbol{u}(k)\end{cases} \tag{3-92}$$

先对式(3-92) 做 Z 变换，可得

$$z\boldsymbol{X}(z)=\boldsymbol{G}\boldsymbol{X}(z)+\boldsymbol{H}\boldsymbol{U}(z) \tag{3-93}$$

$$\boldsymbol{Y}(z)=\boldsymbol{C}\boldsymbol{X}(z)+\boldsymbol{D}\boldsymbol{U}(z) \tag{3-94}$$

将式

$$\boldsymbol{X}(z)=(z\boldsymbol{I}-\boldsymbol{G})^{-1}\boldsymbol{H}\boldsymbol{U}(z) \tag{3-95}$$

代入输出方程式(3-94)，可得

$$\boldsymbol{Y}(z)=[\boldsymbol{C}(z\boldsymbol{I}-\boldsymbol{G})^{-1}\boldsymbol{H}+\boldsymbol{D}]\boldsymbol{U}(z) \tag{3-96}$$

则脉冲传递函数为

$$\boldsymbol{G}(z)=\frac{\boldsymbol{Y}(z)}{\boldsymbol{U}(z)}=\boldsymbol{C}(z\boldsymbol{I}-\boldsymbol{G})^{-1}\boldsymbol{H}+\boldsymbol{D} \tag{3-97}$$

对于单输入-单输出系统来说，$G(z)$是一个脉冲传递函数，而对于多输入-多输出系统来说，$\boldsymbol{G}(z)$是一个脉冲传递函数阵。

3.5 离散系统的求解

(1) 差分方程的求解

已知线性离散系统的差分方程，求出满足该方程的系统输出序列称为差分方程的求解。差分方程的求解方法有经典法、迭代法和 Z 变换法。在控制工程中，常用的方法是迭代法和 Z 变换法。

① 经典法　与连续系统的微分方程求解类似，差分方程的解由通解和特解两部分组成。通解对应于差分方程零输入时的解，代表系统无外力作用下的自由运动，反映了离散系统自身的特性。而特解的形式与离散系统的输入有关，反映了系统在外加作用下的强迫运动。

【例 3-16】 若描述某离散系统的差分方程为

$$y(k)-5y(k-1)+6y(k-2)=u(k)$$

输入序列 $u(k)=1$，输出序列的初始条件为 $y(0)=1$，$y(1)=6$，试求系统的输出序列 $y(k)$。

解：由特征方程：$\lambda^2-5\lambda+6=0$，可得：$\lambda_1=2$，$\lambda_2=3$。差分方程的零输入响应（通解）为

$$y_h(k)=C_1 2^k+C_2 3^k$$

当输入 $u(k)=1$ 时，将 $y_p(k)=P\times u(k)=P$ 代入差分方程中可得

$$y_p(k)-5y_p(k-1)+6y_p(k-2)=u(k)\Rightarrow P-5P+6P=1\Rightarrow P=\frac{1}{2}$$

于是，差分方程的零状态响应（特解）为：$y_p(k)=\frac{1}{2}$。

所以，差分方程的解为

$$y(k)=y_h(k)+y_p(k)=C_1 2^k+C_2 3^k+\frac{1}{2}$$

将初始条件 $y(0)=1$，$y(1)=6$ 直接代入得：$C_1+C_2+\frac{1}{2}=1$，$2C_1+3C_2+\frac{1}{2}=6$。

解得：$C_1=-4$，$C_2=\frac{9}{2}$。

因此：$y(k)=-4\times 2^k+\frac{9}{2}\times 3^k+\frac{1}{2}$。

【例 3-17】 某离散系统的差分方程为

$$y(k)+4y(k-1)+4y(k-2)=u(k)$$

输入序列 $u(k)=2^k$，输出序列的初始条件为 $y(0)=0$，$y(1)=-1$，试求系统的输出序列 $y(k)$。

解：由特征方程 $\lambda^2+4\lambda+4=0$，可得：$\lambda_1=\lambda_2=-2$。差分方程的零输入响应（通解）为

$$y_h(k)=(C_1k+C_2)(-2)^k$$

当输入 $u(k)=2^k$ 时，将 $y_p(k)=P\times u(k)=P\times 2^k$ 代入差分方程中可得

$$\begin{aligned}&y_p(k)+4y_p(k-1)+4y_p(k-2)=u(k)\\&\Rightarrow P\times 2^k+4P\times 2^{k-1}+4P\times 2^{k-2}=2^k\\&\Rightarrow P=\frac{1}{4}\end{aligned}$$

于是，差分方程的零状态响应（特解）为：$y_p(k)=\frac{1}{4}\times u(k)=2^{k-2}$。

所以，差分方程的解为

$$y(k)=y_h(k)+y_p(k)=(C_1k+C_2)(-2)^k+2^{k-2}$$

将初始条件 $y(0)=0$，$y(1)=-1$ 直接代入得：$C_2+\frac{1}{4}=0$，$(C_1+C_2)(-2)+\frac{1}{2}=-1$。

解得：$C_1=1$，$C_2=-\frac{1}{4}$。

因此：$y(k)=(k-\frac{1}{4})\times(-2)^k+2^{k-2}$。

② 迭代法 已知给定输出序列的初值，将差分方程改写成递推关系式，然后利用递推关系式求出离散输出序列。该方法采用计算机求解是非常方便的。迭代法一般不易得到解析形式的解（闭合解）。

【例 3-18】 若描述某离散系统的差分方程为

$$y(k)-5y(k-1)+6y(k-2)=u(k)$$

输入序列 $u(k)=1$，输出序列的初始条件为 $y(0)=1$，$y(1)=6$。试用迭代法求系统的输出序列。

解：根据差分方程可以得到递推关系式为 $y(k)=5y(k-1)-6y(k-2)+u(k)$，代入初始条件可得

$$y(0)=1$$

$$y(1)=6$$

$$y(2)=5y(1)-6y(0)+u(2)=25$$

$$y(3)=5y(2)-6y(1)+u(3)=90$$

$$\vdots$$

③ Z 变换法 先对差分方程做 Z 变换，利用 Z 变换的滞后定理和超前定理，得到相应的代数方程，将初始条件代入后，然后求出代数方程的解 $Y(z)$，再取 Z 反变换，从而得到离散输出序列 $y(k)$。

【例 3-19】 若描述某离散系统的差分方程为

$$y(k+2)-5y(k+1)+6y(k)=u(k)$$

输入序列 $u(k)=1$，输出序列的初始条件为 $y(0)=0$，$y(1)=0$。试求系统的输出序列 $y(k)$。

解：在零初始条件下，对差分方程做 Z 变换，得

$$z^2Y(z)-5zY(z)+6Y(z)=U(z)$$

于是有

$$Y(z)=\frac{U(z)}{z^2-5z+6}$$

由于单位阶跃输入的 Z 变换 $U(z)=\frac{z}{z-1}$，因此

$$Y(z)=\frac{z}{(z-1)(z-2)(z-3)}=z\left(\frac{1/2}{z-1}+\frac{-1}{z-2}+\frac{1/2}{z-3}\right)$$

进行 Z 反变换得到

$$y(k)=0.5\times1^k-2^k+0.5\times3^k$$

【例 3-20】 用 Z 变换法求解差分方程

$$y(k+2)+3y(k+1)+2y(k)=0$$

初始条件为 $y(0)=0$，$y(1)=1$。

解：由 Z 变换的超前定理

$$Z(y(k+2))=z^2Y(z)-z^2y(0)-zy(1)=z^2Y(z)-z$$

$$Z(y(k+1))=zY(z)-zy(0)=zY(z)$$

可得

$$z^2Y(z)-z+3zY(z)+2Y(z)=0$$

整理有

$$Y(z)=\frac{z}{z^2+3z+2}$$

展开为部分分式，可得

$$\frac{Y(z)}{z}=\frac{1}{z^2+3z+2}=\frac{1}{z+1}-\frac{1}{z+2}$$

所以，$Y(z)$为

$$Y(z)=\frac{z}{z+1}-\frac{z}{z+2}$$

查表，可得

$$y(k)=(-1)^k-(-2)^k, k=0,1,2,\cdots$$

(2) 离散状态方程的求解

离散状态方程的求解方法有经典法、迭代法和 Z 变换法。在控制工程中，常用的方法是迭代法和 Z 变换法。

① 迭代法　已知离散系统状态空间表达式为

$$\begin{cases}\boldsymbol{x}(k+1)=\boldsymbol{G}\boldsymbol{x}(k)+\boldsymbol{H}\boldsymbol{u}(k)\\ \boldsymbol{y}(k)=\boldsymbol{C}\boldsymbol{x}(k)+\boldsymbol{D}\boldsymbol{u}(k)\end{cases} \tag{3-98}$$

给定状态初始条件和输入的情况下，可以得到递推关系式为

$$\begin{aligned}
&\boldsymbol{x}(1)=\boldsymbol{G}\boldsymbol{x}(0)+\boldsymbol{H}\boldsymbol{u}(0)\\
&\boldsymbol{x}(2)=\boldsymbol{G}\boldsymbol{x}(1)+\boldsymbol{H}\boldsymbol{u}(1)=\boldsymbol{G}^2\boldsymbol{x}(0)+\boldsymbol{G}\boldsymbol{H}\boldsymbol{u}(0)+\boldsymbol{H}\boldsymbol{u}(1)\\
&\boldsymbol{x}(3)=\boldsymbol{G}\boldsymbol{x}(2)+\boldsymbol{H}\boldsymbol{u}(2)=\boldsymbol{G}^3\boldsymbol{x}(0)+\boldsymbol{G}^2\boldsymbol{H}\boldsymbol{u}(0)+\boldsymbol{G}\boldsymbol{H}\boldsymbol{u}(1)+\boldsymbol{H}\boldsymbol{u}(2)\\
&\vdots\\
&\boldsymbol{x}(k)=\boldsymbol{G}\boldsymbol{x}(k-1)+\boldsymbol{H}\boldsymbol{u}(k-1)=\boldsymbol{G}^k\boldsymbol{x}(0)+\sum_{i=0}^{k-1}\boldsymbol{G}^{k-i-1}\boldsymbol{H}\boldsymbol{u}(i)
\end{aligned}$$

在离散系统状态方程的解中，第 k 个采样时刻的状态只取决于之前的 $k-1$ 个输入采样值，而与第 k 个及以后的采样值无关。

与连续系统状态方程的运动解相类似，离散系统状态方程的解由两部分组成：初始状态引起的自由运动响应和外加输入引起的受迫运动响应。

令 $\boldsymbol{\phi}(k)=\boldsymbol{G}^k$，称为离散系统状态转移矩阵。离散系统状态转移矩阵 $\boldsymbol{\phi}(k)$具有如下性质。

(a) $\boldsymbol{\phi}(k+1)=\boldsymbol{G}^{k+1}=\boldsymbol{G}\boldsymbol{G}^k=\boldsymbol{G}\boldsymbol{\phi}(k)$。

(b) $\boldsymbol{\phi}(0)=\boldsymbol{I}$。

(c) $\boldsymbol{\phi}^{-1}(k)=\boldsymbol{\phi}(-k)$。

(d) $\boldsymbol{\phi}(k,0)=\boldsymbol{\phi}(k,k_0)\boldsymbol{\phi}(k_0,0)$。

(e) $\boldsymbol{\phi}^{-1}(k,k_0)=\boldsymbol{\phi}(k_0,k)$。

根据离散系统状态转移矩阵定义，离散系统的解还可以写成

$$\begin{cases} \boldsymbol{x}(k)=\boldsymbol{\phi}(k)\boldsymbol{x}(0)+\sum\limits_{i=0}^{k-1}\boldsymbol{\phi}(k-i-1)\boldsymbol{Hu}(i) \\ \boldsymbol{y}(k)=\boldsymbol{C\phi}(k)\boldsymbol{x}(0)+\boldsymbol{C}\sum\limits_{i=0}^{k-1}\boldsymbol{\phi}(k-i-1)\boldsymbol{Hu}(i)+\boldsymbol{Du}(k) \end{cases} \tag{3-99}$$

迭代法求解离散状态方程的解，通常只能得到有限项的输出序列，而难以得到数学解析式。

② Z 变换法　先对离散状态方程做 Z 变换，利用 Z 变换的超前定理，得到以 z 为变量的代数方程为

$$z\boldsymbol{X}(z)-z\boldsymbol{X}(0)=\boldsymbol{GX}(z)+\boldsymbol{HU}(z) \tag{3-100}$$

整理可得

$$\boldsymbol{X}(z)=(z\boldsymbol{I}-\boldsymbol{G})^{-1}[z\boldsymbol{X}(0)+\boldsymbol{HU}(z)] \tag{3-101}$$

将初始条件代入后，然后再取 Z 反变换可得

$$\boldsymbol{x}(k)=Z^{-1}((z\boldsymbol{I}-\boldsymbol{G})^{-1}z\boldsymbol{X}(0))+Z^{-1}((z\boldsymbol{I}-\boldsymbol{G})^{-1}\boldsymbol{HU}(z)) \tag{3-102}$$

与迭代法的解相比可得

$$\boldsymbol{\phi}(k)=\boldsymbol{G}^k=Z^{-1}((z\boldsymbol{I}-\boldsymbol{G})^{-1}z) \tag{3-103}$$

用 Z 变换法求解离散状态方程的解，可以得到离散状态变量和输出变量的数学解析表达式。

【例 3-21】 已知离散系统状态方程

$$\boldsymbol{x}(k+1)=\begin{pmatrix}0 & 1\\ -0.16 & -1\end{pmatrix}\boldsymbol{x}(k)+\begin{pmatrix}1\\1\end{pmatrix}\boldsymbol{u}(k),\ \boldsymbol{x}(0)=\begin{pmatrix}1\\-1\end{pmatrix}$$

求单位阶跃输入时离散状态方程的解。

解：先计算 $(z\boldsymbol{I}-\boldsymbol{G})^{-1}$ 得

$$(z\boldsymbol{I}-\boldsymbol{G})^{-1}=\begin{pmatrix}z & -1\\ 0.16 & z+1\end{pmatrix}^{-1}=\frac{1}{(z+0.2)(z+0.8)}\begin{pmatrix}z+1 & 1\\ -0.16 & z\end{pmatrix}$$

然后计算

$$z\boldsymbol{X}(0)+\boldsymbol{HU}(z)=\begin{pmatrix}z\\ -z\end{pmatrix}+\begin{pmatrix}1\\1\end{pmatrix}\frac{z}{z-1}=\begin{pmatrix}\dfrac{z^2}{z-1}\\ \dfrac{2z-z^2}{z-1}\end{pmatrix}$$

于是有

$$\begin{aligned}\boldsymbol{X}(z)&=\frac{1}{(z+0.2)(z+0.8)}\begin{pmatrix}z+1 & 1\\ -0.16 & z\end{pmatrix}\begin{pmatrix}\dfrac{z^2}{z-1}\\ \dfrac{2z-z^2}{z-1}\end{pmatrix}\\ &=\begin{pmatrix}-\dfrac{17}{6}\times\dfrac{z}{z+0.2}+\dfrac{22}{9}\quad\dfrac{z}{z+0.8}+\dfrac{25}{18}\times\dfrac{z}{z-1}\\ \dfrac{17}{30}\times\dfrac{z}{z+0.2}-\dfrac{88}{45}\quad\dfrac{z}{z+0.8}+\dfrac{7}{18}\times\dfrac{z}{z-1}\end{pmatrix}\end{aligned}$$

所以，有

$$\boldsymbol{x}(k)=\begin{pmatrix}-\dfrac{17}{6}(-0.2)^k+\dfrac{22}{9}(-0.8)^k+\dfrac{25}{18}\\ \dfrac{17}{30}(-0.2)^k-\dfrac{88}{45}(-0.8)^k+\dfrac{7}{18}\end{pmatrix}$$

3.6 采样控制系统的性能分析

与连续系统的性能分析类似，采样系统的性能分析也包括系统稳定性分析、系统的稳态特性分析和系统的动态特性分析。本节主要讨论在 Z 域中的采样系统稳定性、稳态特性和动态特性。

3.6.1 采样系统的稳定性分析

采样会破坏系统的稳定性，所以在设计采样控制系统时最先考虑的是稳定性。对采样控制系统稳定性的分析主要建立在 Z 变换的基础上。

在讨论连续系统的稳定性时，常常根据连续系统 n 个特征方程的根来判断，当所有特征根在 S 平面的左半平面时，则系统是稳定的。类似地，在分析采样系统时，可以利用 Z 变换与拉氏变换数学上的关系，找到 Z 平面与 S 平面之间的周期映射关系，从而利用连续系统中的各种判据来分析采样系统的稳定性。

(1) S 平面到 Z 平面的映射

根据 Z 变换的定义可知，复自变量 s 与 z 之间关系为

$$z=\mathrm{e}^{Ts} \tag{3-104}$$

令 $s=\sigma+\mathrm{j}\omega$，代入上式可得

$$z=\mathrm{e}^{Ts}=\mathrm{e}^{T(\sigma+\mathrm{j}\omega)}=\mathrm{e}^{T\sigma}\mathrm{e}^{\mathrm{j}\omega T} \tag{3-105}$$

因此，可得 S 域到 Z 域的基本映射关系，即模和辐角分别如下

$$|z|=\mathrm{e}^{T\sigma},\ \arg z=\omega T \tag{3-106}$$

在连续系统中，闭环传递函数极点均位于 S 平面的左半平面($\sigma<0$)时，系统稳定。根据连续系统的稳定性分析与 S 域到 Z 域的基本映射关系，可以对应出 Z 平面与 S 平面稳定区域的映射关系，如图 3-19 所示。

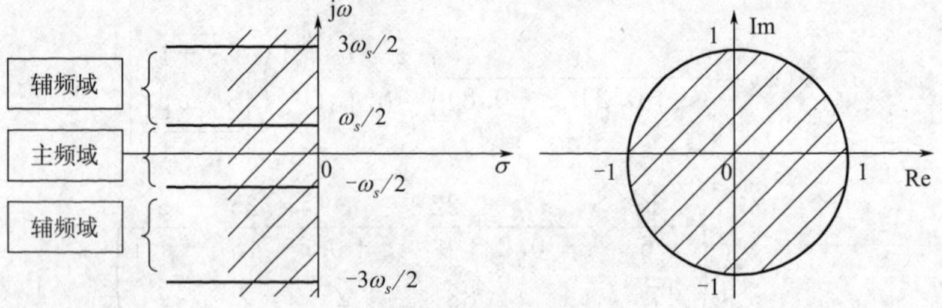

图 3-19 S 平面到 Z 平面映射示意图

① 当 $\sigma<0$ 时，S 平面的左半部分对应于 Z 平面的部分为 $|z|=\mathrm{e}^{T\sigma}<1$，即 S 平面的左半部分映射到 Z 平面上以原点为圆心的单位圆内。在这个区域内，采样控制系统是稳定的。

② 当 $\sigma=0$ 时，$s=\mathrm{j}\omega$ 就对应于 S 平面的虚轴上，此时 Z 平面上模 $|z|=\mathrm{e}^{T\sigma}=1$，辐角随着 ω 的变化而变化，也就是说，S 平面的虚轴映射到 Z 平面上以原点为圆心的单位圆周上。在以原点为圆心的单位圆周上，采样控制系统是临界稳定的。由前面分析可知，采样系统的角频率比其对应的连续系统的通频带高出很多，所以一般只讨论采样系统的主频区，即 $-\frac{\omega_s}{2}<\omega<\frac{\omega_s}{2}$，$\omega_s$ 为采样角频率，如图 3-19 所示。S 平面的虚轴上的值 ω 从 $-\frac{\omega_s}{2}$ 变化到 $\frac{\omega_s}{2}$ 时与 Z 平面以原点为圆心的单位圆周上的值映射关系如表 3-2 所示。

表 3-2　S 平面虚轴上的值与 Z 平面单位圆周上的值的映射关系

映射点	1	2	3	4	5
S 平面的虚轴	$\omega=-\frac{\omega_s}{2}$	$\omega=-\frac{\omega_s}{4}$	$\omega=0$	$\omega=\frac{\omega_s}{4}$	$\omega=\frac{\omega_s}{2}$
Z 平面的单位圆周	$1,\angle-\pi$	$1,\angle-\frac{\pi}{2}$	$1,\angle 0$	$1,\angle\frac{\pi}{2}$	$1,\angle\pi$

③ 当 $\sigma>0$ 时，S 平面的右半部分对应于 Z 平面的部分为 $|z|=\mathrm{e}^{T\sigma}>1$，即 S 平面的右半部分映射到 Z 平面上以原点为圆心的单位圆外。在这些区域，采样控制系统是不稳定的。

S 平面主频区映射到 Z 平面单位圆内，Z 平面与 S 平面的映射不是一一对应的，S 平面上的一点对应 Z 平面上的一点，但 Z 平面上的一点对应 S 平面上的多个点。

（2）线性离散系统稳定的充分必要条件

若线性离散系统的闭环脉冲传递函数为

$$G(z)=\frac{G_p(z)}{1+G_0(z)}=\frac{N(z)}{D(z)} \tag{3-107}$$

则闭环特征方程为

$$D(z)=1+G_0(z)=0 \tag{3-108}$$

线性离散系统稳定的充分必要条件是：系统闭环特征方程的根（闭环脉冲传递函数）的极点 z_j 全部位于 Z 平面的单位圆内部，即

$$|z_j|<1, j=1,2,\cdots,n \tag{3-109}$$

则系统是稳定的，否则系统是不稳定的。

在利用该充分必要条件对采样控制系统进行稳定性分析时，需要求解系统的特征方程的根，对于二阶以下系统，计算方便，但是当系统为三阶及三阶以上的高阶系统时，求取特征方程的根就比较复杂。因此，与连续系统稳定性判别类似，线性离散系统的稳定性分析可以不求闭环特征方程的根，而是采用代数判据——劳斯稳定判据。

【例 3-22】 分析图 3-20 所示的采样系统在 $T=1\mathrm{s}$ 时的稳定性。

解：该系统开环脉冲传递函数为

$$G_k(z)=Z\left(\frac{10}{s(s+1)}\right)=\frac{10z(1-\mathrm{e}^{-T})}{(z-1)(z-\mathrm{e}^{-T})}$$

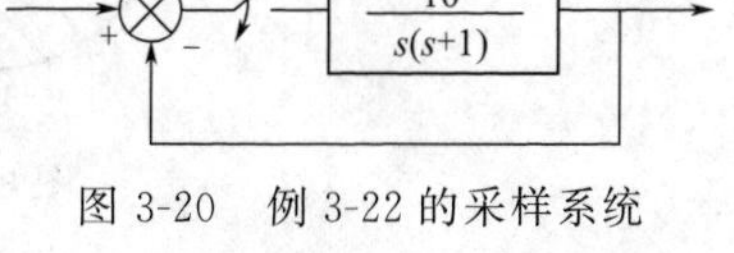

图 3-20　例 3-22 的采样系统

闭环特征方程为 $1+G_k(z)=0$，即

$$z(z-1)(z-e^{-T})+10z(1-e^{-T})=0$$

解得：$z_1=-0.076$，$z_2=-4.87$。

由于$|z_2|>1$，所以该采样系统是不稳定的。

(3) 采样系统的劳斯稳定判据

由于劳斯稳定判据是连续系统 S 域中的一种代数判据，不能直接应用在采样控制系统的 Z 域中，因此，必须进行一种坐标变换，使得劳斯稳定判据适用在采样系统中。这种坐标变换就是双线性变换。

在采样系统中，对复自变量 z 做双线性变换。令

$$z=\frac{w+1}{w-1} \tag{3-110}$$

则有

$$w=\frac{z+1}{z-1} \tag{3-111}$$

z 和 w 是两个不同坐标系中的复自变量，将 $z=x+jy$，$w=u+jv$ 代入变换关系式中可得

$$w=u+jv=\frac{z+1}{z-1}=\frac{x+jy+1}{x+jy-1}=\frac{x^2+y^2-1}{(x-1)^2+y^2}-j\frac{2y}{(x-1)^2+y^2} \tag{3-112}$$

则 W 平面上的实部和虚部分别为

$$u=\frac{x^2+y^2-1}{(x-1)^2+y^2},\ v=-\frac{2y}{(x-1)^2+y^2} \tag{3-113}$$

因此，Z 平面和 W 平面的映射关系分析如下。

① W 平面的虚轴为$u=0$，则有 $x^2+y^2=1$，即 W 平面上的虚轴对应于 Z 平面上以原点为圆心的单位圆圆周。

② W 平面的左半平面为$u<0$，则有 $x^2+y^2<1$，即 W 平面的左半平面对应于 Z 平面上以原点为圆心的单位圆内部区域。

③ W 平面的右半平面为$u>0$，则有 $x^2+y^2>1$，即 W 平面的右半平面对应于 Z 平面上以原点为圆心的单位圆外部区域。

双线性变换把 Z 平面上的单位圆内部区域映射为 W 平面的左半平面，如图 3-21 所示。这样，利用双线性变换和劳斯稳定判据就可以对采样控制系统进行稳定性分析。不仅如此，在采样控制系统中，利用双线性变换和劳斯稳定判据还可以用来分析增益、采样周期等对采样系统稳定性的影响。

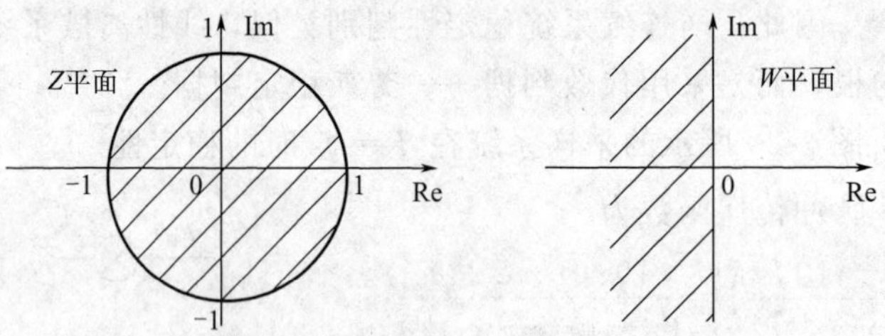

图 3-21　Z 平面到 W 平面映射示意图

【例 3-23】 若某采样系统的闭环特征方程为

$$z^3+3.5z^2+3.5z+1=0$$

试判断系统的稳定性。

解：令 $z=\dfrac{w+1}{w-1}$，则系统特征方程为

$$\left(\frac{w+1}{w-1}\right)^3+3.5\left(\frac{w+1}{w-1}\right)^2+3.5\left(\frac{w+1}{w-1}\right)+1=0$$

整理可得

$$9w^3-w=0$$

解得：$w_1=0$，$w_{2,3}=\pm\dfrac{1}{3}$。

特征根中有在 W 右半平面的，所以系统是不稳定的。

【例 3-24】 图 3-22 所示的采样控制系统中，$G(s)=\dfrac{K}{s(s+1)}$，采样周期 $T=1\text{s}$，试分别讨论 $K=1$ 和 $K=10$ 时，该采样系统的稳定性。

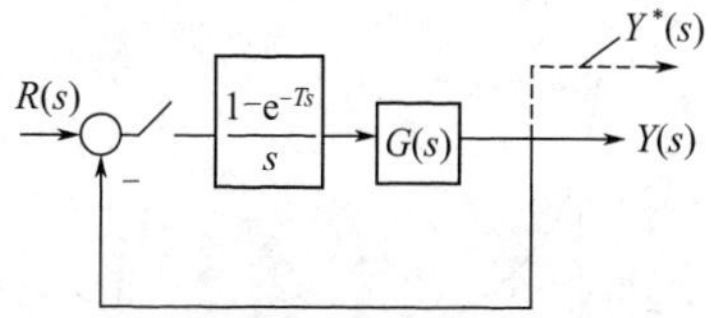

图 3-22 例 3-24 的采样控制系统

解：该采样系统的开环脉冲传递函数为

$$\begin{aligned}G_0(z)&=Z\left(\frac{1-e^{-Ts}}{s}\times\frac{K}{s(s+1)}\right)\\&=K(1-z^{-1})Z\left(\frac{1}{s^2}-\frac{1}{s}+\frac{1}{s+1}\right)\\&=K(1-z^{-1})\left[\frac{Tz}{(z-1)^2}-\frac{z}{z-1}+\frac{1}{z-e^{-T}}\right]\end{aligned}$$

采样周期 $T=1\text{s}$ 时，开环脉冲传递函数 $G_0(z)$ 为

$$G_0(z)=K\ \frac{0.3678z+0.2644}{z^2-1.3678z+0.3678}$$

相应的闭环特征方程为：$1+G_0(z)=0$。

当 $K=1$ 时，闭环特征方程为 $z^2-z+0.6322=0$。两个特征根为

$$z_1=0.5-\text{j}0.6182,\ z_2=0.5+\text{j}0.6182$$

两根都在单位圆内，此时采样控制系统是稳定的。

当 $K=10$ 时，闭环特征方程为 $z^2+2.231z+3.012=0$。两个特征根为

$$z_1=-1.155-\text{j}1.295,\ z_2=-1.155+\text{j}1.295$$

两根都在单位圆外，此时采样控制系统是不稳定的。

【例 3-25】 若采样系统的开环脉冲传递函数为

$$G_0(z)=\frac{Kz(1-e^{-T/T_u})}{(z-1)(z-e^{-T/T_u})}$$

式中，T_u 为控制系统的等效时间常数；K 为开环增益；T 为系统采样周期。利用劳斯稳定判据分析 K 和 T 对系统稳定性的影响。

解：由题意可得系统的闭环特征方程为：$1+G_0(z)=0$，即

$$(z-1)(z-e^{-\frac{T}{T_u}})+Kz(1-e^{-\frac{T}{T_u}})=0$$

经整理可得

$$z^2+\left[K\left(1-e^{-\frac{T}{T_u}}\right)-\left(1+e^{-\frac{T}{T_u}}\right)\right]z+e^{-\frac{T}{T_u}}=0$$

令 $z=\dfrac{w+1}{w-1}$，做双线性变换可得

$$K\left(1-e^{-\frac{T}{T_u}}\right)w^2+2\left(1-e^{-\frac{T}{T_u}}\right)w+\left[2\left(1+e^{-\frac{T}{T_u}}\right)-K\left(1-e^{-\frac{T}{T_u}}\right)\right]=0$$

根据劳斯稳定判据：$K\left(1-e^{-\frac{T}{T_u}}\right)>0$，$2\left(1+e^{-\frac{T}{T_u}}\right)-K\left(1-e^{-\frac{T}{T_u}}\right)>0$。

解不等式可得

$$0<K<\frac{2\left(1+e^{-\frac{T}{T_u}}\right)}{1-e^{-\frac{T}{T_u}}}$$

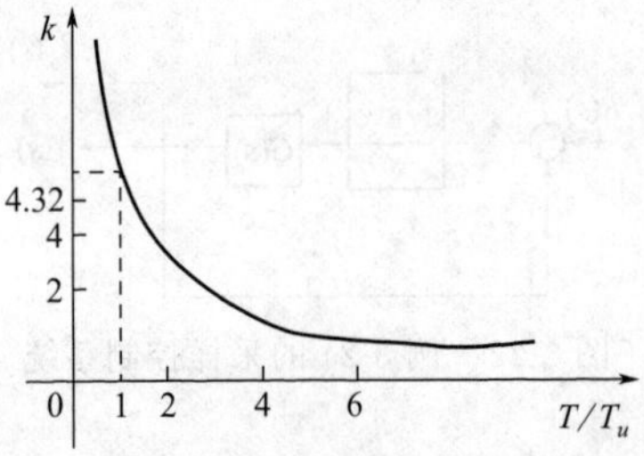

图 3-23　开环增益 K 和 T/T_u 的关系曲线图

显然，$K=\dfrac{2\left(1+e^{-\frac{T}{T_u}}\right)}{1-e^{-\frac{T}{T_u}}}$为临界稳定时对应的临界放大系数。开环增益 K 和 T/T_u 的关系曲线如图 3-23 所示，曲线下方就表示采样系统稳定时，开环增益 K 和采样周期 T 能取的数值。

当$\dfrac{T}{T_u}=1$ 时，采样系统允许开环增益 K 的取值为 $K=\dfrac{2(1+e^{-1})}{1-e^{-1}}=\dfrac{2\times1.3679}{1-0.3679}\approx4.33$。当采样周期 T 增大时，采样系统允许的开环增益将减小。

无采样时，该系统是二阶连续系统，$K>0$ 时系统是一定稳定的。采样后，系统为条件稳定，则开环增益 K 和采样周期 T 对离散系统稳定性的影响为：采样周期 T 一定时，开环增益 K 增大，系统稳定性较差，甚至变为不稳定；开环增益 K 一定时，采样周期 T 增大，系统采样丢失信息变多，对离散系统的稳定性和动态性结构都不利，甚至可能使得系统失去稳定性。

(4) 采样系统稳定性的频域分析法

在采样控制系统中，已知闭环脉冲传递函数，同样不能直接利用连续系统稳定性的频域分析方法，但是经过双线性变换后，就可以利用根轨迹法、频率特性法等来分析采样系统的稳定性。

已知系统开环脉冲传递函数为 $G(z)$，则闭环采样系统的特征方程为

$$1+G(z)=0 \tag{3-114}$$

取 $z=\dfrac{w+1}{w-1}$进行双线性变换，可得 W 平面上的闭环采样系统的特征方程为

$$1+G(w)=0 \tag{3-115}$$

令 $w=j\omega'$，ω'称为虚拟频率或伪频率，则可得

$$1+G(j\omega')=0 \tag{3-116}$$

于是，通过式(3-116) 可以利用奈奎斯特稳定判据、伯德图等分析采样系统的稳定性。

3.6.2　采样系统的稳态特性分析

在连续控制系统中，系统的稳态误差根据拉氏变换的终值定理来计算，与连续系统类似，采样控制系统中的稳态误差根据 Z 变换的终值定理来求取。由于采样控制系统结构不同，对应的误差传递函数也不同，因而，采样系统的稳态误差要根据不同结构的控制系统来求。也就是说，采样系统的稳态误差与系统输入信号和系统结构的特性都有关。

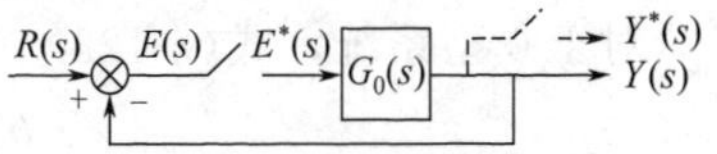

图 3-24　单位负反馈闭环采样系统的结构示意图

(1) 单位负反馈闭环采样系统的稳态误差

应用 Z 变换的终值定理求取系统的稳态误差的前提条件是闭环采样系统稳定。如图 3-24 所示的单位负反馈闭环采样系统的结构，下面给出该系统稳态误差的计算。

系统输出信号为

$$Y(s)=G_0(s)E^*(s) \tag{3-117}$$

误差信号为

$$E(s)=R(s)-Y(s)=R(s)-G_0(s)E^*(s) \tag{3-118}$$

经过采样开关后，得到采样信号 $E^*(s)$ 为

$$E^*(s)=[E(s)]^*=[R(s)-G_0(s)E^*(s)]^*=R^*(s)-G_0^*(s)E^*(s) \tag{3-119}$$

整理得到

$$E^*(s)=\frac{R^*(s)}{1+G_0^*(s)} \tag{3-120}$$

因此，系统误差的脉冲传递函数为

$$E(z)=\frac{R(z)}{1+G_0(z)} \tag{3-121}$$

如果 $E(z)$ 的全部极点都位于 Z 平面的单位圆内，该闭环系统是稳定的。只有稳定的系统才可以利用 Z 变换终值定理计算稳态误差。系统的稳态误差为

$$e(\infty)=\lim_{k\to\infty}e(k)=\lim_{z\to 1}(1-z^{-1})E(z)=\lim_{z\to 1}(z-1)E(z)=\lim_{z\to 1}(z-1)\frac{R(z)}{1+G_0(z)} \tag{3-122}$$

影响稳态误差的因素有：采样系统的结构、采样系统的输入序列 $r(t)$ 的形式、系统的采样周期等。

当采样系统开环脉冲传递函数较为复杂时，计算稳态误差也比较麻烦。为了简化稳态误差的计算过程，引入连续系统中开环传递函数确定的系统型号和稳态误差系数。在连续系统中，系统型号由开环传递函数所含积分环节 $1/s$ 的个数来决定，类似地，在采样系统中，系统型号由开环脉冲传递函数所含积分环节 $1/(z-1)$ 的个数来决定。

若采样控制系统的开环脉冲传递函数为

$$G_0(z)=\frac{b_m z^m+b_{m-1}z^{m-1}+\cdots+b_1 z+b_0}{(z-1)^v(z^{n-v}+a_{n-v-1}z^{n-v-1}+\cdots+a_1 z+a_0)} \tag{3-123}$$

当 $v=0,1,2,3,\cdots$ 时，分别称为 0 型系统、Ⅰ型系统、Ⅱ型系统、Ⅲ型系统……

针对图 3-24 所示的单位负反馈采样系统，讨论在不同型号的开环脉冲传递函数及三种典型信号输入作用下，系统的稳态误差和稳态误差系数。

① 单位阶跃输入作用下的稳态误差　当系统输入为单位阶跃信号 $r(t)=1(t)$ 时，其 Z 变换为 $R(z)=\frac{z}{z-1}$，由系统稳态误差公式可得

$$e(\infty)=\lim_{z\to 1}(z-1)E(z)=\lim_{z\to 1}\left[(z-1)\frac{1}{1+G_0(z)}\times\frac{z}{z-1}\right]=\frac{1}{1+\lim\limits_{z\to 1}G_0(z)}=\frac{1}{1+K_p} \quad (3\text{-}124)$$

式中，$K_p=\lim\limits_{z\to 1}G_0(z)$ 称为稳态位置误差系数。

对于 0 型系统，式(3-123) 中的积分环节个数 $v=0$，此时

$$K_p=\lim_{z\to 1}\frac{b_m z^m+b_{m-1}z^{m-1}+\cdots+b_1 z+b_0}{(z-1)^0(z^{n-0}+a_{n-0-1}z^{n-0-1}+\cdots+a_1 z+a_0)}=\frac{b_m+b_{m-1}+\cdots+b_0}{a_{n-1}+\cdots+a_1+a_0}$$

是一个常数，稳态误差 $e(\infty)=\frac{1}{1+K_p}$。

对于Ⅰ型系统，式(3-123) 中的积分环节个数 $v=1$，此时

$$K_p=\lim_{z\to 1}\frac{b_m z^m+b_{m-1}z^{m-1}+\cdots+b_1 z+b_0}{(z-1)^1(z^{n-1}+a_{n-2}z^{n-2}+\cdots+a_1 z+a_0)}=\infty$$

稳态误差 $e(\infty)=\frac{1}{1+K_p}=0$。对于Ⅱ型及以上的系统，稳态误差 $e(\infty)$ 都为 0。

② 单位斜坡输入作用下的稳态误差　当系统输入为单位斜坡信号 $r(t)=t$ 时，其 Z 变换为 $R(z)=\frac{Tz}{(z-1)^2}$，由系统稳态误差公式可得

$$e(\infty)=\lim_{z\to 1}\left[(z-1)\frac{1}{1+G_0(z)}\times\frac{Tz}{(z-1)^2}\right]=\frac{T}{\lim\limits_{z\to 1}(z-1)G_0(z)}=\frac{T}{K_v} \quad (3\text{-}125)$$

式中，$K_v=\lim\limits_{z\to 1}(z-1)G_0(z)$ 称为稳态速度误差系数。

对于 0 型系统，式(3-123) 中的积分环节个数 $v=0$，此时

$$K_v=\lim_{z\to 1}(z-1)\frac{b_m z^m+b_{m-1}z^{m-1}+\cdots+b_1 z+b_0}{(z-1)^0(z^{n-0}+a_{n-0-1}z^{n-0-1}+\cdots+a_1 z+a_0)}=0$$

稳态误差 $e(\infty)=\frac{T}{K_v}=\infty$。

对于Ⅰ型系统，式(3-123) 中的积分环节个数 $v=1$，此时

$$K_v=\lim_{z\to 1}(z-1)\frac{b_m z^m+b_{m-1}z^{m-1}+\cdots+b_1 z+b_0}{(z-1)^1(z^{n-1}+a_{n-2}z^{n-2}+\cdots+a_1 z+a_0)}=\frac{b_m+b_{m-1}+\cdots+b_0}{a_{n-2}+\cdots+a_1+a_0}$$

是一个常数，稳态误差 $e(\infty)=\frac{T}{K_v}$。

对于Ⅱ型系统，式(3-123) 中的积分环节个数 $v=2$，此时

$$K_v=\lim_{z\to 1}(z-1)\frac{b_m z^m+b_{m-1}z^{m-1}+\cdots+b_1 z+b_0}{(z-1)^2(z^{n-2}+a_{n-3}z^{n-3}+\cdots+a_1 z+a_0)}=\infty$$

稳态误差 $e(\infty)=\frac{T}{K_v}=0$。对于Ⅲ型及以上的系统，稳态误差 $e(\infty)$ 都为 0。

③ 单位加速度输入作用下的稳态误差　当系统输入为单位加速度信号 $r(t)=\frac{1}{2}t^2$ 时，其 Z 变换为 $R(z)=\frac{T^2 z(z+1)}{2(z-1)^3}$，由系统稳态误差公式可得

$$e(\infty)=\lim_{z\to 1}\left[(z-1)\frac{1}{1+G_0(z)}\times\frac{T^2z(z+1)}{2(z-1)^3}\right]=\frac{T^2}{\lim\limits_{z\to 1}(z-1)^2G_0(z)}=\frac{T^2}{K_a} \tag{3-126}$$

式中，$K_a=\lim\limits_{z\to 1}(z-1)^2G_0(z)$称为稳态加速度误差系数。

对于 0 型系统，式(3-123) 中的积分环节个数 $v=0$，此时

$$K_a=\lim_{z\to 1}(z-1)^2\frac{b_mz^m+b_{m-1}z^{m-1}+\cdots+b_1z+b_0}{(z-1)^0(z^{n-0}+a_{n-0-1}z^{n-0-1}+\cdots+a_1z+a_0)}=0$$

稳态误差 $e(\infty)=\infty$。

对于Ⅰ型系统，式(3-123) 中的积分环节个数 $v=1$，此时

$$K_a=\lim_{z\to 1}(z-1)^2\frac{b_mz^m+b_{m-1}z^{m-1}+\cdots+b_1z+b_0}{(z-1)^1(z^{n-1}+a_{n-2}z^{n-2}+\cdots+a_1z+a_0)}=0$$

稳态误差 $e(\infty)=\infty$。

对于Ⅱ型系统，式(3-123) 中的积分环节个数 $v=2$，此时

$$K_a=\lim_{z\to 1}(z-1)^2\frac{b_mz^m+b_{m-1}z^{m-1}+\cdots+b_1z+b_0}{(z-1)^2(z^{n-2}+a_{n-3}z^{n-3}+\cdots+a_1z+a_0)}=\frac{b_m+b_{m-1}+\cdots+b_0}{a_{n-3}+\cdots+a_1+a_0}$$

是一个常数，稳态误差 $e(\infty)=\dfrac{T^2}{K_a}$。对于Ⅲ型及以上的系统，稳态误差 $e(\infty)$都为 0。表 3-3 是三种典型输入信号下，不同型号系统的稳态误差

表 3-3　三种典型输入信号下，不同型号系统的稳态误差

系统类别	$r(t)=1(t)$	$r(t)=t$	$r(t)=\frac{1}{2}t^2$
	位置误差	速度误差	加速度误差
0 型系统	$1/(1+K_p)$	∞	∞
Ⅰ型系统	0	T/K_v	∞
Ⅱ型系统	0	0	T^2/K_a
Ⅲ型系统	0	0	0

【例 3-26】 已知采样系统结构如图 3-25 所示，采样周期取 0.2s，输入信号 $r(t)=1+t+\frac{1}{2}t^2$，试求该系统的稳态误差。

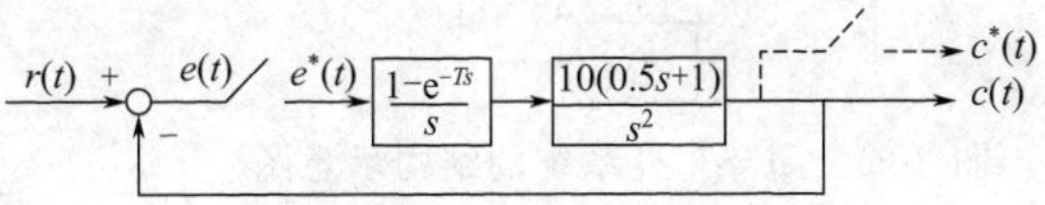

图 3-25　例 3-26 采样系统结构图

解：该采样系统的开环脉冲传递函数 $G_0(z)$为

$$G_0(z)=Z\left(\frac{1-e^{-Ts}}{s}\times\frac{10(0.5s+1)}{s^2}\right)=(1-z^{-1})Z\left(\frac{1}{s}\times\frac{10(0.5s+1)}{s^2}\right)$$

$$=(1-z^{-1})Z\left(\frac{5}{s^2}+\frac{10}{s^3}\right)=(1-z^{-1})\left[\frac{5Tz}{(z-1)^2}+\frac{5T^2z(z+1)}{(z-1)^3}\right]$$

$$=\frac{5T(z-1)+5T^2(z+1)}{(z-1)^2}$$

代入采样周期 $T=0.2$s，$G_0(z)$化简为

$$G_0(z)=\frac{1.2z-0.8}{(z-1)^2}$$

于是，系统的闭环特征方程为 $1+G_0(z)=0$，即

$$z^2-0.8z+0.2=0$$

两个特征根分别为：$z_1=0.4-0.2\mathrm{j}$，$z_2=0.4+0.2\mathrm{j}$。两根都在单位圆内，此时采样控制系统是稳定的。该系统开环脉冲传递函数中有 2 个$(z-1)$，因此是Ⅱ型系统，故稳态位置误差系数

$$K_p=\lim_{z\to 1}G_0(z)=\lim_{z\to 1}\frac{1.2z-0.8}{(z-1)^2}=\infty$$

稳态误差

$$e_p(\infty)=\frac{1}{1+K_p}=0$$

稳态速度误差系数

$$K_v=\lim_{z\to 1}(z-1)G_0(z)=\lim_{z\to 1}\frac{1.2z-0.8}{z-1}=\infty$$

稳态误差

$$e_v(\infty)=\frac{T}{K_v}=0$$

稳态加速度误差系数

$$K_a=\lim_{z\to 1}(z-1)^2G_0(z)=\lim_{z\to 1}(1.2z-0.8)=0.4$$

稳态误差

$$e_a(\infty)=\frac{T^2}{K_a}=\frac{0.2^2}{0.4}=0.1$$

因此，该系统的稳态误差为 $e(\infty)=e_p(\infty)+e_v(\infty)+e_a(\infty)=0.1$。

(2) 闭环采样控制系统的稳态误差

如图 3-26 所示的反馈闭环采样控制系统，其稳态偏差和稳态误差可以根据连续系统的定义来计算，只不过对应的是脉冲传递函数。

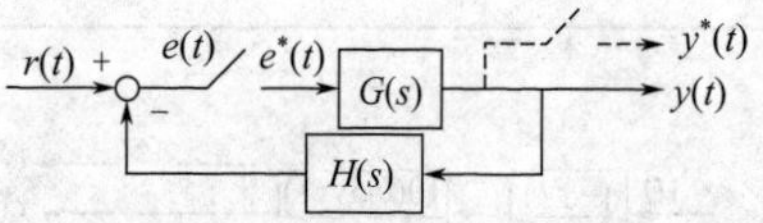

图 3-26 闭环采样系统的结构示意图

① 稳态误差的计算 首先，按照无开关计算该闭环系统传递函数 $\phi(s)$

$$\phi(s)=\frac{G(s)}{1+H(s)G(s)} \tag{3-127}$$

然后，根据各个环节之间的开关情况，计算闭环采样系统脉冲传递函数 $\phi(z)$

$$\phi(z)=\frac{G(z)}{1+HG(z)} \tag{3-128}$$

此时，可以先计算闭环采样系统的终值

$$Y(\infty)=\lim_{z\to 1}(1-z^{-1})Y(z)=\lim_{z\to 1}(1-z^{-1})\phi(z)R(z) \tag{3-129}$$

当输入为 $r(t)$时，该闭环采样系统的稳态误差为

$$e_{ss}=r(\infty)-H(\infty)Y(\infty) \tag{3-130}$$

② 稳态偏差的计算 在该系统中，其稳态偏差信号 $e(t)$等于输入信号 $r(t)$与反馈信号的差。如果用拉氏变换表示，无开关时的偏差信号 $E(s)$为

$$E(s)=R(s)-H(s)Y(s)=R(s)-H(s)E(s)G(s) \tag{3-131}$$

即

$$E(s)=\frac{R(s)}{1+H(s)G(s)} \tag{3-132}$$

考虑开关时，偏差信号的脉冲传递函数为

$$E(z)=\frac{R(z)}{1+HG(z)} \tag{3-133}$$

此时，该采样系统的稳态偏差可以由

$$e(\infty)=\lim_{z\to 1}(1-z^{-1})E(z)=\lim_{z\to 1}(z-1)\frac{R(z)}{1+HG(z)} \tag{3-134}$$

来计算。

如果是单位反馈系统，则偏差信号的脉冲传递函数为

$$E(z)=\frac{R(z)}{1+G(z)} \tag{3-135}$$

其稳态偏差为

$$e(\infty)=\lim_{z\to 1}(1-z^{-1})E(z)=\lim_{z\to 1}(z-1)\frac{R(z)}{1+G(z)} \tag{3-136}$$

而稳态误差为

$$e_{ss}=r(\infty)-Y(\infty)=\lim_{z\to 1}(z-1)\left[R(z)-\frac{G(z)}{1+G(z)}R(z)\right]=\lim_{z\to 1}(z-1)\frac{R(z)}{1+G(z)} \tag{3-137}$$

也就是说在单位反馈系统中，系统的稳态偏差与稳态误差是一致的。

【例 3-27】 某采样系统如图 3-27 所示，若 $G_1(s)=\frac{1}{s+1}$，$G_2(s)=2$，$G_3(s)=\frac{1}{s+2}$，取采样周期为 $T=1\text{s}$，试求单位阶跃作用下该闭环系统的稳态误差和稳态偏差。

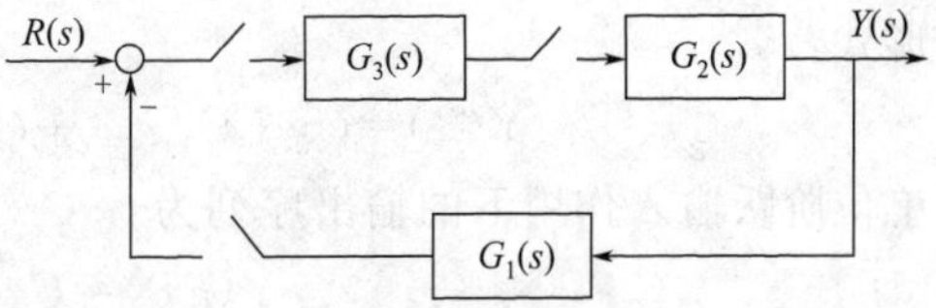

图 3-27　例 3-27 采样系统

解：闭环脉冲传递函数的通用表达式为

$$G(z)=\frac{G_2(z)G_3(z)}{1+G_1G_2(z)G_3(z)}$$

在 $T=1\text{s}$ 时，上述脉冲传递函数中涉及的各部分脉冲传递函数分别为

$$G_2(z)=2,\ G_3(z)=\frac{z}{z-\mathrm{e}^{-2}},\ G_1G_2(z)=\frac{2z}{z-\mathrm{e}^{-1}}$$

因此，闭环脉冲传递函数的具体表达式为

$$G(z)=\frac{2z^2-2\mathrm{e}^{-1}z}{3z^2-(\mathrm{e}^{-1}+\mathrm{e}^{-2})z+\mathrm{e}^{-3}}$$

① 稳态误差的计算　单位阶跃的 Z 变换为 $R(z)=\frac{z}{z-1}$，根据终值定理可知稳态值为

$$Y(\infty)=\lim_{z\to 1}(1-z^{-1})Y(z)=\lim_{z\to 1}(1-z^{-1})G(z)R(z)\approx 0.50$$

则该闭环采样系统的稳态误差为

$$e_{ss}=r(\infty)-Y(\infty)=1-0.50=0.50$$

② 稳态偏差的计算　无开关时的偏差信号 $E(s)$ 为

$$E(s)=R(s)-G_1(s)Y(s)=R(s)-G_1(s)E(s)G_2(s)G_3(s)$$

即

$$E(s)=\frac{R(s)}{1+G_1(s)G_2(s)G_3(s)}$$

考虑开关时，偏差信号的脉冲传递函数为

$$E(z)=\frac{R(z)}{1+G_1G_2(z)G_3(z)}$$

则该闭环采样系统的稳态偏差为

$$e(\infty)=\lim_{z\to 1}(1-z^{-1})E(z)=\lim_{z\to 1}\frac{1}{1+G_1G_2(z)G_3(z)}\approx 0.21$$

3.6.3 采样系统的动态特性分析

与连续系统一样，应用 Z 变换方法分析采样系统的动态特性，通常有时域法、根轨迹法和频域法，其中时域法最简单。本节主要介绍在时域中如何求取离散系统的时间响应，以及在 Z 平面上定性分析离散系统闭环极点与其动态性能的关系。

(1) 采样系统时间响应

若采样系统传递函数为 $\Phi(z)$，输入作用为单位阶跃函数，则系统的输出响应 $Y(z)$ 为：

$$Y(z)=\Phi(z)R(z)=\frac{z}{z-1}\Phi(z)$$

$R(z)=\dfrac{z}{z-1}$ 为单位阶跃函数的 Z 变换，利用长除法将输出响应 $Y(z)$ 展开为无穷幂级数形式：

$$Y(z)=C_0+C_1z^{-1}+C_2z^{-2}+C_3z^{-3}+\cdots+C_nz^{-n}$$

则单位阶跃输入作用下的输出序列为：

$$Y(kT)=C_k,\ k=0,1,2,\cdots,n$$

式中，T 为采样周期。在坐标系中描出点 (kT,C_k)，则可得单位阶跃输入下的输出脉冲序列。用平滑曲线连接各点，就可以与连续系统一样分析采样系统的性能指标。

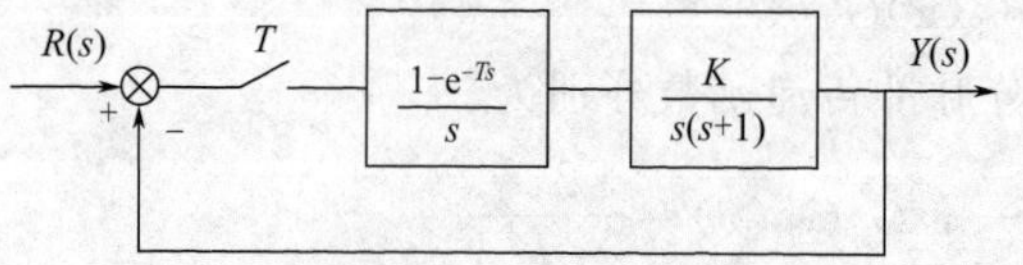

图 3-28 闭环采样系统的结构示意图

【例 3-28】 若采样系统如图 3-28 所示，输入为单位阶跃函数，试分析系统在 $K=1$，$T=1\text{s}$ 时的时间响应。

解：由已知条件 $K=1, T=1\text{s}$ 可知，系统的开环传递函数为

$$G_k(s)=\frac{1-e^{-s}}{s^2(s+1)}$$

对其做 Z 变换，并根据位移定理得

$$G(z)=Z(G_k(s))=\frac{0.368z+0.264}{(z-1)(z-0.368)}$$

因此，系统的闭环脉冲传递函数为

$$\phi(z)=\frac{G(z)}{1+G(z)}=\frac{0.368z+0.264}{z^2-z+0.632}$$

由脉冲传递函数的定义可得

$$Y(z)=\phi(z)R(z)$$

式中，单位阶跃输入的 Z 变换 $R(z)=\dfrac{z}{z-1}$。于是

$$Y(z)=\frac{0.368z+0.264}{z^2-z+0.632}\times\frac{z}{z-1}=\frac{0.368z^2+0.264z}{z^3-2z^2+1.632z-0.632}$$

利用长除法，将 $Y(z)$ 展开为无穷幂级数形式

$$Y(z)=0.368z^{-1}+z^{-2}+1.4z^{-3}+1.4z^{-4}+1.147z^{-5}+0.895z^{-6}+\cdots$$

根据 Z 变换的定义，可以求得采样系统在单位阶跃输入作用下的输出序列 $Y(nT)$，$n=0,1,2,3,\cdots$，代入采样周期 $T=1\mathrm{s}$ 可得

$Y(0)=0$，$Y(T)=Y(1)=0.368$，$Y(2T)=Y(2)=1$，$Y(3T)=Y(3)=1.4$，$Y(4T)=1.4$，$Y(5T)=1.147$，$Y(6T)=0.895$，$Y(7T)=0.802,\cdots$，$Y(10T)=1.077$，$Y(11T)=1,\cdots$

根据输出序列 $Y(nT)$ 可以绘制出离散系统的单位阶跃响应 $y^*(t)$，如图 3-29 所示。由图中的曲线近似求得系统的性能指标：上升时间 2s、峰值时间 4s、调节时间 12s、超调量 40%等。

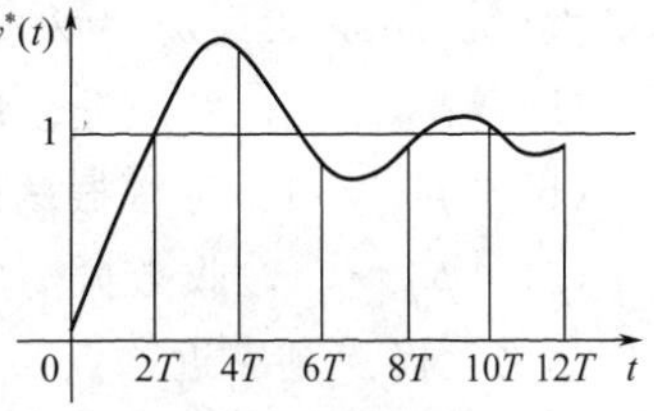

图 3-29　闭环采样系统输出序列响应曲线图

(2) 闭环极点与系统动态响应的关系

在连续系统里，若已知系统传递函数的极点位置，就可以估计出系统对应的输出动态特性。与连续系统类似，离散系统中闭环脉冲传递函数的极点在 Z 平面单位圆内的分布与输出动态响应也有密切关系，对采样系统的设计、分析有着重要意义。

设采样系统的闭环脉冲传递函数为

$$G(z)=\frac{Y(z)}{R(z)}=\frac{b_m z^m+b_{m-1}z^{m-1}+\cdots+b_1 z+b_0}{z^n+a_{n-1}z^{n-1}+\cdots+a_1 z+a_0}=\frac{k\prod\limits_{i=1}^{m} z-z_i}{\prod\limits_{j=1}^{n} z-p_j} \tag{3-138}$$

式中，k 为常数；z_i 为闭环脉冲传递函数的零点；p_j 为闭环脉冲传递函数的极点。

如果 $G(z)$ 无重极点，输入单位阶跃信号的 Z 变换为 $\dfrac{z}{z-1}$，则离散系统输出的 Z 变换为

$$Y(z)=G(z)R(z)=\frac{k\prod\limits_{i=1}^{m} z-z_i}{\prod\limits_{j=1}^{n} z-p_j}\times\frac{z}{z-1} \tag{3-139}$$

将其展开成部分分式的形式

$$Y(z)=\frac{Az}{z-1}+\sum_{j=1}^{n}\frac{B_j z}{z-p_j} \tag{3-140}$$

式中，$A=G(z)\big|_{z=1}=G(1)$；$B_j=G(z)\dfrac{z-p_j}{z-1}\Bigg|_{z=p_j}$

对输出 $Y(z)$ 做 Z 反变换，可得

$$y(k)=y^*(t)=A\times 1(t)+\sum_{j=1}^{n}B_j p_j^k \tag{3-141}$$

根据 p_j 在单位圆的位置，可以确定采样输出信号 $y^*(t)$的动态响应形式。

① 单极点位于 Z 平面实轴上。

(a) $p_j>1$，闭环极点位于 Z 平面单位圆外的正实轴上，脉冲响应单调发散。

(b) $p_j=1$，闭环极点为 Z 平面右半平面单位圆与实轴的交点，动态响应为等幅脉冲序列。

(c) $0<p_j<1$，闭环极点位于 Z 平面单位圆内正实轴上。

(d) $-1<p_j<0$，闭环极点位于 Z 平面单位圆内负实轴上。

(e) $p_j=-1$，闭环极点为 Z 平面左半平面单位圆与实轴的交点，动态响应为正负交替的双向的等幅脉冲序列。

(f) $p_j<-1$，闭环极点位于 Z 平面单位圆外的负实轴上，脉冲响应正负交替发散。

② 共轭复数极点位于 Z 平面复平面上。

动态响应按照振荡规律变化，振荡频率 $\omega_j=\theta_j/T$，即 ω_j 与一对共轭根的辐角 θ_j 有关，辐角 θ_j 越大，振荡频率越高。当 $\theta_j=\pi$ 时，共轭复根为负实轴上的一对极点，此时振荡频率最大，$\omega_j=\omega_s/2$（ω_s 为采样角频率）。

(a) $|p_j|>1$，发散振荡序列，$|p_j|$越大，发散越快。

(b) $|p_j|=1$，等幅振荡脉冲序列。

(c) $|p_j|<1$，收敛振荡序列，$|p_j|$越小，收敛越快。

总之，极点越靠近原点，收敛越快；极点辐角越大，振荡频率越高；极点位置越靠左，辐角就越大。如果极点在 Z 平面原点上，即 $p_j=0$，则脉冲响应时间最短，也就是说其对应的脉冲响应会在一个采样周期内结束。图 3-30 描述了闭环极点与系统动态响应的关系。

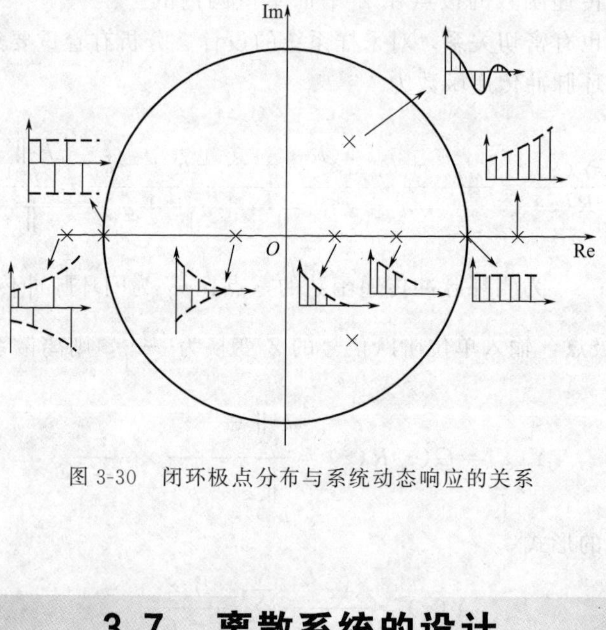

图 3-30 闭环极点分布与系统动态响应的关系

3.7 离散系统的设计

线性离散系统的设计主要有两种：模拟化设计和离散化设计。模拟化设计方法就是按整个控制系统是连续的，并按连续系统的理论来设计校正装置，然后再用适当的方法将该校正装置离散化。离散化设计方法又叫作直接设计方法，就是首先把控制系统离散化，求出脉冲传递函数，并按照离散系统理论来设计数字控制器，又称数字化设计方法。

(1) 数字化设计方法

数字化设计就是在 Z 平面上的设计方法，这里主要介绍最小拍离散控制系统设计。所谓最小拍就是过渡过程最短，就是要求系统在某一典型的输入信号作用下，如单位阶跃函数、单位斜坡函数或单位抛物线函数信号，系统具有最快的响应速度，能在最短的时间内结束过渡过程，最小拍系统是一种最优化的控制系统。

图 3-31 所示的典型单位反馈离散控制系统中，要求系统输出 $y(t)$ 完全跟踪给定输入信号 $r(t)$，则误差信号 $e(t)$ 就可以反映系统的动态误差和稳态误差，其中 $D(z)$ 为数字校正器，$G(s)$ 代表系统的连续部分，其中 $G_0(s)$ 为被控对象。

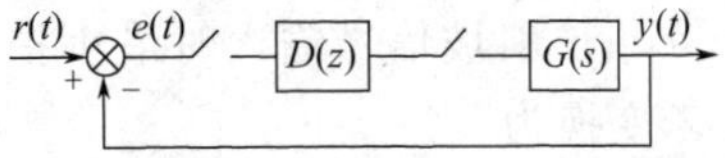

图 3-31　单位反馈离散控制系统

$$G(s)=\frac{1-e^{-Ts}}{s}G_0(s) \tag{3-142}$$

该离散系统的脉冲传递函数为

$$\phi(z)=\frac{Y(z)}{R(z)}=\frac{D(z)G(z)}{1+D(z)G(z)} \tag{3-143}$$

而系统的误差脉冲传递函数为

$$E(z)=R(z)-Y(z)=R(z)-\phi(z)R(z)=[1-\phi(z)]R(z)=\frac{1}{1+D(z)G(z)}R(z) \tag{3-144}$$

对 $E(z)$ 用长除法展开，并做 Z 反变换，就可以得到误差在各个采样时刻的值。

$$e^*(t)=a_0\delta(t)+a_1\delta(t-T)+a_2\delta(t-2T)+\cdots=\sum_{n=0}^{\infty}a_n\delta(t-nT) \tag{3-145}$$

式中，a_n 就是系统在各个采样时刻的误差值。

设计最小拍控制系统的目标是期望系统稳态误差为 0，且过渡时间最短，也就是满足以下两条。

(a) $e(t)|_{t\to\infty}=0$，即 $n\to\infty$，$a_n=0$。

(b) a_0，a_1，a_2，…等各项系数中，非零项越少越好。

如果从某一时刻 k 开始，有 $a_k=a_{k+1}=a_{k+2}=\cdots=0$，就表示从时刻 k 起系统误差为 0，过渡过程结束，所以希望 k 越小越好。对于不同的输入信号，适当选择数字校正器 $D(z)$，使系统误差满足上面两条，就可以实现最小拍的无稳态控制。

① 单位阶跃信号输入时最小拍系统设计　系统输入为单位阶跃信号 $r(t)=1(t)$ 时，其相应的 Z 变换为

$$R(z)=\frac{z}{z-1}=\frac{1}{1-z^{-1}} \tag{3-146}$$

系统的脉冲误差函数为

$$E(z)=R(z)-\phi(z)R(z)=[1-\phi(z)]R(z)=[1-\phi(z)]\frac{1}{1-z^{-1}} \tag{3-147}$$

式中，$\phi(z)$ 为闭环脉冲传递函数。利用 Z 变换的性质终值定理求取稳态误差。

$$e(\infty)=\lim_{z\to 1}(1-z^{-1})E(z)=\lim_{z\to 1}[1-\phi(z)]=0 \tag{3-148}$$

于是根据最小拍设计，满足稳态误差为 0 的条件为

$$1-\phi(z)=1-z^{-1}\Rightarrow\phi(z)=z^{-1} \tag{3-149}$$

即误差脉冲传递函数

$$E(z)=1 \tag{3-150}$$

因此，由式(3-143) 与式(3-149) 可得数字控制器 $D(z)$ 为

$$D(z)=\frac{\phi(z)}{[1-\phi(z)]G(z)}=\frac{1}{(z-1)G(z)} \tag{3-151}$$

② 单位斜坡信号输入时最小拍系统设计　系统输入为单位斜坡信号 $r(t)=t$ 时，其相应的 Z 变换为

$$R(z)=\frac{Tz^{-1}}{(1-z^{-1})^2} \tag{3-152}$$

系统的脉冲误差函数为

$$E(z)=[1-\phi(z)]\frac{Tz^{-1}}{(1-z^{-1})^2} \tag{3-153}$$

式中，$\phi(z)$为闭环脉冲传递函数。利用 Z 变换的性质终值定理求取稳态误差。

$$e(\infty)=\lim_{z\to1}(1-z^{-1})[1-\phi(z)]\frac{Tz^{-1}}{(1-z^{-1})^2}=\lim_{z\to1}[1-\phi(z)]\frac{Tz^{-1}}{(1-z^{-1})}=0 \tag{3-154}$$

根据最小拍设计思想，满足稳态误差为 0 的条件是必须要求 $1-\phi(z)$中应该包含因子 $(1-z^{-1})^2$，取最简单的一种形式，则有

$$1-\phi(z)=(1-z^{-1})^2\Rightarrow\phi(z)=2z^{-1}-z^{-2} \tag{3-155}$$

即误差脉冲传递函数

$$E(z)=Tz^{-1} \tag{3-156}$$

因此，由式(3-143) 与式(3-155) 可得数字控制器 $D(z)$

$$D(z)=\frac{\phi(z)}{[1-\phi(z)]G(z)}=\frac{2z^{-1}-z^{-2}}{(1-z^{-1})^2G(z)} \tag{3-157}$$

③ 单位加速度信号输入时最小拍系统设计　系统输入为单位加速度信号 $r(t)=0.5t^2$ 时，其相应的 Z 变换为

$$R(z)=\frac{T^2z^{-1}(1+z^{-1})}{2(1-z^{-1})^3} \tag{3-158}$$

系统的脉冲误差函数为

$$E(z)=[1-\phi(z)]\frac{T^2z^{-1}(1+z^{-1})}{2(1-z^{-1})^3} \tag{3-159}$$

式中，$\phi(z)$为闭环脉冲传递函数。利用 Z 变换的性质终值定理求取稳态误差。

$$e(\infty)=\lim_{z\to1}(1-z^{-1})[1-\phi(z)]\frac{T^2z^{-1}(1+z^{-1})}{2(1-z^{-1})^3}=0 \tag{3-160}$$

根据最小拍设计思想，满足稳态误差为 0 的条件是必须要求 $1-\phi(z)$中应该包含因子 $(1-z^{-1})^3$，则有

$$1-\phi(z)=(1-z^{-1})^3\Rightarrow\phi(z)=3z^{-1}-3z^{-2}+z^{-3} \tag{3-161}$$

即误差脉冲传递函数

$$E(z)=\frac{T^2(z^{-1}+z^{-2})}{2} \tag{3-162}$$

因此，由式(3-143)与式(3-161)可得数字控制器 $D(z)$

$$D(z)=\frac{\phi(z)}{[1-\phi(z)]G(z)}=\frac{3z^{-1}-3z^{-2}+z^{-3}}{(1-z^{-1})^3G(z)} \tag{3-163}$$

最小拍系统设计方法得到的数字校正装置可以使系统在减少过渡过程的时间上达到最优，同时能够兼顾稳态误差为 0，但此方法设计的校正装置只适用于某一固定输入信号。如果改变输入信号的形式，系统就不是最小拍系统，稳态误差也不一定为 0，这是最小拍系统设计的缺点。无稳态误差的最小拍系统，本质上是用数字控制器 $D(z)$抵消原系统 $G(z)$所不期望的零极点，是参数最优控制系统，一旦参数发生变化，系统性能将变坏。

【例 3-29】 若图 3-32 采样控制系统周期 T 取 1s，输入信号为斜坡函数，试设计无稳态误差的最小拍控制器 $D(z)$。

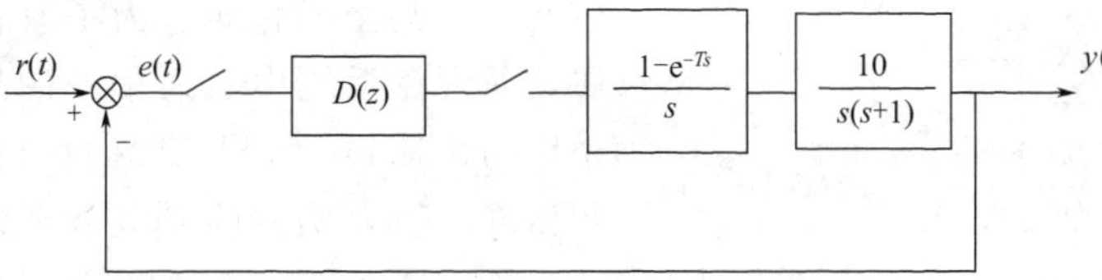

图 3-32　例 3-29 采样控制系统

解：该系统的开环脉冲传递函数 $G_0(z)$为

$$G_0(z)=Z\left(\frac{1-e^{-Ts}}{s}\times\frac{10}{s(s+1)}\right)=10(1-z^{-1})Z\left(\frac{1}{s^2}-\frac{1}{s}+\frac{1}{s+1}\right)$$

$$=10(1-z^{-1})\left[\frac{Tz}{(z-1)^2}-\frac{z}{z-1}+\frac{z}{z-e^{-T}}\right]=\frac{3.68z+2.64}{(z-1)(z-0.368)}$$

则系统的闭环脉冲传递函数 $\phi(z)$为

$$\phi(z)=\frac{D(z)G_0(z)}{1+D(z)G_0(z)}$$

当输入为斜坡函数时，保证稳态误差为 0 的最简单设计为

$$1-\phi(z)=(1-z^{-1})^2$$

即

$$\phi(z)=2z^{-1}-z^{-2}$$

结合式(3-143)与式(3-155)，可得

$$D(z)=\frac{\phi(z)}{[1-\phi(z)]G_0(z)}=\frac{(2z-1)(z-0.368)}{(3.68z+2.64)(z-1)}$$

(2) 模拟化设计方法

模拟化设计思想以经典的连续控制器设计方法为基础，整个系统完全用连续系统的设计方法来设计，待确定了连续控制器后，再选择合适的离散化方法将连续的模拟量控制器离散处理为数字控制器，以便于计算机程序实现。模拟化设计方法的基本步骤如下。

步骤 1：采用连续系统的设计方法设计模拟控制器 $D(s)$。

步骤 2：选择采样周期 T。

步骤 3：将模拟控制器 $D(s)$离散化得到 $D(z)$。

步骤 4：设计控制算法，即将数字控制器 $D(z)$变成差分方程。

步骤 5：利用计算机编程仿真校验系统是否达到设计要求，若达到要求，则结束；否则，修改控制器参数（如减小采样周期 T，其他参数相应也修改），直到系统满足要求为止。

数字 PID 控制器的设计：在工业控制中，由于难以建立被控对象精确的数学模型，系统的参数经常发生变化，运用控制理论分析综合不仅要耗费巨大代价，而且难以得到预期的控制效果。自从 20 世纪 30 年代末应用到化工和炼油工业过程以来，PID 控制器在工业控制领域得到了很大的发展和广泛的应用，由于其结构简单、参数易于调整，在工业控制领域获得了长期的应用。此外，PID 控制器很容易通过计算机编程实现，而软件系统的灵活性使得数字 PID 控制器容易修正和完善。

实际工业控制系统中，大多数被控对象通常都有贮能元件存在，这造成系统对输入作用的响应存在惯性，另外，在能量和信息的传输过程中引入的时间上滞后，往往会导致系统响应变差，甚至不稳定。为了改善系统的调节品质，通常在系统中引入偏差的比例调节以保证系统的快速性，引入偏差的积分调节以提高控制精度，引入偏差的微分调节以消除系统惯性的影响，这就是 PID 控制器。PID 控制器是按照闭环系统误差的比例、积分和微分进行控制的调节器。其控制结构如图 3-33 所示。

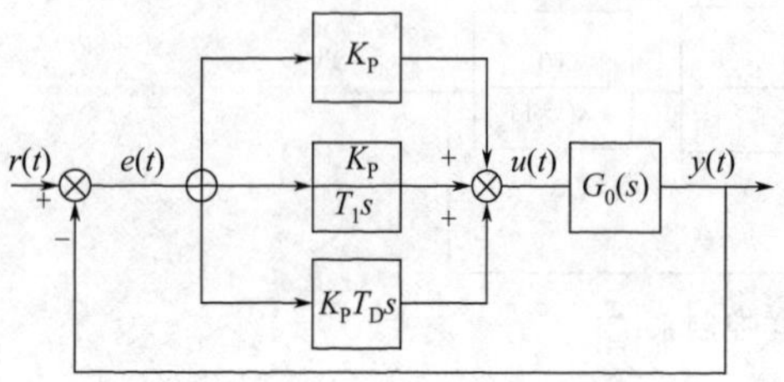

图 3-33 模拟 PID 控制系统

模拟 PID 控制器的微分方程为

$$u(t)=K_P\left[e(t)+\frac{1}{T_I}\int_0^t e(t)\mathrm{d}t+T_D\frac{\mathrm{d}e(t)}{\mathrm{d}t}\right] \tag{3-164}$$

式中，K_P 为比例系数；T_I 为积分时间常数；T_D 为微分时间常数。

对式(3-164) 取拉氏变换，可得 PID 控制器的传递函数为

$$D(s)=\frac{U(s)}{E(s)}=K_P\left(1+\frac{1}{T_I s}+T_D s\right)=K_P+\frac{K_I}{s}+K_D s \tag{3-165}$$

式中，$K_I=K_P/T_I$ 为积分系数；$K_D=K_P T_D$ 为微分系数。

当采样周期 T 足够小时，有

$$u(t)\approx u(k),\ e(t)\approx e(k),\ \int_0^t e(t)\mathrm{d}t\approx\sum_{j=0}^{k}e(j)T,\ \frac{\mathrm{d}e(t)}{\mathrm{d}t}\approx\frac{e(k)-e(k-1)}{T} \tag{3-166}$$

于是，PID 控制器的离散化表达式为

$$u(k)=K_P\left[e(k)+\frac{T}{T_I}\sum_{j=0}^{k}e(j)+T_D\frac{e(k)-e(k-1)}{T}\right] \tag{3-167}$$

两边同时做 Z 变换，则 PID 控制器的脉冲传递函数为

$$D(z)=\frac{U(z)}{E(z)}=\frac{K_P(1-z^{-1})+K_I+K_D(1-z^{-1})^2}{1-z^{-1}} \tag{3-168}$$

式中，$K_I=\frac{K_P T}{T_I}$；$K_D=\frac{K_P T_D}{T}$。

比例调节器：比例调节器对偏差即时反应，偏差出现了，调节器立刻产生控制作用，使得输出量朝着减小偏差的方向变化，控制作用的强弱取决于 K_P。比例调节器虽然简单快

速，但对于系统响应为有限值的控制对象存在稳态误差，加大比例系数可以减小稳态误差，但是，比例系数过大时，会使得系统动态特性变差，引起输出量振荡，甚至导致闭环系统不稳定。

比例积分调节器：为了消除比例调节中的残余稳态误差，可在比例调节的基础上加入积分调节，构成比例积分调节器。积分调节器具有累积作用，若偏差$e(k)$不为0，它可通过累积作用影响控制量$u(k)$，从而减小偏差，直到偏差为0。积分时间常数T_I越大，积分作用越弱，反之越强。增大T_I会减慢消除稳态误差的过程，可减小超调量，提高稳定性。引入积分调节的代价是降低系统的快速性。

比例积分微分调节器：为了加快控制过程，有必要在偏差出现或变化瞬间，按偏差变化的趋势进行控制，使得偏差消除在萌芽状态，这就是微分调节的原理。微分的加入有助于减小超调量、克服振荡，使得系统趋于稳定。

位置式PID控制器：采样控制系统根据采样时刻的偏差值$e(k)$来计算控制量$u(k)$，输出控制量$u(k)$直接决定了执行机构的位置（如流量、压力、阀门等的开启位置），故称位置式PID控制器，其表达式如式(3-169)所示。

$$u(k)=K_P\left[e(k)+\frac{T}{T_I}\sum_{j=0}^{k}e(j)+T_D\frac{e(k)-e(k-1)}{T}\right] \tag{3-169}$$

增量式PID控制器：当执行机构不需要控制量的全部值，而是其增量时，则由位置式PID控制器的表达式可以推导出增量式PID控制器的表达式。将位置式PID控制器的表达式后移可得

$$u(k-1)=K_P\left[e(k-1)+\frac{T}{T_I}\sum_{j=0}^{k-1}e(j)+T_D\frac{e(k-1)-e(k-2)}{T}\right] \tag{3-170}$$

式(3-169)与式(3-170)相减，即可得增量式PID控制器的表达式。

$$\begin{aligned}\Delta u(k)&=u(k)-u(k-1)\\&=K_P\left\{[e(k)-e(k-1)]+\frac{Te(k)}{T_I}+\frac{T_D[e(k)-2e(k-1)+e(k-2)]}{T}\right\}\end{aligned} \tag{3-171}$$

整理可得

$$\Delta u(k)=q_0e(k)+q_1e(k-1)+q_2e(k-2) \tag{3-172}$$

式中，$q_0=K_P\left(1+\frac{T}{T_I}+\frac{T_D}{T}\right)$；$q_1=-K_P\left(1+2\frac{T_D}{T}\right)$；$q_2=K_P\frac{T_D}{T}$。

增量式PID控制器的表达式，未体现出比例、积分、微分的直接关系，只表示了各误差量对控制作用的影响。尤其是从后一个表达式可以知道，只需要贮存最近的三个误差采样值$e(k)$,$e(k-1)$,$e(k-2)$就能够得到计算机的编程实现。

位置式PID控制器和增量式PID控制器主要特点比较如下。

① 位置式PID控制器每次输出都是全量输出，也就是执行机构应该达到的位置。所以计算机一旦出现故障，就会引起$u(k)$的大幅度变化，容易损害生产设备，另外，它的输出与过去的整个输入信息有关，而且采用过去全部偏差信号的累加值，比较容易产生误差积累，计算量也很大。

② 增量式PID控制器的每次输出$\Delta u(k)$是$u(k)$的增量，它的控制作用比较平稳可靠，计算机造成的误差很小。另外没有误差积累，只要保持偏差信号过去三个采样时刻的值就行

了，因此可以降低计算误差时精度不够造成的影响，获得较好的控制效果。另外在自动手动切换时，可以实现无扰动切换。

本章小结

在工业控制中，采样控制系统是实际工程应用中的重要内容之一。本章从实际工程应用中所涉及的采样控制系统出发，详细描述了信号采样与保持，Z 变换与反变换，采样控制系统的数学模型及求解，采样控制系统的稳定性、稳态特性和动态特性分析，采用控制系统设计等。

拓展阅读　中国现代控制理论的开拓者——关肇直

习　题

3-1　请简要叙述香农采样定理。

3-2　求下列函数的 Z 变换。

① $f(t)=2t$　　② $f(t)=e^{at}$（a 为参数）

③ $f(t)=\sin(\omega t)$　　④ $f(t)=1-e^{-2t}$

⑤ $F(s)=\dfrac{s+3}{(s+1)(s+2)}$　　⑥ $F(s)=\dfrac{2}{s(s+1)}$

⑦ $F(s)=\dfrac{1}{s^2(s+1)}$　　⑧ $F(s)=\dfrac{s+2}{s^2}$

3-3　求下列函数的 Z 反变换。

① $F(z)=\dfrac{10z}{(z-1)(z-2)}$

② $F(z)=\dfrac{z^{-1}-3}{1-2z^{-1}+z^{-2}}$

③ $F(z)=\dfrac{0.5z}{(z-0.5)(z-1)}$

3-4　已知开环采样系统如图 3-34 所示，

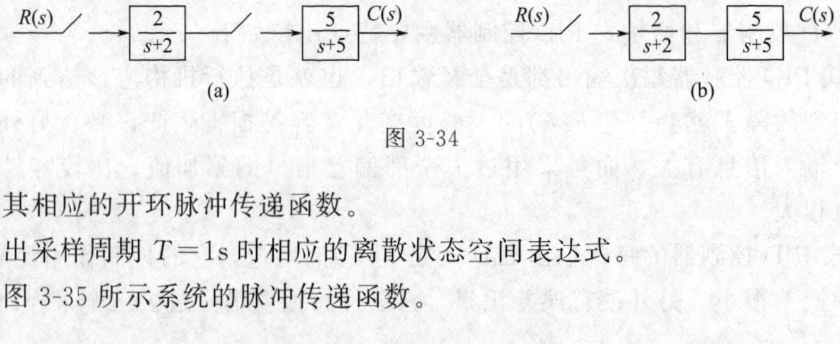

图 3-34

① 试求其相应的开环脉冲传递函数。

② 试写出采样周期 $T=1s$ 时相应的离散状态空间表达式。

3-5　求图 3-35 所示系统的脉冲传递函数。

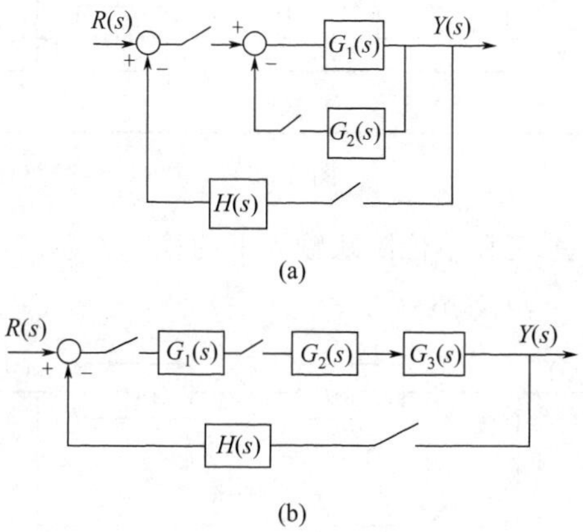

图 3-35

3-6　求下列采样系统中控制器脉冲传递函数相应的差分方程。

① $G(z)=\dfrac{z+5}{z^2+6z+5}$　　　② $G(z)=\dfrac{2z^2+z+1}{z^3+4z^2+2z+3}$

3-7　已知离散状态方程为

$$\boldsymbol{x}(k+1)=\begin{pmatrix}0 & 1\\ -0.16 & -1\end{pmatrix}\boldsymbol{x}(k)+\begin{pmatrix}0\\ 1\end{pmatrix}u(k),\quad y(k)=\begin{pmatrix}1 & 1\\ 0 & -1\end{pmatrix}\boldsymbol{x}(k)$$

试求系统的脉冲传递矩阵。

3-8　已知离散系统的差分方程为

① $y(k+2)-3y(k+1)+2y(k)=u(k)$ ② $y(k+2)+5y(k+1)+6y(k)=0$

输入序列 $u(k)=1$，初始条件 $y(0)=0$，$y(1)=1$，试求系统的输出响应 $y(k)$。

3-9　已知系统结构如图 3-36 所示，采样周期为 $T=1\text{s}$，试求取开环脉冲传递函数、闭环脉冲传递函数以及系统单位阶跃输入时的响应。

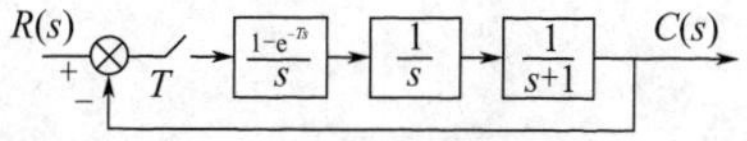

图 3-36

3-10　设某控制系统的模拟结构如图 3-37 所示。

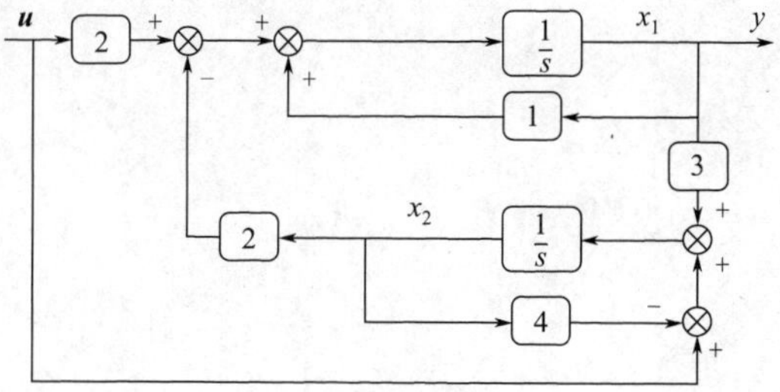

图 3-37

① 取图中标注的状态变量，求系统的状态空间表达式。

② 若控制输入为零阶保持器，试写出采样周期 $T=1\text{s}$ 时相应的离散状态空间表达式。

③ 分析②中离散系统的稳定性。

3-11　已知采样控制系统如图 3-38 所示，其中采样周期为 1s，$G_0(s)$为零阶保持器。

① 写出控制系统的闭环脉冲传递函数。

② 分析保证该闭环系统稳定的条件。

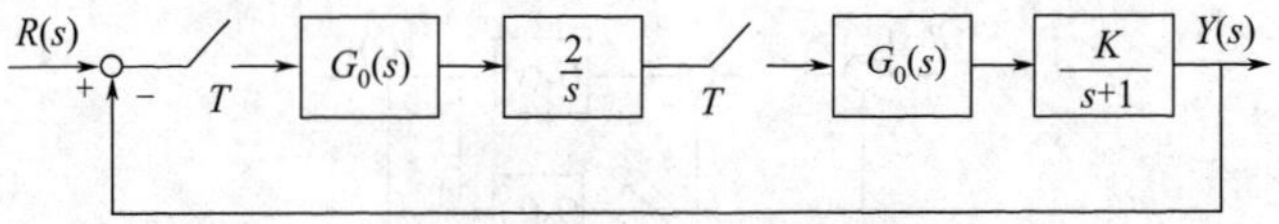

图 3-38

③ 若 $K=0.3$，计算该系统在单位阶跃输入下的稳态误差。

3-12　若采样系统如图 3-39 所示，

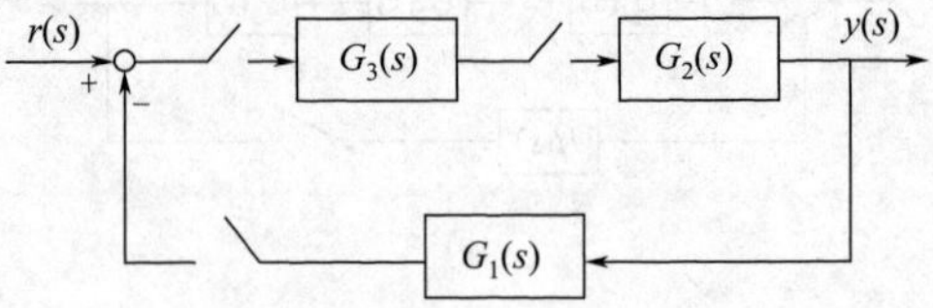

图 3-39

① 写出闭环脉冲传递函数的通用表达式。

② 若 $G_1(s)=\dfrac{1}{s+1}$，$G_2(s)=2$，$G_3(s)=\dfrac{1}{s+2}$，写出采样周期为 1s 时闭环系统的脉冲传递函数。

③ 分析该闭环系统的稳定性。

④ 试求单位阶跃作用下该闭环系统的稳态误差。

第 4 章 非线性控制系统分析方法

4.1 概述

在构成控制系统的环节中，有一个或一个以上的环节具有非线性特性时，这种控制系统就称为非线性控制系统。对于非线性程度不严重（弱非线性）的情况，通常采用的分析方法是近似线性化方法，而对于非线性程度比较严重（强非线性）的情况，近似线性化方法就不再适用。目前，尚无一般的通用方法来分析和设计非线性控制系统，而是针对具体的非线性系统采取适合的分析方法。

（1）为什么要研究非线性系统?

线性控制系统理论是一门成熟的学科，有着许多方法对其进行研究，并且在工业过程中，线性控制系统有着悠久和广泛的应用历史。因此，有人可能会问，既然线性控制挺好用，为什么有很多研究人员和设计人员非常关注非线性控制方法的发展和应用呢?

首先，线性控制研究和应用中常用的一个假设是系统模型是线性的。但是，在实际的控制系统中存在许多非线性，其不连续性导致做线性近似会失去系统本身的特性，例如在控制工程中经常出现的摩擦、饱和、死区、间隙和迟滞等非线性，这些非线性被称为“硬非线性”。这些固有非线性常常导致控制系统的不稳定或极限环等，因此必须对其影响进行预测和适当补偿。

其次，在设计线性控制器时，常假定系统模型的参数是已知的。然而，许多控制问题涉及模型参数的不确定性，这可能由参数的慢时变特性（例如，飞机飞行期间的环境空气压力）或参数的快速变化（例如，抓起新物体时机器人的惯性参数）导致。那么基于参数确定的线性控制器可能会表现出显著的性能退化甚至不稳定。而在系统的控制器中引入非线性，可以接受模型的不确定性，提高系统的性能。

最后，研究和应用非线性控制技术还有其他直接或间接的原因，例如，对现有线性控制系统进行改进，可以提高性能并节约成本；基于装置的物理特性的非线性控制器设计往往更简单、更直观，并且实用性强。继电器控制器也称开关控制器（或 Bang-Bang 控制器）就能产生快速响应，但本质上是非线性的。

（2）常见的非线性系统特性

实际的控制系统，存在着大量的非线性因素。这些非线性因素的存在，使得在用线性系统理论进行分析时所得出的结论，与实际系统的控制效果不一致。非线性系统除了不满足叠加定理，不能用线性化方法处理等本质特征外，还具有其他的一些特征。

① 多平衡点　对于线性系统而言，若给定线性系统，则只有一种运动形式，并且所有状态变量与初值成比例。与其不同的是，非线性系统初始值不一样时，运动形态会发生变化。例如，对于非线性系统

$$\dot{x}+x-x^2=0 \tag{4-1}$$

它的时间响应为

$$x(t)=\frac{x_0 e^{-t}}{1-x_0+x_0 e^{-t}} \tag{4-2}$$

对于不同的初始状态值，图 4-1 给出了相应的时间响应曲线，该系统有两个平衡点 $x=0$ 及 $x=1$，可以看出系统响应曲线的形态依赖于初始状态值。

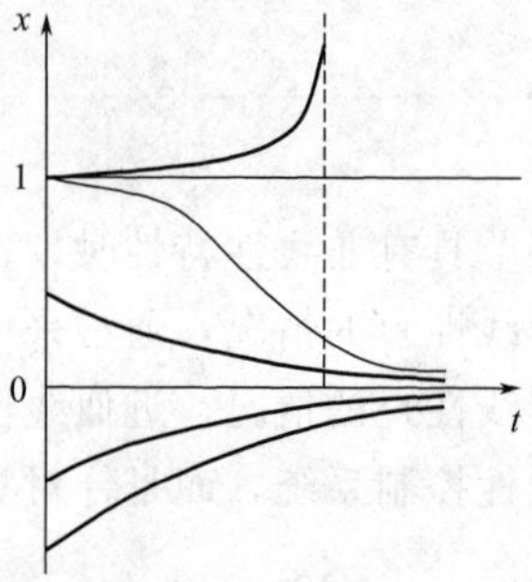

图 4-1　不同初始状态下的时间响应曲线

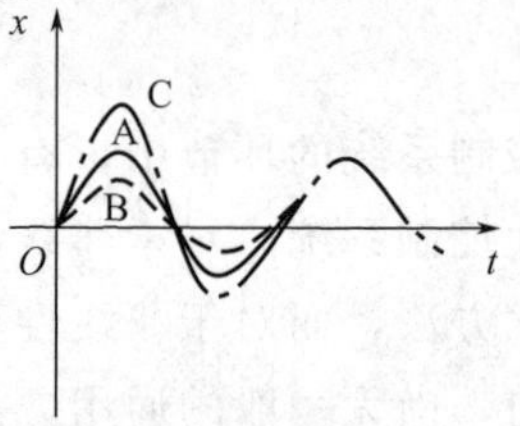

图 4-2　不同初始条件下的运动范德波尔方程

② 极限环　非线性系统在没有外界输入的情况下，可以表现为固定振幅和固定周期的振荡，这些振荡称为极限环或自激振荡。例如，范德波尔方程就是一个典型的非线性系统运动特性的例子，其运动方程为

$$\ddot{x}-0.1(1-x^2)\dot{x}+x=0 \tag{4-3}$$

其存在三种不同的运动形式：周期运动、收敛运动和发散运动。这三种运动形式是由初始状态决定的。图 4-2 是范德波尔方程三种由不同初始状态出发的运动曲线。A 的运动是等幅周期振荡；B 的运动是发散振荡，趋向于 A 的周期运动；C 的运动是收敛到 A 的运动轨迹。由此可以看出，轨迹 A 的运动就是自振。自振是非线性系统非常重要的一种运动形式，系统长期处于大幅度振荡下，会造成机械磨损、控制误差增大等现象，因此，大多数情况下不希望系统有自振发生，有时候可以通过引入自振运动，克服间歇、死区等非线性因素的不良影响。

极限环是非线性系统的一个重要现象。它们在自然及许多工程领域内出现，如飞机机翼的颤振、有腿机器人的跳跃、实验室的电子振荡器等，都是极限环。极限环有时是自发的，有时是人工设计的，如何消除自发的极限环以及设计和调整有用的极限环都是控制系统设计中需要面对的问题。

③ 混沌现象　对于稳定的线性系统，初始条件的微小差异只会导致输入的微小差异。然而，非线性系统会表现出混沌现象，也就是说非线性系统输出对初始条件极其敏感。混沌的本质特征是系统输出的不可预测性。混沌与随机运动不同，随机运动中的系统模型或输入含有不确定性，无法准确预测输出的时间响应。而混沌运动中，系统的模型、输入或初始条

件中几乎不含有不确定性，但是系统的响应仍然无法很好地预测。例如，一个简单的非线性系统

$$\ddot{x}+0.1\dot{x}+x^5=6\sin t \tag{4-4}$$

它代表一个带轻微摩擦，由正弦驱动的大弹性弯曲力学结构。图 4-3 是其对两个几乎相同初始条件的响应：实线运动轨迹的初始状态为 $x(0)=2$，$\dot{x}(0)=3$；虚线运动轨迹的初始状态为 $x(0)=2.01$，$\dot{x}(0)=3.01$。由 x^5 带来的非线性导致两个轨线的幅值响应在一段时间后有很大的不同。

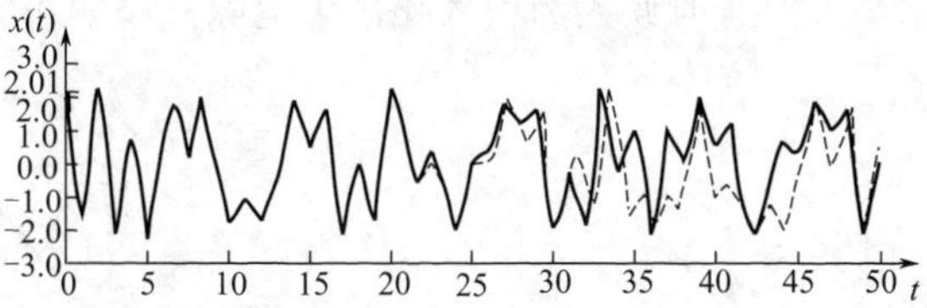

图 4-3　非线性系统的混沌特性

线性系统与非线性系统特点比较如下。

① 在线性系统中，系统的稳定性只取决于系统的结构和参数，对于定常系统而言，只取决于系统特征方程根的分布，和初始条件、外加输入没有关系。对于非线性系统，不存在系统是否稳定的统一概念，必须具体讨论某一运动的稳定性问题。非线性系统运动的稳定性，除了和系统结构形式、参数大小有关外，还和初始条件有密切关系。

② 线性系统自由运动的形式与系统的初始状态的值无关。而非线性系统的运动时间响应曲线随着初始状态值的不同而有很大的不同。

③ 线性系统中，在没有外加输入作用时，周期运动只发生在临界情况下，并且这个周期运动是物理上不可能实现的。而在非线性系统中，在没有外力作用时，系统完全有可能发生一定频率和振幅的稳定周期运动，如图 4-4 所示，这个周期运动物理上是可以实现的，通常把它称为自激振荡，简称自振。

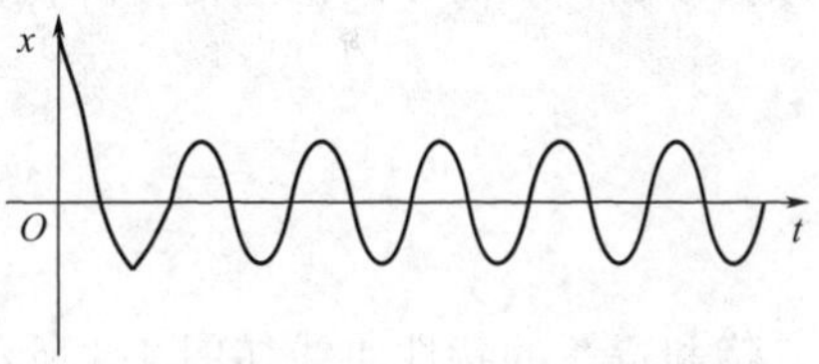

图 4-4　非线性系统的自激振荡

④ 线性系统中，当输入为正弦信号时，系统输出稳态分量也是同频率的正弦函数，可以引入频率特性的概念并用它来表示系统固有的动态特性。而在非线性系统中，正弦输入下的系统输出信号除了含有与输入同频率的正弦信号分量（基频分量）外，还含有高频谐波分量，使得输出信号发生非线性畸变等。

(3) 典型的非线性环节及其数学描述

实际系统中，非线性特性多种多样，有一些典型非线性环节，大多数是复杂的非线性特性。尽管各种复杂的非线性特性可以看作是各种典型非线性特性环节的组合，但决不能将各个典型非线性环节的响应相加作为复杂非线性系统的响应，因为它们不能用叠加原理。非线性的存在使得系统变得更复杂，没有统一的方法来处理所有的非线性系统。本小节主要介绍四种典型非线性环节及其数学描述。

① 死区特性　引起死区的原因有很多，如静摩擦、电气触点的气隙、触点压力、电路中的不灵敏值等。死区特性又称不灵敏区特性。死区特性的数学描述为

$$y=\begin{cases}k(x-a), & x>a\\ 0, & |x|\leqslant a\\ k(x+a), & x<-a\end{cases} \tag{4-5}$$

其含义就是只要输入没有达到定值 a，其输出就为 0；一旦输入大于定值 a，输出就随着输入的增加而线性增加。死区特性的特性曲线如图 4-5 所示。死区特性的主要特点有：使系统产生稳态误差，可能造成系统低速不均匀，甚至使随动系统不能准确跟踪目标等。实际中具有死区特性的元部件有测量、放大元件，执行机构等，例如电动机接收到信号后不能马上转动，而要等到输入信号达到一定数值后才开始转动。大多数情况下，死区特性存在导致系统不稳定或产生自激振荡，但有时候人为引入死区可消除高频的小幅度振荡。

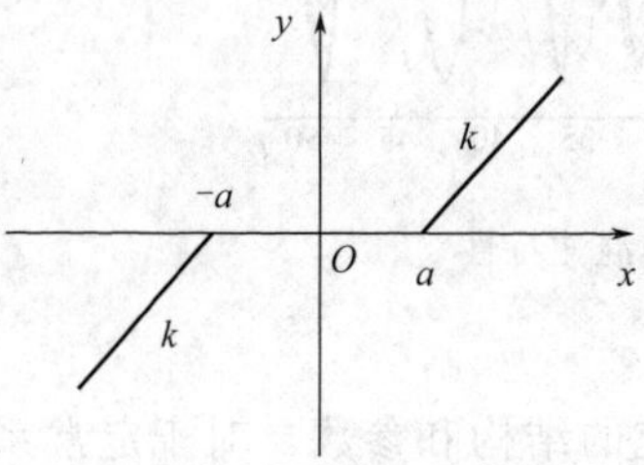

图 4-5　死区特性曲线

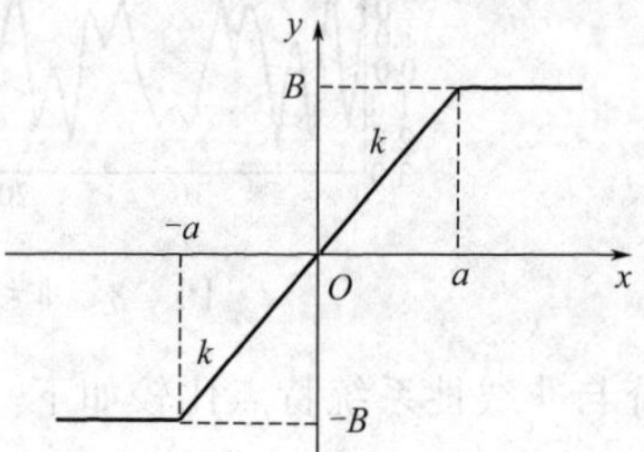

图 4-6　饱和特性曲线

执行机构中的静摩擦影响也可以用死区特性表示，摩擦死区特性可能造成系统的低速不均匀，甚至使随动系统不能准确跟踪目标。

② 饱和特性　饱和特性是电子放大器中常见的一种非线性，当进入饱和区后，系统放大系数下降，从而导致稳态精度降低。饱和特性的数学描述为

$$y=\begin{cases}ka, & x>a\\ kx, & |x|\leqslant a\\ -ka, & x<-a\end{cases} \tag{4-6}$$

饱和特性的特性曲线如图 4-6 所示。饱和特性的主要特点有：使系统在大信号作用下的等效增益下降，深度饱和情况下甚至使系统失去闭环控制作用。实际中具有饱和特性的元部件有放大器、铁磁元件（如铁芯线圈、电机、变压器等)。许多执行机构都具有饱和特性，如伺服电机，当输入电压超过一定数值时，电机的转速就会达到饱和，不再随着电压的增大而增大。实际上，执行机构一般都具有死区特性和饱和特性。在实际应用中，有时候人为利用饱和特性做限幅，保证系统安全合理地工作，如调速系统中利用转速调节器的输出限幅来限制电流，以保护电动机不会因电流过大而烧坏。

③ 继电特性　继电器是控制系统与保护装置中常见的一种器件。理想的继电特性数学描述为

$$y=\begin{cases}B, & x>0\\ -B, & x<0\end{cases} \tag{4-7}$$

继电器常见结构及继电特性曲线如图 4-7(a) 与 (b) 所示。由于继电器吸合电压与释放电压不等，使得其特性中包含了死区、回环（间隙）及饱和特性等，其相应的特性曲线如图 4-8(a)、(b) 和 (c) 所示。

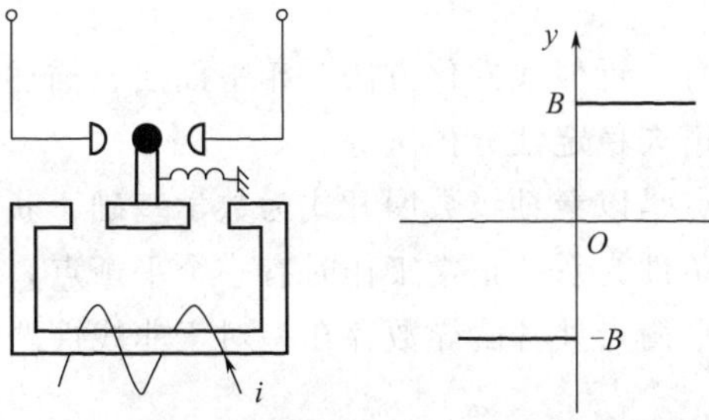

(a) 继电器　　(b) 继电特性曲线

图 4-7　继电器常见结构及特性曲线

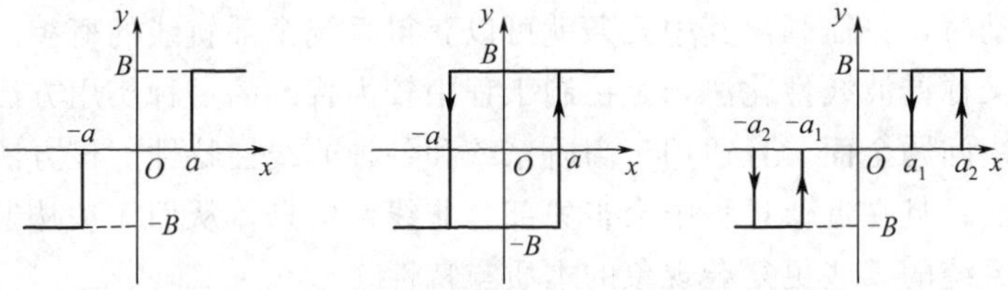

(a) 死区+继电特性曲线　(b) 间隙+继电特性曲线　(c) 死区+间隙+继电特性曲线

图 4-8　继电器特性曲线

④ 间隙特性　又称回环特性，一般常见于机械传动装置，间隙特性的数学描述为

$$y=\begin{cases} K(x-b\,\mathrm{sign}x), & \left|\dfrac{y}{K}-x\right|>b \\ \dot{y}=0, & \left|\dfrac{y}{K}-x\right|<b \end{cases} \tag{4-8}$$

齿轮传动结构及其间隙特性曲线如图 4-9(a) 与 (b) 所示。间隙特性的主要特点有：使系统产生自振，使系统稳态误差增大、动态性能变差、稳定性下降等。实际中具有间隙特性的元部件有传动机构、铁磁元件。传动机构在齿轮转动时，若主动轮改变方向，则从动轮保持位置不变，直到间隙消除为止。铁磁元件中的磁滞现象就是一种典型的间隙特性。采用双片弹性齿轮（无隙齿轮）可消除间隙对系统的不利影响。

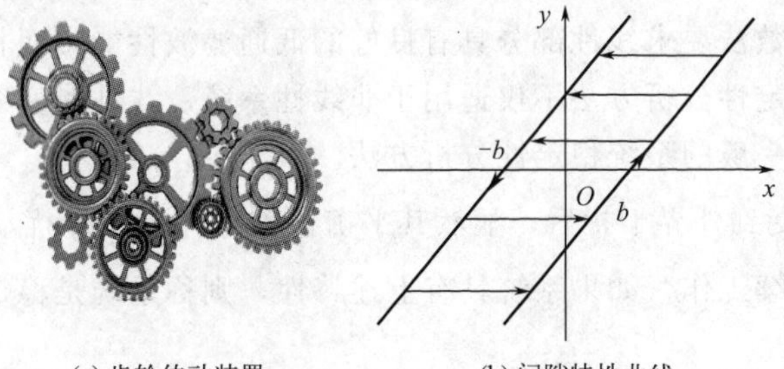

(a) 齿轮传动装置　　(b) 间隙特性曲线

图 4-9　齿轮传动结构及其间隙特性曲线

(4) 非线性系统的研究方法

对于非线性控制系统，迄今为止没有统一的、普遍适用的非线性系统处理方法，远远不能满足工程技术领域及其他领域的需要。目前，非线性系统研究方法有很多种，但是每种方

法都有适用范围和局限性。

非线性系统的研究方法有：近似线性化方法、相平面法、描述函数法、微分几何控制理论、微分代数方法、李雅普诺夫稳定性分析法等。

近似线性化方法主要特点是以泰勒级数展开式为数学基础，获得变量在平衡点附近的线性增量方程。该方法的适用条件为系统正常工作时有一个平衡点，且在平衡点附近小范围变化，也就是说非线性函数在平衡点处各阶导数存在。对于非线性严重的情况，不能使用近似线性化方法处理。

相平面法主要研究的是二阶非线性系统，利用系统微分方程在相平面上建立系统解的几何图像，从而获得二阶系统的运动性质。该方法无需求解非线性微分方程，直接给出能够显示系统运动特征的相图，从而可获得系统全部运动性质的定性知识。该方法的优点是系统存在无限多的轨线运动时，只需画出其中几条就可以获得系统全部轨线的概貌。

描述函数法，又称谐波线性化法，是控制工程中较为普及的一种实用方法。该方法的优点是比较简单，解决问题全面，且适用于高阶系统和各种非线性特性。该方法仍然是一种非线性处理的近似方法，且在近似过程中会丧失部分非线性信息，从而无法从谐波线性化方程中取得关于非线性系统的某些更复杂现象的本质与特性。

非线性系统的微分几何控制理论是近些年来非线性系统研究的主要方法之一，但是由于利用微分几何、泛函等现代数学对非线性系统进行研究，给大多数数学功底不扎实的工科学生和工程技术人员带来了较大困难，因此很难将这一理论应用到实际的工程系统。

4.2 李雅普诺夫稳定性分析方法

(1) 稳定性研究发展概述

一个自动控制系统要能正常工作，必须首先是一个稳定的系统，如电压自动调速系统中保持电机电压为恒定的能力，火箭飞行中保持航向为一定的能力等。在线性定常系统中，有很多稳定性判据，如劳斯稳定判据、奈奎斯特稳定判据等。然而，当系统为线性时变的，或者为非线性的系统时，线性定常系统中的稳定性判据就不再适用了。在非线性系统的稳定性分析方法中，描述函数法要求线性部分具有良好的低通滤波性能，而相平面法仅适用于二阶系统。李雅普诺夫稳定性分析方法不仅适用于非线性系统、线性时变系统，也可适用于线性定常系统，是一种最一般的系统稳定性分析方法。

定义 当系统受到外界干扰后，显然其平衡被破坏，但在外扰动去掉后，系统仍有能力自动地在平衡态继续工作，如果系统具有上述特性，则称系统是稳定系统，否则称为不稳定系统。

系统的稳定性也可以说是系统在受到外界干扰后，系统状态变量或输出变量的偏差量过渡过程的收敛性，其数学表达为：

$$\lim_{t \to \infty} |\Delta x(t)| \leqslant \varepsilon \tag{4-9}$$

式中，$\Delta x(t)$为系统被调量偏离平衡位置的偏差量；ε 为任意小的规定值。如果系统在受到外部干扰后偏差量越来越大，显然系统不可能是一个稳定系统。

分析一个控制系统的稳定性，一直是控制理论中关注的最重要问题。对于简单系统，常利用经典控制理论中的线性定常系统的稳定性判据：劳斯稳定判据、奈奎斯特稳定判据等。这些判据仅限于讨论单输入-单输出线性定常系统输入输出间动态关系，即线性定常系统的有界输入有界输出（BIBO）稳定性，未讨论系统的内部状态变化的稳定性，也不能推广到时变系统和非线性系统等复杂系统。

对于时变系统或非线性系统，虽然通过系统转化等，可以应用经典控制理论中的稳定性判据，但是难以胜任一般系统。现代控制系统的结构比较复杂，大部分都存在非线性或时变因素，解决这类复杂系统的稳定性问题，最常用的方法是基于李雅普诺夫第二法而得到的一些稳定性理论，即李雅普诺夫稳定性理论。

实际上，控制系统的稳定性，通常有以下两种定义。

外部稳定性：是指系统在零初始条件下通过外部状态，即由系统的输入和输出两者关系所定义的外部稳定性。经典控制理论讨论的有界输入有界输出稳定即为外部稳定性。

内部稳定性：是关于动力学系统的内部状态变化所呈现的稳定性，即系统的内部状态稳定性，李雅普诺夫稳定性即为内部稳定性。

外部稳定性只适用于线性系统，内部稳定性既适用于线性系统也适用于非线性系统。对于同一个系统，只有在满足一定的条件下两种定义才具有等价性。

1892 年，俄国学者李雅普诺夫发表了题为《运动稳定性一般问题》的著名文献，建立了关于运动稳定性研究的一般理论。多年来，李雅普诺夫理论得到了极大发展，在数学、力学、控制理论、机械工程等领域得到了广泛应用。李雅普诺夫把分析一阶常微分方程组稳定性的所有方法归纳为两类：间接法和直接法。

第一类方法是将非线性系统在平衡点附近线性化，然后通过讨论线性化系统的特征值分布及稳定性来讨论原非线性系统的稳定性问题，这是一种较为简捷的方法，与经典控制理论稳定性判别方法思路一致。该方法称为间接法，亦称李雅普诺夫第一法。

第二类方法不是通过解方程或求解系统特征值来判别稳定性，而是通过定义一个叫李雅普诺夫函数的标量函数来分析系统稳定性，由于不用解方程就能直接判别系统稳定性，所以第二种方法称为直接法，亦称李雅普诺夫第二法。

李雅普诺夫稳定性理论不仅可以分析线性定常系统，也可以用来研究时变系统、非线性系统、离散时间系统、离散动态系统、逻辑动力学系统等复杂系统的稳定性，这正是其优势所在。

(2) 李雅普诺夫稳定性的定义

系统稳定性是动态系统的一个重要指标，是可以用定量方法研究和表示的定性指标。它反映的是系统的一种本质特征，这种特征不随系统的变换而改变，但是可以通过系统反馈和综合加以控制。这也是控制理论和控制工程的精髓。

在经典控制理论中，讨论的是在有界输入下，是否产生有界输出的输入输出稳定性问题。从经典控制理论可知，线性系统的输入输出稳定性取决于其特征方程的根，与初始条件和扰动都无关，而非线性系统则不一定。

非线性系统的稳定性是相对系统的平衡态而言的，很难笼统地讨论非线性系统在整个状态空间的稳定性。对于非线性系统，其不同的平衡态有着不同的稳定性，因此只能分别讨论各个平衡态附近的稳定性。对于稳定的线性系统，由于只存在唯一的孤立平衡状态，所以只有对线性系统才能在整个空间讨论系统的稳定性问题。

李雅普诺夫稳定性理论讨论的是动态系统各个平衡态附近的局部稳定性问题。它是一种具有普遍性的稳定性理论，不仅适用于线性定常系统，而且也适用于非线性系统、时变系统、分布参数系统等。

① 平衡状态　设系统的状态方程为

$$\dot{\boldsymbol{x}}=\boldsymbol{f}(\boldsymbol{x},t)$$

式中，$\boldsymbol{x}$ 为 n 维状态变量；$\boldsymbol{f}(\boldsymbol{x},t)$ 为 n 维关于状态变量 $\boldsymbol{x}$ 和时间 t 的非线性向量函数。则对于该非线性系统，其平衡状态 $\boldsymbol{x}_e$ 定义为 $\dot{\boldsymbol{x}}_e=\boldsymbol{f}(\boldsymbol{x}_e,t)=0$。

平衡状态是指状态空间中状态变量的导数为零向量的点（状态）。导数的几何意义表示该函数在某点处的切线斜率，在这里表示的是状态运动变化方向。平衡状态就是保持平衡、维持现状不运动的状态，如图 4-10 所示。

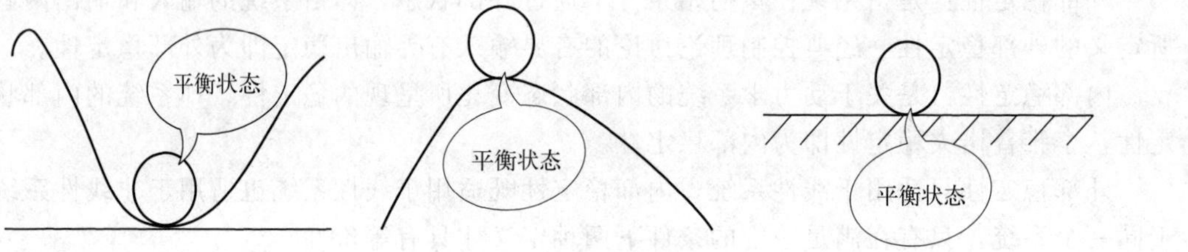

图 4-10　三种平衡状态示意图

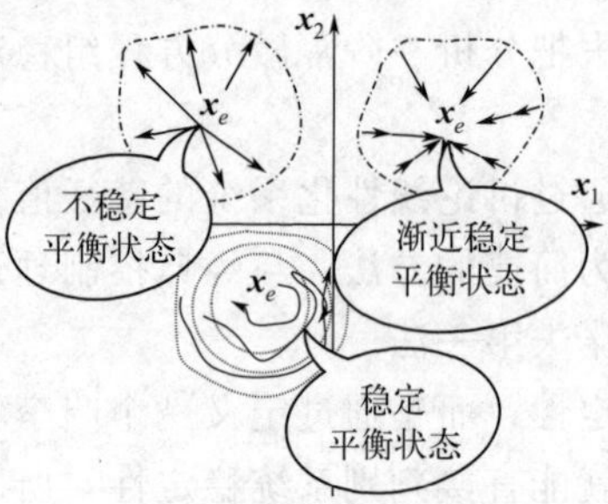

图 4-11　平衡状态处稳定性类别示意图

李雅普诺夫稳定性研究的是平衡状态附近（邻域）的运动变化问题。若平衡状态附近某充分小邻域内所有状态的运动最后都能趋于该平衡状态，则称该平衡状态是渐近稳定的。若发散，则称不稳定。若能维持在平衡状态附近某个邻域内运动变化，则称为稳定的。在平衡点附近稳定性类别示意图如图 4-11 所示。

显然，线性定常系统

$$\dot{\boldsymbol{x}}=\boldsymbol{A}\boldsymbol{x} \tag{4-10}$$

的平衡状态 $\boldsymbol{x}_e$ 满足方程 $\boldsymbol{A}\boldsymbol{x}_e=\boldsymbol{0}$ 的解。当矩阵 $\boldsymbol{A}$ 为非奇异矩阵时，该系统只有一个孤立的平衡状态 $\boldsymbol{x}_e=\boldsymbol{0}$。孤立的平衡状态是指在某一平衡状态充分小的邻域内不存在别的平衡状态。而当矩阵 $\boldsymbol{A}$ 为奇异矩阵时，该系统存在无穷多个平衡状态，且这些平衡状态不是孤立平衡状态，它们构成了状态空间中的一个子空间。

非线性系统通常有一个或几个孤立的平衡状态。例如，对于非线性系统

$$\begin{cases}\dot{x}_1=x_1\\ \dot{x}_2=x_1+x_2-x_2^3\end{cases}$$

由 $\dot{x}_1=0$，$\dot{x}_2=0$ 可得

$$\boldsymbol{x}_{e_1}=\begin{pmatrix}0\\0\end{pmatrix},\ \boldsymbol{x}_{e_2}=\begin{pmatrix}0\\-1\end{pmatrix},\ \boldsymbol{x}_{e_3}=\begin{pmatrix}0\\1\end{pmatrix}$$

因此，该非线性系统存在三个孤立的平衡状态。

对于孤立平衡状态，总是可以通过坐标变换的方式将其转移到状态空间的原点。因此，不失一般性，为了便于分析，通常把平衡状态取为状态空间的原点。由于非线性系统的李雅

普诺夫稳定性具有局部性特点，因此在讨论稳定性时，通常还要确定平衡点的稳定邻域（区域）。

② 李雅普诺夫意义下的稳定性　下面给出一些相关的数学预备知识。

定义 1　范数在数学上定义为度量 n 维空间中点之间的距离。对于 n 维空间中任意两点 $\boldsymbol{x}_1$ 和 $\boldsymbol{x}_2$，它们之间距离的范数记为

$$\|\boldsymbol{x}_1-\boldsymbol{x}_2\|$$

工程应用中常用的是 2-范数，即欧几里得范数，其定义为

$$\|\boldsymbol{x}_1-\boldsymbol{x}_2\|=\sqrt{\sum_{i=1}^{n}(x_{1,i}-x_{2,i})^2} \tag{4-11}$$

常用的范数还有 1-范数和∞-范数分别定义为

$$\|\boldsymbol{x}_1-\boldsymbol{x}_2\|_1=\sum_{i=1}^{n}|x_{1,i}-x_{2,i}| \tag{4-12}$$

和

$$\|\boldsymbol{x}_1-\boldsymbol{x}_2\|_\infty=\max_i|x_{1,i}-x_{2,i}| \tag{4-13}$$

定义 2　球域是以 n 维空间中的点 $\boldsymbol{x}_e$ 为中心，在所定义的范数度量意义下的长度 δ 为半径的各个点所组成的空间体，记为 $S(\boldsymbol{x}_e,\delta)$。即球域 $S(\boldsymbol{x}_e,\delta)$ 包含满足 $\|\boldsymbol{x}-\boldsymbol{x}_e\|\leqslant\delta$ 的 n 维空间中所有点 $\boldsymbol{x}$。不同范数下球域如图 4-12 所示。

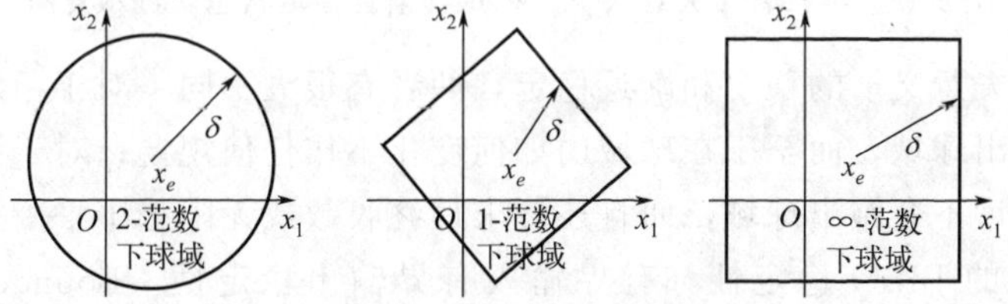

图 4-12　不同范数下球域示意图

定义 3　（李雅普诺夫意义下的稳定性）：若状态方程

$$\dot{\boldsymbol{x}}=\boldsymbol{f}(\boldsymbol{x},t) \tag{4-14}$$

所描述的非线性系统：对于任意 $\varepsilon>0$ 和任意初始时刻 t_0，都对应存在一个实数 $\delta(\varepsilon,t_0)>0$，使得对于任意位于平衡点 $\boldsymbol{x}_e$ 的球域 $S(\boldsymbol{x}_e,\delta)$ 中的初始状态 $\boldsymbol{x}_0$，当从该初始状态 $\boldsymbol{x}_0$ 出发的状态方程的解 $\boldsymbol{x}$ 都位于球域 $S(\boldsymbol{x}_e,\delta)$ 内，则称系统在初始时刻 t_0 的平衡点 $\boldsymbol{x}_e$ 处是李雅普诺夫意义下稳定的。

李雅普诺夫稳定性的定义说明，对应于平衡点 $\boldsymbol{x}_e$ 的每一个球域 $S(\boldsymbol{x}_e,\varepsilon)$，一定存在一个有限的球域 $S(\boldsymbol{x}_e,\delta)$，使得 t_0 时刻从 $S(\boldsymbol{x}_e,\delta)$ 出发的系统状态轨线总离不开球域 $S(\boldsymbol{x}_e,\varepsilon)$。

李雅普诺夫稳定性针对平衡状态而言，反映的是在平衡点处邻域的局部稳定性，即小范围稳定性。系统做等幅振荡时，在平面上描出的一条封闭曲线，只要不超过邻域 $S(\boldsymbol{x}_e,\delta)$，就是李雅普诺夫稳定的，而经典控制理论认为是不稳定的。

③ 李雅普诺夫渐近稳定性　李雅普诺夫稳定性的定义仅仅强调了系统在稳定平衡状态附近的解总是在该平衡状态附近的某个有限的球域内，而并没有强调系统的最终状态稳定于何处。下面给出强调系统的最终状态稳定性的李雅普诺夫意义下渐近稳定性定义。

定义 若状态方程

$$\dot{\boldsymbol{x}}=\boldsymbol{f}(\boldsymbol{x},t) \tag{4-15}$$

所描述的非线性系统在初始时刻 t_0 的平衡点 $\boldsymbol{x}_e$ 处是李雅普诺夫意义下稳定的，且系统状态最终趋于系统的平衡状态 $\boldsymbol{x}_e$，即

$$\lim_{t\to\infty}\boldsymbol{x}(t)=\boldsymbol{x}_e \tag{4-16}$$

则称系统的平衡状态 $\boldsymbol{x}_e$ 是李雅普诺夫意义下渐近稳定的。若 $\delta(\varepsilon,t_0)$ 与初始时刻 t_0 无关，则称平衡状态 $\boldsymbol{x}_e$ 是李雅普诺夫意义下一致渐近稳定的。

在图 4-13 中描述状态 $\boldsymbol{x}(t)$ 的轨迹随着时间变化收敛过程中，图（a）的状态是李雅普诺夫意义下稳定的，而图（b）的状态是李雅普诺夫意义下渐近稳定的。

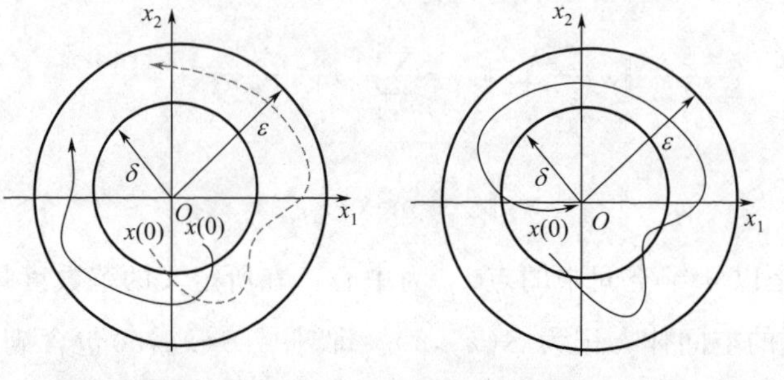

(a) 李雅普诺夫意义下的稳定　(b) 李雅普诺夫意义下的渐近稳定

图 4-13　李雅普诺夫意义下的稳定与渐近稳定状态轨迹示意图

对于李雅普诺夫意义下的稳定和渐近稳定，两者有很大不同。对于稳定而言，只要求状态轨迹永远不会跑出球域，而至于在球域内如何变化不作任何规定；对于渐近稳定而言，不仅要求状态轨迹永远不会跑出球域，而且还要求最终收敛或无限趋于平衡状态。

经典控制论中的 BIBO 稳定性（有界输入有界输出稳定性，Bounded-Input Bounded-Output）就是李雅普诺夫意义下的渐近稳定。从工程意义上来说，李雅普诺夫意义下的渐近稳定性比经典控制理论中的稳定性更为重要。由于渐近稳定性是个平衡状态附近的局部性概念，只确定平衡状态渐近稳定，并不意味着整个系统能稳定地运行。

④ 李雅普诺夫大范围渐近稳定性。

定义 对于 n 维状态空间中的所有状态，如果由这些状态出发的轨线都具有渐近稳定性（都收敛于平衡状态 $\boldsymbol{x}_e$），那么平衡状态 $\boldsymbol{x}_e$ 称为李雅普诺夫意义下大范围渐近稳定。

若状态方程在任意初始状态下的解，当 t 无限增长时都趋于平衡状态，则该平衡状态为大范围渐近稳定。大范围渐近稳定的必要条件是系统在整个状态空间只有一个平衡状态。对于线性定常系统而言，如果其平衡状态是渐近稳定的，则一定是大范围渐近稳定的。对于非线性系统则不然（在整个状态空间可能有多个平衡状态），渐近稳定性是一个局部性概念，而非全局性的概念。

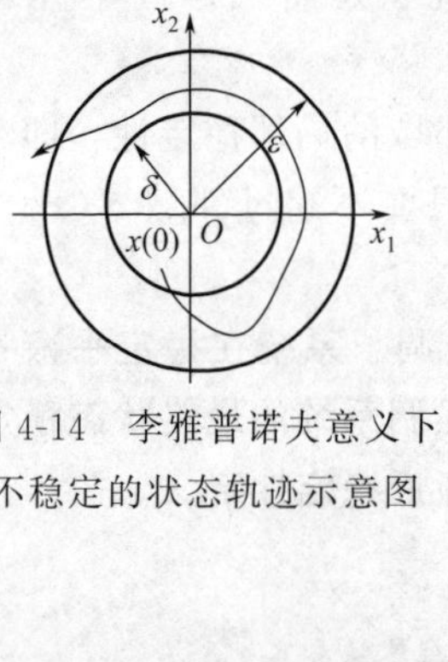

图 4-14　李雅普诺夫意义下不稳定的状态轨迹示意图

⑤ 李雅普诺夫不稳定性。

定义 如果从球域 $S(\boldsymbol{x}_e\delta)$ 出发的轨迹，无论球域选得多么小，只要其中有一条轨迹脱离球域，则称平衡状态 $\boldsymbol{x}_e$ 为不稳定。李雅普诺夫意义下不稳定的状态轨迹示意图如图 4-14 所示。

⑥ 平衡状态稳定性与输入输出稳定性的关系　经典控制理论中定义的稳定性是指 BIBO 稳定性，即有界输入有界输出稳定性，而李雅普诺夫稳定性讨论的是系统在平衡状态邻域的稳定性问题。它们之间关系如表 4-1 所示。

表 4-1　平衡状态稳定性与输入输出稳定性的关系

经典控制理论(线性定常系统)	不稳定	临界稳定	稳定
李雅普诺夫意义下稳定性理论	不稳定	稳定	渐近稳定

(3) 李雅普诺夫稳定性的基本定理

① 李雅普诺夫第一法　李雅普诺夫第一法又称间接法，是研究动态系统的一次近似数学模型稳定性的方法，主要是利用状态方程解的特性来判断系统稳定性，其基本思路如下。

先将非线性系统状态方程在平衡点附近进行线性化，即在平衡点处做泰勒级数展开，再利用其一次展开式进行系统稳定性分析。然后，解出线性化状态方程组的特征值，根据全部特征值在 S 平面上的分布情况判定系统在零输入情况下的稳定性。

若非线性系统状态方程为

$$\dot{\boldsymbol{x}}=\boldsymbol{f}(\boldsymbol{x}) \tag{4-17}$$

在平衡状态 $\boldsymbol{x}_e=0$ 附近存在各阶偏导数，于是有

$$\dot{\boldsymbol{x}}=\boldsymbol{f}(\boldsymbol{x}_e)+\left.\frac{\partial \boldsymbol{f}}{\partial \boldsymbol{x}^{\mathrm{T}}}\right|_{\boldsymbol{x}=\boldsymbol{x}_e}(\boldsymbol{x}-\boldsymbol{x}_e)+g(\boldsymbol{x}) \tag{4-18}$$

式中，$g(\boldsymbol{x})$为级数展开式中二阶以上各项之和；而

$$\frac{\partial \boldsymbol{f}}{\partial \boldsymbol{x}^{\mathrm{T}}}=\begin{bmatrix} \frac{\partial f_1}{\partial x_1} & \frac{\partial f_1}{\partial x_2} & \cdots & \frac{\partial f_1}{\partial x_n} \\ \vdots & \vdots & & \vdots \\ \frac{\partial f_n}{\partial x_1} & \frac{\partial f_n}{\partial x_2} & \cdots & \frac{\partial f_n}{\partial x_n} \end{bmatrix}$$

为向量函数的雅可比矩阵，且 $\boldsymbol{f}=(f_1 \quad f_2 \quad \cdots \quad f_n)^{\mathrm{T}}$ 和 $\boldsymbol{x}=(x_1 \quad x_2 \quad \cdots \quad x_n)^{\mathrm{T}}$。

令

$$\Delta\dot{\boldsymbol{x}}=\dot{\boldsymbol{x}}-\boldsymbol{f}(\boldsymbol{x}_e),\ \Delta\boldsymbol{x}=\boldsymbol{x}-\boldsymbol{x}_e,\ \boldsymbol{A}=\left.\frac{\partial \boldsymbol{f}}{\partial \boldsymbol{x}^{\mathrm{T}}}\right|_{\boldsymbol{x}=\boldsymbol{x}_e}$$

则非线性系统的线性化方程为

$$\Delta\dot{\boldsymbol{x}}=\boldsymbol{A}\Delta\boldsymbol{x} \tag{4-19}$$

若线性化系统的状态方程系统矩阵 $\boldsymbol{A}$ 的所有特征根都具有负实部，则原非线性系统在平衡点 $\boldsymbol{x}_e$ 处渐近稳定，且系统的稳定性与高阶项 $g(\boldsymbol{x})$无关。即若 $\mathrm{Re}(\lambda_i)<0$，$i=1,2,\cdots,n$，则系统在平衡点 $\boldsymbol{x}_e$ 处渐近稳定，与 $g(\boldsymbol{x})$无关。

若线性化系统的状态方程系统矩阵 $\boldsymbol{A}$ 的所有特征根中至少有一个具有正实部，则原非线性系统在平衡点 $\boldsymbol{x}_e$ 处不稳定，且系统的稳定性与高阶项 $g(\boldsymbol{x})$无关。即若 $\mathrm{Re}(\lambda_i)>0$，$\mathrm{Re}(\lambda_j)<0$，$i\neq j=1,2,\cdots,n$，则系统不稳定，与 $g(\boldsymbol{x})$无关。

若线性化系统的状态方程系统矩阵 $\boldsymbol{A}$ 的所有特征根中除了具有实部为零的特征根外，其余特征根都具有负实部，则原非线性系统在平衡点 $\boldsymbol{x}_e$ 处的稳定性由高阶项 $g(\boldsymbol{x})$决定。即若 $\mathrm{Re}(\lambda_i)=0$，稳定性与 $g(\boldsymbol{x})$有关。当 $g(\boldsymbol{x})=0$ 时，系统是李雅普诺夫意义下稳定的。

【例 4-1】 某装置动力学特性的常微分方程组描述如下式

$$\dot{\boldsymbol{x}}=\boldsymbol{f}(\boldsymbol{x})=\begin{pmatrix} x_2 \\ K_1(x_1^2-1)x_2-K_2x_1 \end{pmatrix}$$

试确定该系统在原点处的稳定性。

解：由状态方程可知，原点为该系统的平衡点。将该系统在原点处线性化，则系统矩阵为

$$\boldsymbol{A}=\begin{bmatrix} \dfrac{\partial \boldsymbol{f}(1)}{\partial x_1} & \dfrac{\partial \boldsymbol{f}(1)}{\partial x_2} \\ \dfrac{\partial \boldsymbol{f}(2)}{\partial x_1} & \dfrac{\partial \boldsymbol{f}(2)}{\partial x_2} \end{bmatrix}_{(0,0)}=\begin{pmatrix} 0 & 1 \\ -K_2 & K_1(x_1^2-1) \end{pmatrix}_{(0,0)}=\begin{pmatrix} 0 & 1 \\ -K_2 & -K_1 \end{pmatrix}$$

因此，系统的特征方程为

$$|\lambda \boldsymbol{I}-\boldsymbol{A}|=\begin{vmatrix} \lambda & -1 \\ K_2 & \lambda+K_1 \end{vmatrix}=\lambda^2+K_1\lambda+K_2$$

由李雅普诺夫第一法可知，原非线性系统在原点处为渐近稳定的充分条件为

$$K_1>0,\ K_2>0$$

② 李雅普诺夫第二法　由李雅普诺夫第一法的结论可知，该方法能解决部分弱非线性系统的稳定性判定问题，但对强非线性系统的稳定性判定则无能为力，而且该方法不易推广到时变系统。下面讨论对所有动态系统的状态方程的稳定性分析都适用的李雅普诺夫第二法。

李雅普诺夫第二法又称为直接法。它是在用能量观点分析稳定性的基础上建立起来的。若系统平衡状态渐近稳定，则系统经激励后，其储存的能量将随着时间推移而衰减。当趋于平衡状态时，其能量达到最小值。反之，若平衡状态不稳定，则系统将不断地从外界吸收能量，其储存的能量将越来越大。基于这样的观点，只要能找出一个能合理描述动态系统的 n 维状态的某种形式的能量正性函数，通过考察该函数随时间推移是否衰减，就可判断系统平衡状态的稳定性。

首先，介绍与李雅普诺夫第二法相关的数学预备知识。

标量函数的正定性与负定性：设 $V(\boldsymbol{x})$ 是向量 $\boldsymbol{x}$ 的标量函数，在 $\boldsymbol{x}=\boldsymbol{0}$ 处有 $V(\boldsymbol{0})=0$。

(a) 若 $V(\boldsymbol{x})>0$，则 $V(\boldsymbol{x})$ 是正定函数。例如 $V(\boldsymbol{x})=\boldsymbol{x}_1^2+\boldsymbol{x}_2^2$。

(b) 若 $V(\boldsymbol{x})\geqslant 0$，则 $V(\boldsymbol{x})$ 是半正定函数。例如 $V(\boldsymbol{x})=(\boldsymbol{x}_1+\boldsymbol{x}_2)^2$。

(c) 若 $V(\boldsymbol{x})<0$，则 $V(\boldsymbol{x})$ 是负定函数。例如 $V(\boldsymbol{x})=-(\boldsymbol{x}_1^2+\boldsymbol{x}_2^2)$。

(d) 若 $V(\boldsymbol{x})\leqslant 0$，则 $V(\boldsymbol{x})$ 是半负定函数。例如 $V(\boldsymbol{x})=-(\boldsymbol{x}_1+\boldsymbol{x}_2)^2$。

(e) 如果不论定义域 Ω 取多么小，$V(\boldsymbol{x})$ 既可以为正，也可以为负，则称这类标量函数为不定函数。例如 $V(\boldsymbol{x})=\boldsymbol{x}_1\boldsymbol{x}_2+\boldsymbol{x}_2^2$。

二次型标量函数：若

$$V(\boldsymbol{x})=\boldsymbol{x}^{\mathrm{T}}\boldsymbol{P}\boldsymbol{x}=(x_1\quad x_2\quad \cdots\quad x_n)\begin{bmatrix} p_{11} & p_{12} & \cdots & p_{1n} \\ p_{21} & p_{22} & \cdots & p_{2n} \\ \vdots & \vdots & & \vdots \\ p_{n1} & p_{n2} & \cdots & p_{nn} \end{bmatrix}\begin{bmatrix} x_1 \\ x_2 \\ \vdots \\ x_n \end{bmatrix} \tag{4-20}$$

式中，$\boldsymbol{P}$ 为实对称矩阵，即 $p_{ij}=p_{ji}$。函数 $V(\boldsymbol{x})$ 称为二次型标量函数。实对称矩阵 $\boldsymbol{P}$

的符号性质定义如下。

(a) 若 $V(\boldsymbol{x})$为正定函数，则称 $\boldsymbol{P}$ 为正定，记作 $\boldsymbol{P}>0$；

(b) 若 $V(\boldsymbol{x})$为半正定（非负定）函数，则称 $\boldsymbol{P}$ 为半正定（非负定），记作 $\boldsymbol{P}\geqslant 0$；

(c) 若 $V(\boldsymbol{x})$为负定函数，则称 $\boldsymbol{P}$ 为负定，记作 $\boldsymbol{P}<0$；

(d) 若 $V(\boldsymbol{x})$为半负定（非正定）函数，则称 $\boldsymbol{P}$ 为半负定（非正定），记作 $\boldsymbol{P}\leqslant 0$。

矩阵正定性的判别方法（西尔维斯特判据）：若实对称矩阵为

$$\boldsymbol{P}=\begin{bmatrix} p_{11} & p_{12} & \cdots & p_{1n} \\ p_{21} & p_{22} & \cdots & p_{2n} \\ \vdots & \vdots & & \vdots \\ p_{n1} & p_{n2} & \cdots & p_{nn} \end{bmatrix} \tag{4-21}$$

令 $\Delta_i(i=1,2,\cdots,n)$为实对称矩阵 $\boldsymbol{P}$ 的各阶主子行列式，即

$$\Delta_1=p_{11}$$

$$\Delta_2=\begin{vmatrix} p_{11} & p_{12} \\ p_{21} & p_{22} \end{vmatrix}$$

$$\Delta_3=\begin{vmatrix} p_{11} & p_{12} & p_{13} \\ p_{21} & p_{22} & p_{23} \\ p_{31} & p_{32} & p_{33} \end{vmatrix}$$

$$\cdots$$

$$\Delta_n=\begin{vmatrix} p_{11} & p_{12} & \cdots & p_{1n} \\ p_{21} & p_{22} & \cdots & p_{2n} \\ \vdots & \vdots & & \vdots \\ p_{n1} & p_{n2} & \cdots & p_{nn} \end{vmatrix}$$

判断实对称矩阵 $\boldsymbol{P}$ 或函数 $V(\boldsymbol{x})$是否正定的充分必要条件如下。

(a) 若 $\Delta_i>0(i=1,2,\cdots,n)$，则实对称矩阵 $\boldsymbol{P}$ 为正定。

(b) 若 i 为偶数时 $\Delta_i>0$，i 为奇数时 $\Delta_i<0$，则实对称矩阵 $\boldsymbol{P}$ 为负定。

(c) 若 $i=1,2,\cdots,n-1$ 时 $\Delta_i\geqslant 0$，$i=n$ 时 $\Delta_i=0$，则实对称矩阵 $\boldsymbol{P}$ 为半正定。

(d) 若 i 为偶数时 $\Delta_i\geqslant 0$，i 为奇数时 $\Delta_i\leqslant 0$，$i=n$ 时 $\Delta_i=0$，则实对称矩阵 $\boldsymbol{P}$ 为半负定。

李雅普诺夫稳定性定理的直观意义：

从平衡状态的定义可知，平衡状态是使得系统静止不动（导数为零，即运动变化的趋势为零）的状态。而从能量的观点来说，静止不动即不存在运动变化所需要的能量，即变化所需的能量为零。因此，通过分析状态变化所反映的能量变化关系可以分析出状态的变迁或演变，从而可以分析出平衡状态是否稳定或不稳定。下面通过刚体运动的能量变化来简要描述李雅普诺夫稳定性定理的直观意义。

图 4-15(a) 所示动力学系统的平衡状态在一定范围内为渐近稳定的平衡状态，而图 4-15(b) 所示的动力学系统，其平衡状态在一定范围内为不稳定的平衡状态。

对于渐近稳定的平衡状态邻域，可以定义其能量（动能＋势能）函数为

$$V=\frac{1}{2}mv^2+mgh=\frac{1}{2}m(\dot{x})^2+mgx\cos\theta>0$$

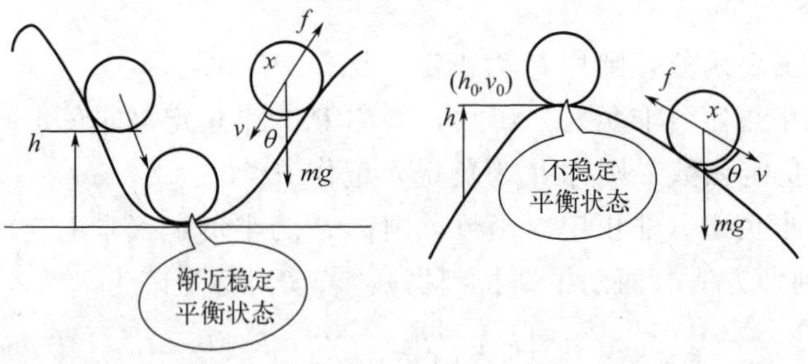

图 4-15　李雅普诺夫稳定性定理直观意义示意图

由于物体运动所受到的摩擦力做负功，根据能量守恒定律可知，物体的能量将随着物体运动而减少，即其正定的能量函数的导数（变化趋势）为负。

对于不稳定的平衡状态邻域，可以定义其能量（动能+势能）函数为

$$V=\frac{1}{2}mv^2-\frac{1}{2}mv_0^2+mg(h-h_0)=\frac{1}{2}m(\dot{x})^2-\frac{1}{2}mv_0^2+mg(-x\cos\theta)<0$$

在该平衡状态邻域内，负定的能量函数的导数（变化趋势）为负。

李雅普诺夫第二法的基本思想就是通过定义和分析在平衡状态邻域的关于运动状态的广义能量函数来分析该平衡状态的稳定性，即通过考察该能量函数随时间变化是否衰减来判定平衡状态是渐近稳定还是不稳定。

定理 1　(渐近稳定性定理)：设系统的状态方程为

$$\dot{\boldsymbol{x}}=\boldsymbol{f}(\boldsymbol{x},t)\ 且\ \boldsymbol{f}(\boldsymbol{0},t)=0,\ t>t_0 \tag{4-22}$$

如果存在一个标量函数 $V(\boldsymbol{x},t)$，$V(\boldsymbol{x},t)$对向量 $\boldsymbol{x}$ 中各个分量具有连续的一阶偏导数，且满足条件

（ⅰ）$V(\boldsymbol{x},t)$为正定；

（ⅱ）$\dot{V}(\boldsymbol{x},t)$为负定。

则系统在状态空间原点处的平衡状态是渐近稳定的。

除满足条件（ⅰ）和（ⅱ）外，若$\|\boldsymbol{x}\|\to\infty$，有 $V(\boldsymbol{x},t)\to\infty$，则系统在原点处的平衡状态是大范围渐近稳定的。

该定理中，$\dot{V}(\boldsymbol{x},t)$为负定表示能量函数随时间变化连续单调衰减。

推论一　若存在一个具有连续的一阶偏导数的标量函数 $V(\boldsymbol{x},t)$，且满足条件

（ⅰ）$V(\boldsymbol{x},t)$为正定；

（ⅱ）$\dot{V}(\boldsymbol{x},t)$为半负定；

（ⅲ）对任意初始状态 $\boldsymbol{x}(t_0)\neq\boldsymbol{0}$，当 $t\geqslant t_0$ 时，除 $\boldsymbol{x}=\boldsymbol{0}$ 时有 $\dot{V}(\boldsymbol{x})=0$ 外，$\dot{V}(\boldsymbol{x},t)$不恒等于 0。

则系统在状态空间原点处的平衡状态是渐近稳定的。

在该推论中，$\dot{V}(\boldsymbol{x},t)$半负定，说明在 $t\geqslant t_0$ 的某些时刻，系统的能量不再减小。$\dot{V}(\boldsymbol{x},t)$不恒等于零，表明系统能量不再减小的状态不能保持，也就是说系统会继续减少能量，直到平衡状态。

【例 4-2】　已知系统的状态方程为

$$\dot{\boldsymbol{x}}=\begin{pmatrix} x_2-x_1(x_1^2+x_2^2) \\ -x_1-x_2(x_1^2+x_2^2) \end{pmatrix}$$

试分析平衡状态的稳定性。

解：由系统的状态方程可知，原点 $\boldsymbol{x}=\begin{pmatrix}0\\0\end{pmatrix}$ 是给定系统唯一的平衡状态。选择正定的标量函数 $V(\boldsymbol{x})=x_1^2+x_2^2$，则

$$\dot{V}(\boldsymbol{x})=\frac{\partial V}{\partial x_1}\frac{\mathrm{d}x_1}{\mathrm{d}t}+\frac{\partial V}{\partial x_2}\frac{\mathrm{d}x_2}{\mathrm{d}t}=2x_1\dot{x}_1+2x_2\dot{x}_2=-2(x_1^2+x_2^2)<0$$

所以，$\dot{V}(\boldsymbol{x})$ 为负定的。

又由于 $\|\boldsymbol{x}\|\to\infty$ 时 $V(\boldsymbol{x},t)\to\infty$，因此，该系统在平衡状态原点处为大范围渐近稳定。

定理 2（大范围渐近稳定性定理）：若系统的状态方程为

$$\dot{\boldsymbol{x}}=\boldsymbol{f}(\boldsymbol{x},t)\text{ 且 }\boldsymbol{f}(\boldsymbol{0},t)=0,\ t>t_0 \tag{4-23}$$

如果存在一个标量函数 $V(\boldsymbol{x},t)$，$V(\boldsymbol{x},t)$ 对向量 $\boldsymbol{x}$ 中各个分量具有连续的一阶偏导数，且满足条件

（ⅰ）$V(\boldsymbol{x},t)$ 为正定；

（ⅱ）$\dot{V}(\boldsymbol{x},t)$ 为半负定；

（ⅲ）$\dot{V}(\boldsymbol{x}(t,\boldsymbol{x}_0,t_0),t)$ 对任意 t_0 及任意 $\boldsymbol{x}_0\neq\boldsymbol{0}$ 在 $t\geqslant t_0$ 时不恒为 0。

则系统在原点处的平衡状态是大范围渐近稳定的。

【例 4-3】 分析下面系统在平衡状态处的稳定性。

$$\dot{\boldsymbol{x}}=\begin{pmatrix}\dot{x}_1\\ \dot{x}_2\end{pmatrix}=\begin{pmatrix} x_2 \\ -x_1-x_2 \end{pmatrix}$$

解：由系统的状态方程可知，原点

$$\boldsymbol{x}=\begin{pmatrix}0\\0\end{pmatrix}$$

是给定系统唯一的平衡状态。选择正定的标量函数 $V(\boldsymbol{x})=x_1^2+x_2^2$，则

$$\dot{V}(\boldsymbol{x})=\frac{\partial V}{\partial x_1}\frac{\mathrm{d}x_1}{\mathrm{d}t}+\frac{\partial V}{\partial x_2}\frac{\mathrm{d}x_2}{\mathrm{d}t}=2x_1\dot{x}_1+2x_2\dot{x}_2=-2x_2^2$$

当 $x_1=x_2=0$ 时，$\dot{V}(\boldsymbol{x})=0$；而 $x_1\neq0,x_2=0$ 时，$\dot{V}(\boldsymbol{x})=0$。所以 $\dot{V}(\boldsymbol{x})$ 为半负定。进一步研究可知，当 $\boldsymbol{x}_0\neq\boldsymbol{0}$ 时，$\dot{V}(\boldsymbol{x})$ 不恒为 0。

因此，该系统在平衡状态 $\boldsymbol{x}=\boldsymbol{0}$ 处为大范围渐近稳定。

若选择标量函数为 $V(\boldsymbol{x})=\frac{1}{2}[(x_1+x_2)^2+2x_1^2+x_2^2]$，则

$$\dot{V}(\boldsymbol{x})=-(x_1^2+x_2^2)$$

$V(\boldsymbol{x})$ 为正定，$\dot{V}(\boldsymbol{x})$ 为负定。

又由于 $\|\boldsymbol{x}\|\to\infty$ 时 $V(\boldsymbol{x},t)\to\infty$，$\dot{V}(\boldsymbol{x})$ 为负定不变，故该系统在平衡状态 $\boldsymbol{x}=\boldsymbol{0}$ 处为大范围渐近稳定。

定理 3（稳定性定理）：系统的状态方程为

$$\dot{\boldsymbol{x}}=\boldsymbol{f}(\boldsymbol{x},t)\text{ 且 }\boldsymbol{f}(\boldsymbol{0},t)=0,\ t>t_0 \tag{4-24}$$

如果存在一个标量函数 $V(\boldsymbol{x},t)$，$V(\boldsymbol{x},t)$对向量 $\boldsymbol{x}$ 中各个分量具有连续的一阶偏导数，且满足条件

（ⅰ）$V(\boldsymbol{x},t)$为正定；

（ⅱ）$\dot{V}(\boldsymbol{x},t)$为半负定，但在原点外的某一 $\boldsymbol{x}$ 处恒为 0。

则系统在原点处的平衡状态是李雅普诺夫意义下稳定的，但非渐近稳定，系统保持一个稳定的等幅振荡状态。能量函数 $V(\boldsymbol{x},t)$的能量是随时间非连续单调递减的。

推论二 若存在一个具有连续的一阶偏导数的标量函数 $V(\boldsymbol{x},t)$，且满足条件

（ⅰ）$V(\boldsymbol{x},t)$为正定；

（ⅱ）$\dot{V}(\boldsymbol{x},t)$为半正定。

在 $\boldsymbol{x}\neq\boldsymbol{0}$ 时，有 $\dot{V}(\boldsymbol{x}(t,\boldsymbol{x}_0,t_0),t)$恒等于零，则系统在状态空间原点处的平衡状态是李雅普诺夫意义下稳定。

在推论二中，能量函数 $V(\boldsymbol{x},t)$的能量随时间非连续单调递减，状态轨迹趋势不变，而后停留，无法运行到平衡状态。

定理 4 （不稳定性定理）：若系统的状态方程为

$$\dot{\boldsymbol{x}}=\boldsymbol{f}(\boldsymbol{x},t)\ 且\ \boldsymbol{f}(\boldsymbol{0},t)=0,\ t>t_0 \tag{4-25}$$

如果存在一个标量函数 $V(\boldsymbol{x},t)$，$V(\boldsymbol{x},t)$对向量 $\boldsymbol{x}$ 中各个分量具有连续的一阶偏导数，且满足条件

（ⅰ）$V(\boldsymbol{x},t)$在原点的某一邻域内是正定的；

（ⅱ）$\dot{V}(\boldsymbol{x},t)$在同样的邻域内也是正定的。

则系统在状态空间原点处的平衡状态是不稳定的。

在定理四中，能量函数 $V(\boldsymbol{x},t)$的能量随时间连续单调递增。

推论三 若存在一个具有连续的一阶偏导数的标量函数 $V(\boldsymbol{x},t)$，且满足条件

（ⅰ）$V(\boldsymbol{x},t)$为正定；

（ⅱ）$\dot{V}(\boldsymbol{x},t)$为半正定。

若 $\boldsymbol{x}\neq 0$ 时，有 $\dot{V}[\boldsymbol{x}(t,\boldsymbol{x}_0,t_0),t]$不恒等于零，则系统在状态空间原点处的平衡状态不稳定。

在推论三中，能量函数 $V(\boldsymbol{x},t)$的能量随时间非连续单调递增，状态轨迹趋势不变，但不会停留，无法运行到平衡状态。

【例 4-4】 给定系统

$$\begin{cases}\dot{x}_1(t)=x_1\sin^2 t+x_2\mathrm{e}^t\\ \dot{x}_2(t)=x_1\mathrm{e}^t+x_2\cos^2 t\end{cases}$$

（1）求系统的平衡点。

（2）利用函数 $V(x_1,x_2)=\mathrm{e}^{-t}x_1x_2$ 判断稳定性。

解：（1）令

$$\begin{cases}\dot{x}_1(t)=x_1\sin^2 t+x_2\mathrm{e}^t=0\\ \dot{x}_2(t)=x_1\mathrm{e}^t+x_2\cos^2 t=0\end{cases}$$

求得 $\boldsymbol{x}=\begin{pmatrix}0\\0\end{pmatrix}$。

（2）在 $x_1\neq x_2$ 平面的一三象限内，

$$V(x_1,x_2)=\mathrm{e}^{-t}x_1x_2>0$$

而

$$\dot{V}(x_1,x_2)=\mathrm{e}^{-t}x_1\dot{x}_2+\mathrm{e}^{-t}x_2\dot{x}_1=x_1^2+x_2^2>0$$

所以，系统在平衡状态处不稳定。

李雅普诺夫第二法稳定性的判定方法总结如表 4-2 所示。

表 4-2　李雅普诺夫第二法稳定性的判定方法表

序号	$V(\boldsymbol{x},t)$	$\dot{V}(\boldsymbol{x},t)$	结论	对应定理
1	正定($V>0$)	负定($\dot{V}<0$)	渐近稳定	渐近稳定性定理
		①半负定($\dot{V}\leqslant 0$)；②对任意初始状态 $\boldsymbol{x}(t_0)\neq\boldsymbol{0}$，在 $t\geqslant t_0$，除 $\boldsymbol{x}=\boldsymbol{0}$ 时有 $\dot{V}(\boldsymbol{x})=0$ 外，$\dot{V}(\boldsymbol{x},t)$ 不恒等于 0	渐近稳定	推论一
2	正定($V>0$)	半负定($\dot{V}\leqslant 0$)，非零初始状态时不恒为零	大范围渐近稳定	大范围渐近稳定性定理
		负定($\dot{V}<0$)，当 $\Vert\boldsymbol{x}\Vert\to\infty$ 有 $V(\boldsymbol{x},t)\to\infty$	大范围渐近稳定	
3	正定($V>0$)	半负定($\dot{V}\leqslant 0$)，对某一非零初始状态时恒为零	稳定，但非渐近稳定	稳定性定理
		半正定($\dot{V}\geqslant 0$)，在 $\boldsymbol{x}\neq\boldsymbol{0}$ 处 $\dot{V}(\boldsymbol{x}(t,\boldsymbol{x}_0,t_0),t)$ 恒为零	稳定	推论二
4	正定($V>0$)	正定($\dot{V}>0$)	不稳定	不稳定性定理
		半正定($\dot{V}\geqslant 0$)，在 $\boldsymbol{x}\neq\boldsymbol{0}$ 时，$\dot{V}(\boldsymbol{x}(t,\boldsymbol{x}_0,t_0),t)$ 不恒等于零	不稳定	推论三

(4) 线性系统的李雅普诺夫稳定性分析

若线性定常连续系统的状态方程为

$$\dot{\boldsymbol{x}}=\boldsymbol{A}\boldsymbol{x} \tag{4-26}$$

这样的系统具有如下特点。

① 当系统矩阵 $\boldsymbol{A}$ 非奇异时，系统有且仅有一个平衡状态 $\boldsymbol{x}_e=0$，即为状态空间原点。

② 若该系统在平衡状态的某个邻域上是渐近稳定的，则一定是大范围渐近稳定的。

③ 对于该线性系统，其李雅普诺夫函数一定可以选取为二次型函数的形式。

定理 1　线性定常系统渐近稳定的充分必要条件是，对于任意给定的一个正定对称矩阵 $\boldsymbol{Q}$，有唯一的正定对称矩阵 $\boldsymbol{P}$ 使下式成立。

$$\boldsymbol{A}^{\mathrm{T}}\boldsymbol{P}+\boldsymbol{P}\boldsymbol{A}=-\boldsymbol{Q} \tag{4-27}$$

式(4-27) 称为李雅普诺夫方程，而 $\boldsymbol{x}^{\mathrm{T}}\boldsymbol{P}\boldsymbol{x}$ 是该系统的一个李雅普诺夫函数。

定理 1 给出了一个判别线性定常系统渐近稳定的简便方法，该方法具有如下优点：不需要寻找李雅普诺夫函数，不需要求解系统矩阵的特征根，只需要求解一个矩阵代数方程即可简便计算。

定理 2　线性定常离散系统

$$\boldsymbol{x}(k+1)=\boldsymbol{A}\boldsymbol{x}(k) \tag{4-28}$$

渐近稳定的充分必要条件是，给定任一正定对称矩阵 $\boldsymbol{Q}$，存在一个正定对称矩阵 $\boldsymbol{P}$，使下式成立。

$$A^{\mathrm{T}}PA-P=-Q \tag{4-29}$$

$x^{\mathrm{T}}(k)Qx(k)$是系统的一个李雅普诺夫函数。

【例 4-5】 利用李雅普诺夫第二法判定下面线性系统的稳定性。

① $\dot{x}=\begin{pmatrix}0 & 1\\ -1 & -1\end{pmatrix}x$

② $x(k+1)=\begin{pmatrix}0 & 1\\ -0.5 & -1\end{pmatrix}x(k)$

解：① 取李雅普诺夫函数 $V(x)=x^{\mathrm{T}}Px$ 得到矩阵方程为

$$A^{\mathrm{T}}P+PA=-Q$$

取 $Q=I$，令

$$P=\begin{pmatrix}p_{11} & p_{12}\\ p_{21} & p_{22}\end{pmatrix}$$

则有

$$\begin{pmatrix}0 & -1\\ 1 & -1\end{pmatrix}\begin{pmatrix}p_{11} & p_{12}\\ p_{21} & p_{22}\end{pmatrix}+\begin{pmatrix}p_{11} & p_{12}\\ p_{21} & p_{22}\end{pmatrix}\begin{pmatrix}0 & 1\\ -1 & -1\end{pmatrix}=\begin{pmatrix}-1 & 0\\ 0 & -1\end{pmatrix}$$

解得

$$P=\begin{pmatrix}\frac{3}{2} & \frac{1}{2}\\ \frac{1}{2} & 1\end{pmatrix}$$

检验矩阵 P 的各阶主子行列式。

$$\Delta_1=p_{11}=\frac{3}{2}>0,\ \Delta_2=\begin{vmatrix}\frac{3}{2} & \frac{1}{2}\\ \frac{1}{2} & 1\end{vmatrix}=\frac{5}{4}>0$$

显然，矩阵 P 是正定的，系统在平衡状态处是渐近稳定的。

② 设 P 为对称矩阵

$$P=\begin{pmatrix}p_{11} & p_{12}\\ p_{21} & p_{22}\end{pmatrix}$$

则由李雅普诺夫方程

$$A^{\mathrm{T}}PA-P=-I$$

可得

$$\begin{pmatrix}0 & -0.5\\ 1 & -1\end{pmatrix}\begin{pmatrix}p_{11} & p_{12}\\ p_{21} & p_{22}\end{pmatrix}\begin{pmatrix}0 & 1\\ -0.5 & -1\end{pmatrix}-\begin{pmatrix}p_{11} & p_{12}\\ p_{21} & p_{22}\end{pmatrix}=-\begin{pmatrix}1 & 0\\ 0 & 1\end{pmatrix}$$

求解得

$$P=\begin{pmatrix}2.2 & 1.6\\ 1.6 & 4.8\end{pmatrix}$$

核验各阶主子行列式：$\Delta_1=2.2>0$，$\Delta_2=\begin{vmatrix}2.6 & 1.6\\ 1.6 & 4.8\end{vmatrix}=8>0$。

显然，对称矩阵 P 是正定的，因此，该系统在平衡点处是渐近稳定的。

(5) 非线性系统的稳定性分析

在线性系统中，如果平衡状态是渐近稳定的，则系统的平衡状态是唯一的，且系统在状态空间中是大范围渐近稳定的。

而非线性系统可能存在多个局部渐近稳定的平衡状态（吸引子），同时还存在不稳定的平衡状态（孤立子），稳定性的情况比线性系统复杂得多。与线性系统稳定性分析相比，非线性系统稳定性分析要复杂得多。非线性系统千差万别，没有统一描述，目前不存在统一的动力学分析方法，因此其稳定性分析也是很困难的。李雅普诺夫第二法虽然可以应用于非线性系统的稳定性分析，但其只是一个充分条件，没有建立李雅普诺夫函数的一般方法。

对于非线性系统的稳定性分析问题，目前可行的方法是针对各类非线性系统特性，构造李雅普诺夫函数。

① 通过特殊函数构造李雅普诺夫函数的克拉索夫斯基法（雅可比矩阵法）。

② 针对特殊函数的变量梯度构造李雅普诺夫函数的变量梯度法（舒茨-基布逊法）。

③ 做近似线性处理的阿依捷尔曼法（线性近似法）、鲁里叶法等。

若非线性定常连续系统的状态方程为

$$\dot{\boldsymbol{x}}(t)=\boldsymbol{f}(\boldsymbol{x}) \tag{4-30}$$

对该系统有如下假设。

① 所讨论的平衡状态为 $\boldsymbol{x}_e=0$

② $\boldsymbol{f}(\boldsymbol{x})$对状态变量是连续可微的，即存在雅可比矩阵

$$\boldsymbol{J}(\boldsymbol{x})=\frac{\partial \boldsymbol{f}(\boldsymbol{x})}{\partial \boldsymbol{x}^{\mathrm{T}}} \tag{4-31}$$

则对上述非线性系统，有如下判别渐近稳定性的克拉索夫斯基定理。

定理　非线性定常连续系统在平衡状态 $\boldsymbol{x}_e=0$ 是渐近稳定的充分条件为

$$\hat{\boldsymbol{J}}(\boldsymbol{x})=\boldsymbol{J}(\boldsymbol{x})+\boldsymbol{J}^{\mathrm{T}}(\boldsymbol{x}) \tag{4-32}$$

为负定的矩阵函数，且

$$V(\boldsymbol{x})=\dot{\boldsymbol{x}}^{\mathrm{T}}\dot{\boldsymbol{x}}=\boldsymbol{f}^{\mathrm{T}}(\boldsymbol{x})\boldsymbol{f}(\boldsymbol{x}) \tag{4-33}$$

是该系统的一个李雅普诺夫函数。当$\|\boldsymbol{x}\|\to\infty$时有$\|\boldsymbol{f}(\boldsymbol{x})\|\to\infty$，则该平衡状态是大范围渐近稳定的。

【例 4-6】 试确定下面非线性系统平衡态的稳定性。

$$\begin{cases}\dot{x}_1(t)=-3x_1+x_2\\ \dot{x}_2(t)=x_1-x_2-x_2^3\end{cases}$$

解：由于该函数连续可导，且

$$\boldsymbol{f}^{\mathrm{T}}(\boldsymbol{x})\boldsymbol{f}(\boldsymbol{x})=(-3x_1+x_2)^2+(x_1-x_2-x_2^3)^2>0$$

可以作李雅普诺夫函数，因此，雅可比矩阵为

$$\boldsymbol{J}(\boldsymbol{x})=\begin{bmatrix}\dfrac{\partial \boldsymbol{f}(1)}{\partial x_1} & \dfrac{\partial \boldsymbol{f}(1)}{\partial x_2}\\ \dfrac{\partial \boldsymbol{f}(2)}{\partial x_1} & \dfrac{\partial \boldsymbol{f}(2)}{\partial x_2}\end{bmatrix}=\begin{pmatrix}-3 & 1\\ 1 & -1-3x_2^2\end{pmatrix}$$

$$\hat{\boldsymbol{J}}(\boldsymbol{x})=\boldsymbol{J}(\boldsymbol{x})+\boldsymbol{J}^{\mathrm{T}}(\boldsymbol{x})=\begin{pmatrix}-6 & 2\\ 2 & -2-6x_2^2\end{pmatrix}$$

根据矩阵正定性的判别方法：奇数阶主子行列式小于 0，偶数阶主子行列式大于 0，则矩阵函数为负定的。

$$\Delta_1=-6<0,\ \Delta_2=\begin{vmatrix}-6 & 2\\ 2 & -2-6x_2^2\end{vmatrix}=36x_2^2+8>0$$

因此，矩阵函数为负定的，根据克拉索夫斯基定理可知，系统在平衡状态附近是渐近稳定的。

4.3 描述函数法

描述函数法是达尼尔（P. J. Daniel）于 1940 年首先提出来的，其基本思想是：当非线性系统满足一定假设条件时，系统中非线性环节在正弦信号输入作用下的输出信号可以用一次谐波分量来近似，由此导出非线性环节的近似等效频率特性，即描述函数。此时，非线性系统就近似等效为线性系统，并可以用线性系统理论中的频率法来对系统进行频域分析。描述函数法只能用来研究系统的频率响应特性，不能给出时间响应的确切信息。

(1) 描述函数的基本概念

典型非线性系统的结构如图 4-16 所示，若非线性环节的输入信号为

$$x(t)=A\sin(\omega t) \tag{4-34}$$

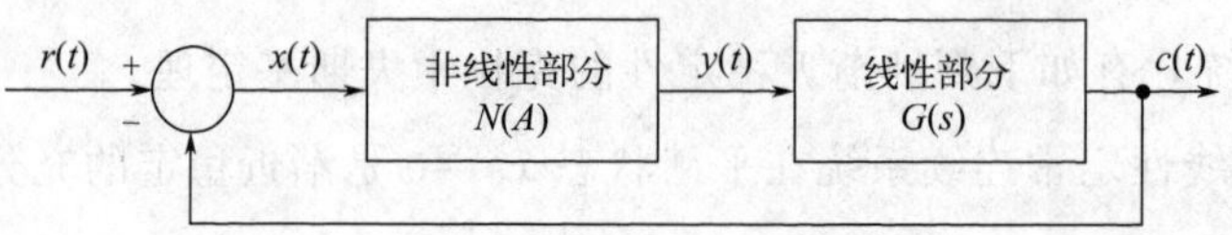

图 4-16　典型非线性系统结构示意图

则非线性环节的稳态输出信号为

$$y(t)=A_0+\sum_{n=1}^{\infty}[A_n\cos(n\omega t)+B_n\sin(n\omega t)]=A_0+\sum_{n=1}^{\infty}Y_n\sin(n\omega t+\varphi_n),\ n=1,2,3,\cdots \tag{4-35}$$

式中，

$$A_0=\frac{1}{2\pi}\int_0^{2\pi}y(t)\mathrm{d}t$$

$$Y_n=\sqrt{A_n^2+B_n^2}$$

$$\varphi_n=\arctan\frac{A_n}{B_n}$$

$$A_n=\frac{1}{\pi}\int_0^{2\pi}y(t)\cos(n\omega t)\mathrm{d}(\omega t)$$

$$B_n=\frac{1}{\pi}\int_0^{2\pi}y(t)\sin(n\omega t)\mathrm{d}(\omega t)$$

若 $A_0=0$ 且当 $n>1$ 时，

$$y(t)\approx A_1\cos(\omega t)+B_1\sin(\omega t)=Y_1\sin(\omega t+\varphi_1) \tag{4-36}$$

这表明，非线性环节可以近似认为具有与线性环节相类似的频率响应特性形式。

定义 正弦输入信号作用下，非线性环节的稳态输出中一次谐波分量和输入信号的复数比称为非线性环节的描述函数，用 $N(A)$表示，即

$$N(A)=|N(A)|e^{j\angle N(A)}=\frac{Y_1}{A}e^{j\angle\varphi_1}=\frac{B_1+jA_1}{A} \tag{4-37}$$

非线性特性函数为奇函数时：

$$A_0=0$$

$$A_1=\frac{2}{\pi}\int_0^{\pi}y(t)\cos(\omega t)d(\omega t)$$

$$B_1=\frac{2}{\pi}\int_0^{\pi}y(t)\sin(\omega t)d(\omega t)$$

若给定正弦输入的非线性环节特性函数为奇函数，且又为半周期对称时，则有

$$A_1=0$$

$$B_1=\frac{4}{\pi}\int_0^{\pi/2}y(t)\sin(\omega t)d(\omega t)$$

【例 4-7】 设继电特性数学描述为

$$y(x)=\begin{cases}-M, & x<0\\ M, & x>0\end{cases}$$

计算该非线性特性的描述函数。

解：输入信号为

$$x(t)=A\sin(\omega t)$$

则输出为

$$y(t)=\begin{cases}M, & 0<\omega t<\pi\\ -M, & \pi<\omega t<2\pi\end{cases}$$

$$A_0=\frac{1}{2\pi}\int_0^{2\pi}y(t)d(\omega t)=\frac{M}{2\pi}\left[\int_0^{\pi}d(\omega t)-\int_{\pi}^{2\pi}d(\omega t)\right]=0$$

$$A_1=\frac{1}{\pi}\int_0^{2\pi}y(t)\cos(\omega t)d(\omega t)=\frac{M}{\pi}\left[\int_0^{\pi}\cos(\omega t)d(\omega t)-\int_{\pi}^{2\pi}\cos(\omega t)d(\omega t)\right]=0$$

$$B_1=\frac{1}{\pi}\int_0^{2\pi}y(t)\sin(\omega t)d(\omega t)=\frac{M}{\pi}\left[\int_0^{\pi}\sin(\omega t)d(\omega t)-\int_{\pi}^{2\pi}\sin(\omega t)d(\omega t)\right]=\frac{4M}{\pi}$$

由描述函数的定义得

$$N(A)=\frac{B_1+jA_1}{A}=\frac{4M}{\pi A}$$

【例 4-8】 若某非线性元件的特性为 $y(x)=\frac{1}{2}x+\frac{1}{4}x^3$，试计算其描述函数。

解：因为 $y(x)$为奇函数，所以

$$A_0=0$$

当输入

$$x=A\sin(\omega t)$$

时，有

$$y(t)=\frac{A}{2}\sin(\omega t)+\frac{A^3}{4}\sin^3(\omega t)$$

由于 $y(t)$是奇函数，且为半周期对称，因此有

$$A_1=0$$

$$B_1=\frac{4}{\pi}\int_0^{\frac{\pi}{2}}y(t)\sin(\omega t)\mathrm{d}(\omega t)=\frac{4}{\pi}\left[\int_0^{\frac{\pi}{2}}\frac{A}{2}\sin^2(\omega t)\mathrm{d}(\omega t)+\int_0^{\frac{\pi}{2}}\frac{A^3}{4}\sin^4(\omega t)\mathrm{d}(\omega t)\right]$$

由积分可得

$$B_1=\frac{4}{\pi}\left[\frac{A}{2}\times\frac{\pi}{4}+\frac{A^3}{4}\times\frac{3}{8}\times\frac{\pi}{2}\right]=\frac{A}{2}+\frac{3A^3}{16}$$

因此，描述函数为

$$N(A)=\frac{B_1+\mathrm{j}A_1}{A}=\frac{B_1}{A}=\frac{1}{2}+\frac{3A^2}{16}$$

非线性系统描述函数法应用条件如下。

（ⅰ）非线性系统应简化成一个非线性环节和一个线性部分闭环连接的典型结构形式。

（ⅱ）非线性环节的输入输出特性 $y(x)$是 x 的奇函数，即 $f(-x)=-f(x)$，或正弦输入下的输出信号为 t 的奇对称函数，即 $y\left(t+\frac{\pi}{\omega}\right)=-y(t)$，以保证非线性环节的正弦响应不含有常值分量，即 $A_0=0$。

（ⅲ）系统的线性部分应具有较好的低通滤波性能。

描述函数的物理意义：非线性环节仅考虑了基波分量，其描述函数表现为关于正弦信号的幅值 A 的复变增益放大器，这正是非线性环节的近似频率特性与线性系统频率特性的本质区别。

(2) 典型非线性特性的描述函数

非线性环节的描述函数计算步骤如下。

步骤 1：给定非线性环节的输入为正弦信号

$$x(t)=A\sin(\omega t)$$

根据非线性环节的特性，确定其输出 $y(t)$的表达式。

步骤 2：将 $y(t)$展开为傅里叶级数形式

$$y(t)=A_0+\sum_{n=1}^{\infty}[A_n\cos(n\omega t)+B_n\sin(n\omega t)]=A_0+\sum_{n=1}^{\infty}Y_n\sin(n\omega t+\varphi_n)$$

步骤 3：若 $A_0=0$ 且当 $n>1$ 时，选取级数中的一次谐波分量

$$y(t)\approx A_1\cos(\omega t)+B_1\sin(\omega t)=Y_1\sin(\omega t+\varphi_1)$$

根据式(4-38) 计算描述函数 $N(A)$。

$$N(A)=\frac{B_1+\mathrm{j}A_1}{A}\tag{4-38}$$

典型非线性环节的描述函数如表 4-3 所示。

表 4-3　典型非线性环节的描述函数

非线性环节	静特性	描述函数
死区特性	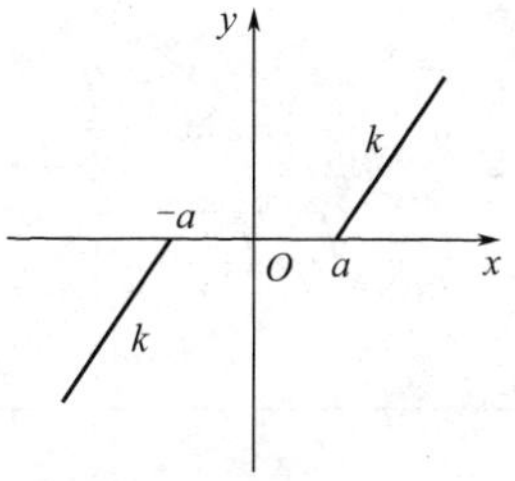	$N(A)=\frac{2k}{\pi}\left[\frac{\pi}{2}-\sin^{-1}\left(\frac{a}{A}\right)-\frac{a}{A}\sqrt{1-\left(\frac{a}{A}\right)^2}\right]$, $A\geqslant a$
饱和特性	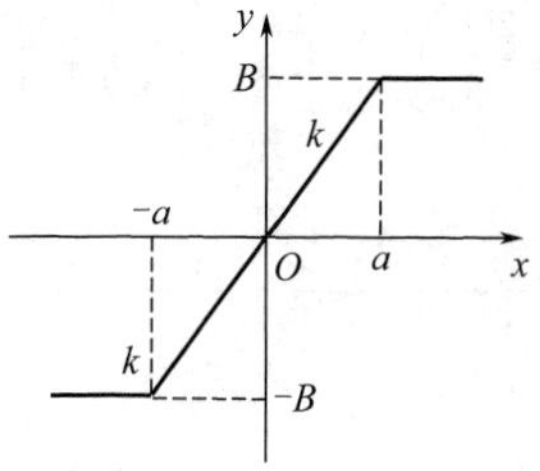	$N(A)=\frac{2k}{\pi}\left[\sin^{-1}\left(\frac{a}{A}\right)+\frac{a}{A}\sqrt{1-\left(\frac{a}{A}\right)^2}\right]$, $A\geqslant a$
理想继电特性	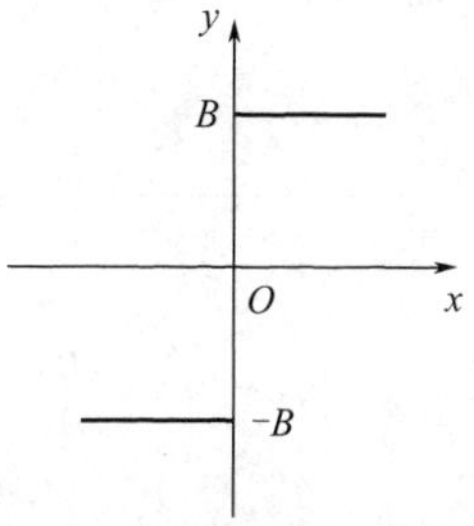	$N(A)=\frac{4B}{\pi A}$
间隙特性	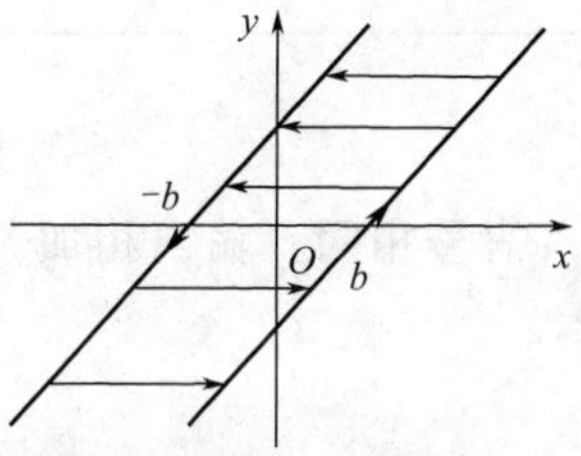	$N(A)=$ $\frac{k}{\pi}\left[\frac{\pi}{2}+\sin^{-1}\left(1-\frac{2b}{A}\right)+2\left(1-\frac{2b}{A}\right)\sqrt{\frac{b}{A}\left(1-\frac{b}{A}\right)}\right]+$ $\mathrm{j}\frac{4kb}{\pi A}\left(\frac{b}{A}-1\right)$, $A\geqslant b$
死区继电特性	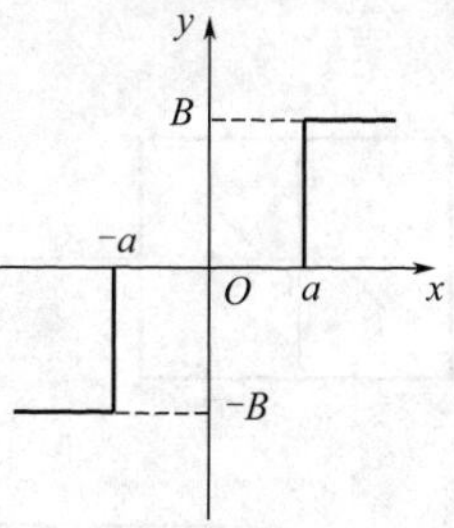	$N(A)=\frac{4B}{\pi A}\sqrt{1-\left(\frac{a}{A}\right)^2}$, $A\geqslant a$
滞环继电特性	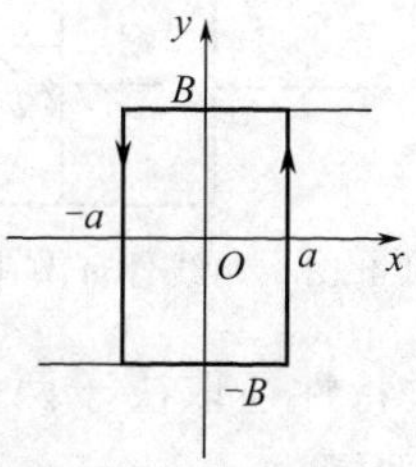	$N(A)=\frac{4B}{\pi A}\sqrt{\left(1-\frac{a}{A}\right)}-\mathrm{j}\frac{4Ba}{\pi A^2}$, $A\geqslant a$

续表

非线性环节	静特性	描述函数
死区饱和特性	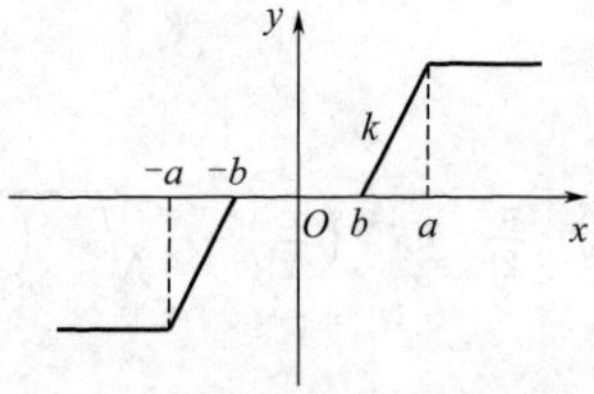	$N(A)=\frac{2k}{\pi}\left[\sin^{-1}\left(\frac{a}{A}\right)-\sin^{-1}\left(\frac{b}{A}\right)+\frac{a}{A}\sqrt{1-\left(\frac{a}{A}\right)^{2}}-\frac{b}{A}\sqrt{1-\left(\frac{a}{A}\right)^{2}}\right]，A\geqslant a$
变增益特性	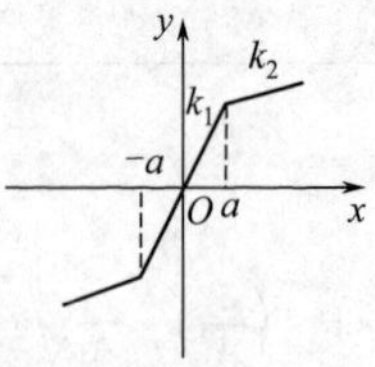	$N(A)=k_2+\frac{2(k_1-k_2)}{\pi}\left[\sin^{-1}\left(\frac{a}{A}\right)+\frac{a}{A}\sqrt{1-\left(\frac{a}{A}\right)^{2}}\right]，A\geqslant a$
带死区线性特性	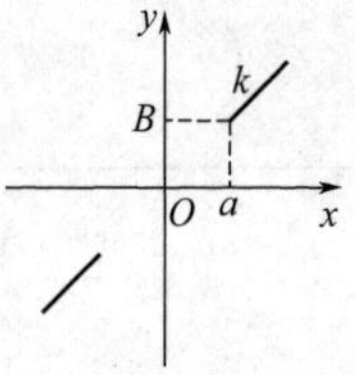	$N(A)=k-\frac{2k}{\pi}\sin^{-1}\left(\frac{a}{A}\right)+\frac{4B-2ka}{\pi A}\sqrt{1-\left(\frac{a}{A}\right)^{2}}，A\geqslant a$
库仑摩擦加黏性摩擦特性	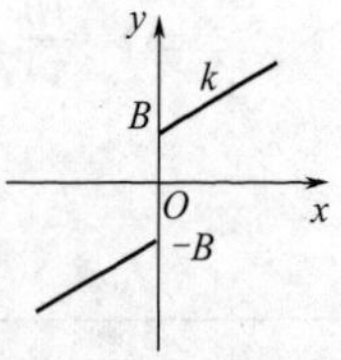	$N(A)=k+\frac{4B}{\pi A}$

(3) 非线性系统的简化

① 非线性环节的并联　若两个非线性环节的输入信号相同，输出相加、相减，则等效非线性特性为两个非线性环节的叠加，如图 4-17 所示。

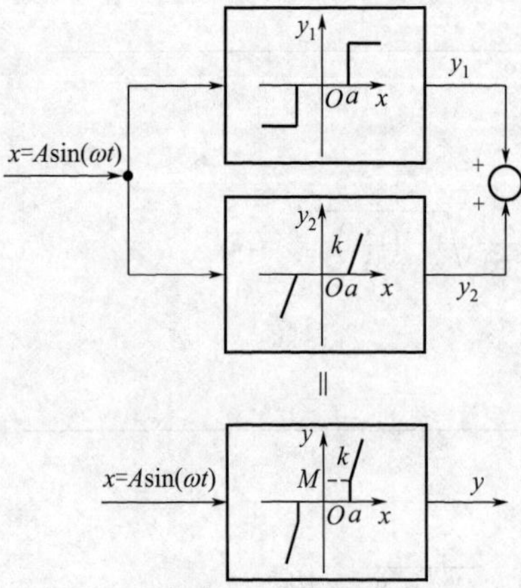

图 4-17　非线性环节并联简化示意图

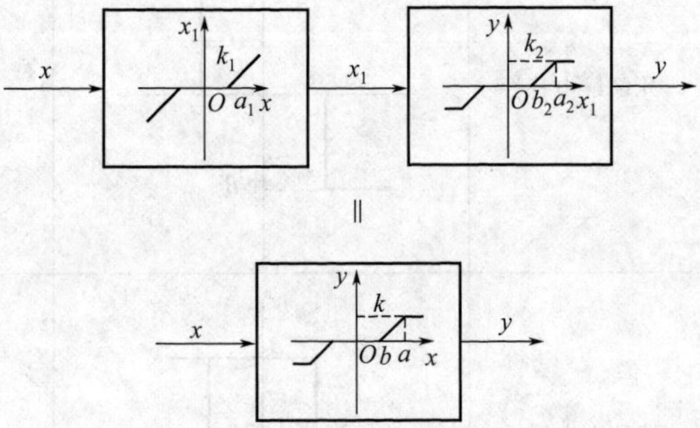

图 4-18　非线性环节串联简化示意图

② 非线性环节的串联　两个非线性环节串联，等效特性还取决于两个非线性环节的前后次序，调换次序则等效非线性特性不相同，如图 4-18 所示。

(4) 应用描述函数分析非线性系统的稳定性

① 变增益线性系统的稳定性分析　如图 4-19(a) 所示闭环系统，设传递函数 $G(s)$ 的极点均在 S 平面的左半平面，则该闭环系统的特征方程为：$1+KG(s)=0$。

令 $s=\mathrm{j}\omega$，可得该特征方程的频率特性方程为

$$1+kG(\mathrm{j}\omega)=0\Rightarrow G(\mathrm{j}\omega)=-\frac{1}{k}+\mathrm{j}0 \tag{4-39}$$

当 $G(\mathrm{j}\omega)$ 特性曲线不包围点 $\left(-\frac{1}{k},\mathrm{j}0\right)$ 时，该闭环系统稳定，如图 4-19(b) 中虚线所示；当 $G(\mathrm{j}\omega)$ 特性曲线包围点 $\left(-\frac{1}{k},\mathrm{j}0\right)$ 时，该闭环系统不稳定，如图 4-19(b) 中点线所示；$G(\mathrm{j}\omega)$ 特性曲线穿过点 $\left(-\frac{1}{k},\mathrm{j}0\right)$ 时，该闭环系统临界稳定，如图 4-19(b) 中实线所示。

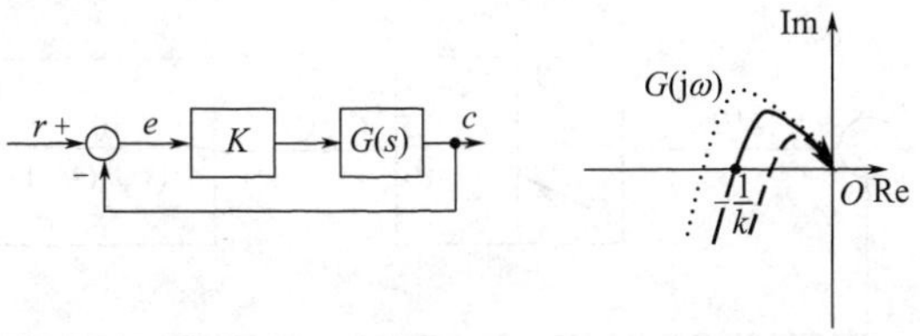

(a) 闭环系统框图　　(b) 闭环系统特征方程特性曲线

图 4-19　框图和特性曲线

当 $k_1\leqslant k\leqslant k_2$ 时，$\left(-\frac{1}{k},\mathrm{j}0\right)$ 为复平面实轴上的一段直线，如图 4-20 所示。

当 $G(\mathrm{j}\omega)$ 特性曲线不包围该线段时，该闭环系统稳定，如图 4-20 中虚线所示；当 $G(\mathrm{j}\omega)$ 特性曲线包围该线段时，该闭环系统不稳定，如图 4-20 中实线所示。

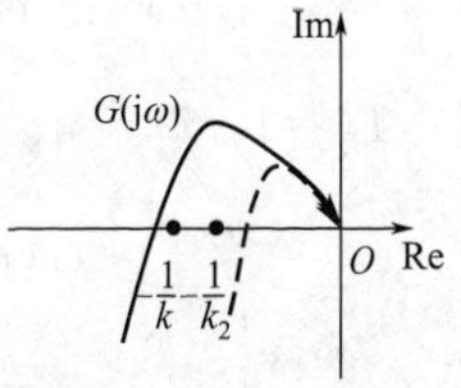

图 4-20　闭环系统特征方程特性曲线

② 非线性系统的稳定性分析　在图 4-16 中含有非线性环节的闭环系统，假设传递函数 $G(s)$ 的极点均在 S 平面的左半平面，则该闭环系统的频率特性为：

$$1+N(A)G(\mathrm{j}\omega)=0\Rightarrow G(\mathrm{j}\omega)=-\frac{1}{N(A)} \tag{4-40}$$

于是，由 $G(\mathrm{j}\omega)$ 和 $-\frac{1}{N(A)}$ 判定系统的稳定性。

首先，绘制线性部分传递函数的频率特性曲线 $G(\mathrm{j}\omega)$ 和非线性部分描述函数的负倒数曲线 $-\frac{1}{N(A)}$。然后，根据频率特性曲线 $G(\mathrm{j}\omega)$ 和描述函数的负倒数曲线 $-\frac{1}{N(A)}$ 的位置关系来分析闭环系统的稳定性。

(a) 当 $G(\mathrm{j}\omega)$ 包围 $-\frac{1}{N(A)}$ 时，闭环系统不稳定，如图 4-21(a) 所示。

(b) 当 $G(\mathrm{j}\omega)$ 穿越 $-\frac{1}{N(A)}$ 时，闭环系统临界稳定，会产生周期振荡，如图 4-21(b)

所示。

（c）当 $G(\mathrm{j}\omega)$ 不包围 $-\dfrac{1}{N(A)}$ 时，闭环系统稳定，如图 4-21（c）所示。

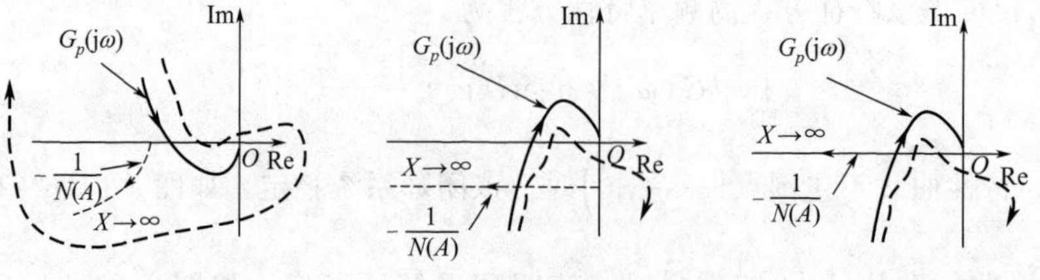

(a) 不稳定　　(b) 临界稳定　　(c) 稳定

图 4-21　闭环系统特征方程特性曲线稳定性分析示意图

【例 4-9】 已知某非线性系统如图 4-22 所示，试分析系统的稳定性。

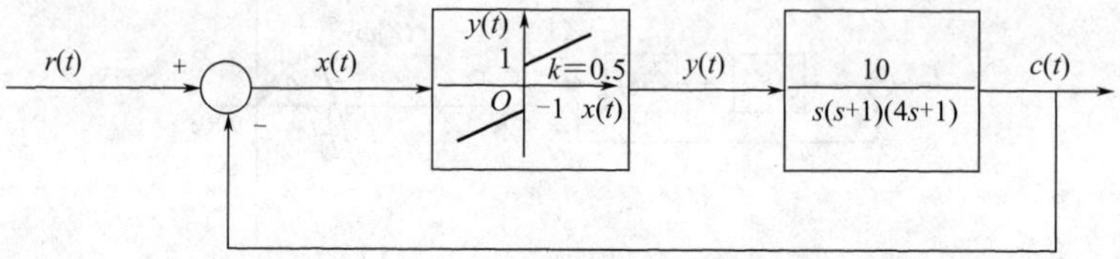

图 4-22　例 4-9 非线性系统图

解：系统线性部分传递函数为

$$G(s)=\frac{10}{s(T_1s+1)(T_2s+1)}=\frac{10}{s(s+1)(4s+1)}$$

可得：$T_1=1$，$T_2=4$。令 $s=\mathrm{j}\omega$

$$G(\mathrm{j}\omega)=\frac{10}{\mathrm{j}\omega(\mathrm{j}\omega+1)(4\mathrm{j}\omega+1)}=\frac{-50\omega+\mathrm{j}(40\omega^2-10)}{\omega(\omega^2+1)(16\omega^2+1)}$$

可得

$$\mathrm{Re}(\omega)=\frac{-50\omega}{\omega(\omega^2+1)(16\omega^2+1)},\ \mathrm{Im}(\omega)=\frac{40\omega^2-10}{\omega(\omega^2+1)(16\omega^2+1)}$$

当 $\omega=0$ 时，$\mathrm{Re}(\omega)=-50$，$\mathrm{Im}(\omega)=-\infty$。

当 $\mathrm{Im}(\omega)=0$ 时，可得 $\omega=0.5$，此时，$\mathrm{Re}(\omega)=-8$。

$$-\frac{1}{N(A)}=-\frac{1}{k+\dfrac{4M}{\pi A}}=-\frac{1}{0.5+\dfrac{4}{\pi A}}=-\frac{2\pi A}{\pi A+8}$$

当 A 由 0 变化到 ∞ 时，$-\dfrac{1}{N(A)}$ 曲线在复平面上是一条由原点指向 $(-2,\mathrm{j}0)$ 点的直线。$G(\mathrm{j}\omega)$ 曲线包围 $-\dfrac{1}{N(A)}$ 曲线，系统是不稳定的。系统特性曲线如图 4-23 所示。

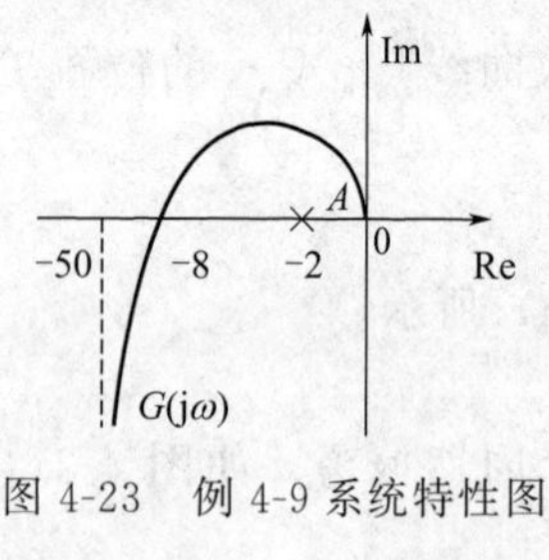

图 4-23　例 4-9 系统特性图

③ 非线性系统存在周期运动时的稳定性分析　由前面分析可知，当 $G(\mathrm{j}\omega)$ 穿越 $-\dfrac{1}{N(A)}$ 时，闭环系统临界稳定，会产

生周期振荡，也就是说当 $G(\mathrm{j}\omega)$ 与 $-\dfrac{1}{N(A)}$ 有交点时，系统产生周期运动。根据式

$$\begin{cases}\mathrm{Re}[G(\mathrm{j}\omega)N(A)]=-1\\ \mathrm{Im}[G(\mathrm{j}\omega)N(A)]=0\end{cases}\tag{4-41}$$

可以求得交点处的频率 ω 和幅值 A。系统处于周期运动时，非线性环节的输入近似为等幅振荡，即每一个交点对应着一个周期运动。非线性系统的四种周期运动形式示意图如图 4-24 所示。

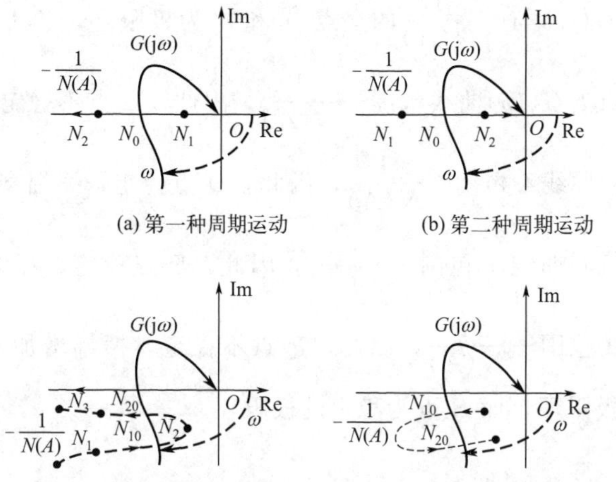

(a) 第一种周期运动　(b) 第二种周期运动

(c) 第三种周期运动　(d) 第四种周期运动

图 4-24　非线性系统的四种周期运动稳定性分析示意图

第一种周期运动：若系统周期运动的幅值为 A_0，当外界扰动使得非线性环节输入振幅减小到 A_1 时，$G(\mathrm{j}\omega)$ 包围点 $\left(-\dfrac{1}{N(A_1)},\mathrm{j}0\right)$，系统不稳定，振幅增大，最终回到 N_0 点。当外界扰动使得输入振幅增大到 A_2 时，$G(\mathrm{j}\omega)$ 不包围点 $\left(-\dfrac{1}{N(A_2)},\mathrm{j}0\right)$，系统稳定，振幅减小，最终回到 N_0 点。因此，N_0 点对应的周期运动是稳定的。该周期运动稳定性分析示意图如图 4-24(a) 所示。

第二种周期运动：当外界扰动使得非线性环节输入振幅增大到 A_2 时，$G(\mathrm{j}\omega)$ 包围点 $\left(-\dfrac{1}{N(A_2)},\mathrm{j}0\right)$，系统不稳定，振幅继续增大而发散。当外界扰动使得输入振幅减小到 A_1 时，$G(\mathrm{j}\omega)$ 不包围点 $\left(-\dfrac{1}{N(A_1)},\mathrm{j}0\right)$，系统稳定，振幅减小，最终衰减到零。因此，$N_0$ 点对应的周期运动是不稳定的。该周期运动稳定性分析示意图如图 4-24(b) 所示。

第三种周期运动：N_{20} 点对应的周期运动是稳定的，N_{10} 点对应的周期运动是不稳定的。该周期运动稳定性分析示意图如图 4-24(c) 所示。

第四种周期运动：N_{10} 点对应的周期运动是稳定的，N_{20} 点对应的周期运动是不稳定的。该周期运动稳定性分析示意图如图 4-24(d) 所示。

非线性系统周期稳定性判据：在 $G(\mathrm{j}\omega)$ 和 $-\dfrac{1}{N(A)}$ 的交点处，若 $-\dfrac{1}{N(A)}$ 曲线沿着振幅 A 增加的方向由不稳定区域进入稳定区域，该交点对应的周期运动是稳定的。反之，若

$-\dfrac{1}{N(A)}$曲线沿着振幅 A 增加的方向在交点处由稳定区域进入不稳定区域，该交点对应的周期运动是不稳定的。

极限环稳定性分析如下。

定义 当 $G(\mathrm{j}\omega)$穿越$-\dfrac{1}{N(A)}$时对应的周期振荡即为极限环，即 $G(\mathrm{j}\omega)$与$-\dfrac{1}{N(A)}$的交点为极限环。交点的位置确定了极限环的幅值和频率。

如图 4-25 所示，$G(\mathrm{j}\omega)$与$-\dfrac{1}{N(A)}$的交点 A 和 B 为极限环，C,D,E,F 点为具有各自振幅的振荡形式。C 点处 $G(\mathrm{j}\omega)$曲线包围$-\dfrac{1}{N(A)}$，因此，C 点不稳定，振幅增加，向着 B 点运动。D 点处 $G(\mathrm{j}\omega)$曲线不包围$-\dfrac{1}{N(A)}$，因此，D 点稳定，振幅衰减，系统向着稳定的方向发展。E 点处 $G(\mathrm{j}\omega)$曲线不包围$-\dfrac{1}{N(A)}$，因此，E 点稳定，振幅衰减，向着 B 点运动。F 点处 $G(\mathrm{j}\omega)$曲线包围$-\dfrac{1}{N(A)}$，因此，F 点不稳定，振幅增加，向着 B 点运动。因此，A 点为不稳定的极限环，而 B 点为稳定的极限环。

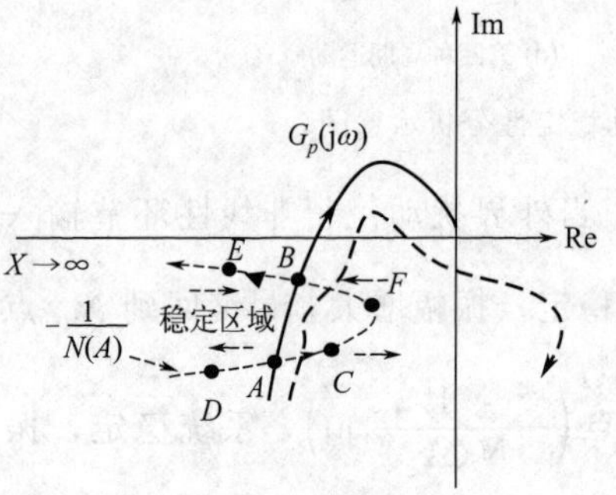

图 4-25 极限环稳定性分析示意图

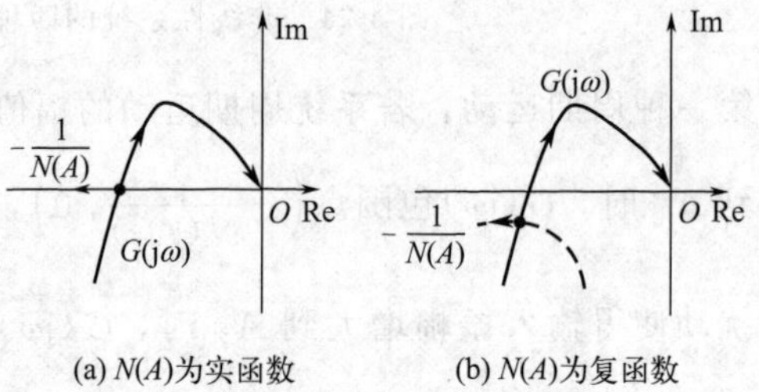

图 4-26 极限环计算示意图

极限环的计算方法如下所示。

步骤 1：闭环特征方程为：$1+N(A)G(\mathrm{j}\omega)=0$。

步骤 2：当 $N(A)$为实函数时，由

$$\begin{cases}\mathrm{Re}[G(\mathrm{j}\omega)]=-\dfrac{1}{N(A)}\\ \mathrm{Im}[G(\mathrm{j}\omega)]=0\end{cases}\tag{4-42}$$

可以计算出 A 和 ω，如图 4-26(a) 所示。

步骤 3：当 $N(A)$为复函数时，由

$$\begin{cases}\mathrm{Re}[G(\mathrm{j}\omega)N(A)]=-1\\ \mathrm{Im}[G(\mathrm{j}\omega)N(A)]=0\end{cases}\tag{4-43}$$

可以计算出 A 和 ω，如图 4-26(b) 所示。

【例 4-10】 已知某非线性系统如图 4-27 所示，试用描述函数方法分析。

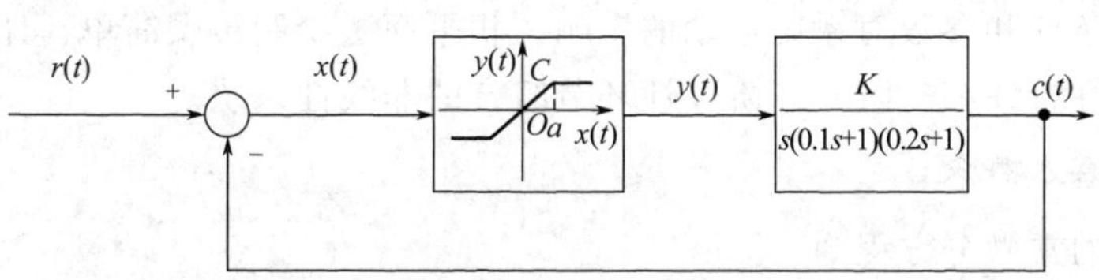

图 4-27　例 4-10 非线性系统

① 当 $K=15$ 时，求非线性系统的运动。

② 欲使系统不出现自振，确定 K 的临界值。

解：① 查表可得饱和非线性描述函数为

$$N(A)=\frac{2C}{\pi}\left[\sin^{-1}\left(\frac{a}{A}\right)+\frac{a}{A}\sqrt{1-\left(\frac{a}{A}\right)^2}\right], A\geqslant a, C=2$$

由

$$A=a\Rightarrow N(A)=2\Rightarrow -\frac{1}{N(A)}=-0.5$$

$$A=\infty\Rightarrow N(A)=0\Rightarrow -\frac{1}{N(A)}=-\infty$$

线性部分中，当 $K=15$ 时，$G(\mathrm{j}\omega)$ 曲线如图 4-28 中曲线 1 所示。

估计穿越频率为

$$\mathrm{Im}[G(\mathrm{j}\omega)]=0\Rightarrow\omega_X=\frac{1}{\sqrt{T_1T_2}}=\frac{1}{\sqrt{0.1\times0.2}}=7.07$$

而 $G(\mathrm{j}\omega)$ 曲线与负实轴交点为

$$\mathrm{Re}[G(\mathrm{j}\omega)]=0\Rightarrow G(\mathrm{j}\omega_X)=-1$$

可见 $G(\mathrm{j}\omega)$ 与 $-\frac{1}{N(A)}$ 在交点（-1，0）处存在稳定的周期运动。

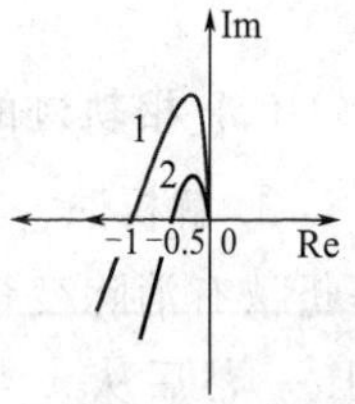

图 4-28　例 4-10 $G(\mathrm{j}\omega)$ 曲线

② 为了使得系统不出现自振，应调整 K 使得 $G(\mathrm{j}\omega)$ 与 $-\frac{1}{N(A)}$ 无交点，即

$$\frac{-KT_1T_2}{T_1+T_2}\geqslant-0.5$$

则 K 的临界值为

$$K_{\max}=\frac{0.5(T_1+T_2)}{T_1T_2}=7.5$$

如图 4-28 中曲线 2 所示。

4.4　相平面法

相平面法是庞加莱于 1885 年首先提出来的，是一种求解一阶和二阶微分方程的图解法。其基本思想是：将系统的运动过程转化为相平面上一个点的移动，通过研究这个点的移动轨迹，就可以获得系统运动规律的全部信息。

相平面法可以用来分析一阶、二阶线性或非线性系统的稳定性、平衡位置、时间响应、稳态精度及初始条件和参数对系统运动的影响。相平面法绘制步骤简单、计算量小，特别适合用于分析非线性特性和一阶、二阶线性环节组合的非线性系统。

(1) 相平面基本概念

设二阶系统的常微分方程为

$$\ddot{x}=f(x,\dot{x}) \tag{4-44}$$

相平面：以 $x(t)$为横坐标，$\dot{x}(t)$为纵坐标构成的直角坐标平面。

相轨迹：相变量从初始时刻 t_0 对应的状态点$(x_0,\dot{x}_0)$起，随着时间在相平面上运动形成的曲线。相轨迹上箭头必须标出，表示时间 t 增加的方向。相轨迹的特点如下。

① 坐标轴 $x(t)$和 $\dot{x}(t)$的比例尺相同。

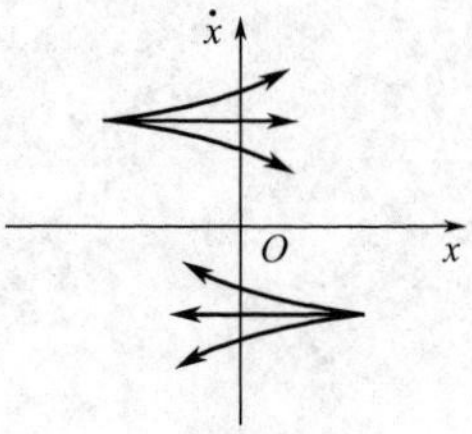

图 4-29 相平面图示意图

② 上半平面 $\dot{x}>0$，相轨迹应沿着 x 的增加方向由左向右，x 随着时间的增大而增大；下半平面 $\dot{x}<0$，相轨迹沿着 x 减小的方向由右向左，x 随着时间的增大而减小。

③ 相轨迹与 x 轴垂直相交，$\dot{x}=0$，$x\neq0$，$\frac{\mathrm{d}\dot{x}}{\mathrm{d}t}\to\infty$。

④ 等倾线分布越密，相轨迹越准确。

相平面图：相平面及其上的相轨迹簇（多个初始条件下的运动对应的多条相轨迹）组成的图形，如图 4-29 所示。

(2) 相轨迹的绘制方法

① 解析法　通过求解微分方程，然后在相平面上绘制相轨迹。解析法有消除变量法和直接积分法。消除变量法就是从 $\ddot{x}=f(x,\dot{x})$中解出 x，对 x 求导得到$\dot{x}$，然后从 x 与 $\dot{x}$ 中消去中间变量 t，就可以获得 x 与 $\dot{x}$ 的关系式。

直接积分法就是通过对常微分方程 $\ddot{x}=f(x,\dot{x})$进行变形获得 x 与 $\dot{x}$ 的积分关系式，如下所示。

$$\begin{gathered}\ddot{x}=\frac{\mathrm{d}\dot{x}}{\mathrm{d}t}=\frac{\mathrm{d}\dot{x}}{\mathrm{d}x}\frac{\mathrm{d}x}{\mathrm{d}t}=\dot{x}\,\frac{\mathrm{d}\dot{x}}{\mathrm{d}x}=f(x,\dot{x})\\ \Rightarrow g(\dot{x})\mathrm{d}\dot{x}=h(x)\mathrm{d}x\Rightarrow\int_{x_0}^{x}g(\dot{x})\mathrm{d}\dot{x}=\int_{x_0}^{x}h(x)\mathrm{d}x\end{gathered} \tag{4-45}$$

② 等倾线法　不解微分方程，直接在相平面上绘制相轨迹。等倾线是指相平面上相轨迹斜率相同的点的连线。等倾线法的基本思想是先确定相轨迹的等倾线，再绘制出相轨迹的切线方向场，然后，从初始条件出发，沿着方向场逐步绘制相轨迹。

由

$$\ddot{x}=\dot{x}\,\frac{\mathrm{d}\dot{x}}{\mathrm{d}x}=f(x,\dot{x}) \tag{4-46}$$

可以得到相轨迹方程

$$\frac{\mathrm{d}\dot{x}}{\mathrm{d}x}=\frac{f(x,\dot{x})}{\dot{x}} \tag{4-47}$$

令$\frac{\mathrm{d}\dot{x}}{\mathrm{d}x}=\alpha$，则等倾线方程为

$$\dot{x}=\frac{f(x,\dot{x})}{\alpha} \tag{4-48}$$

给定一组 α 值，就可以得到一簇等倾线，在每条等倾线上各点处作斜率为 α 的短直线，并以箭头表示切线方向，则构成相轨迹的切线方向场。只要从某一初始点出发，沿着方向场各点的切线方向将这些短线用光滑的曲线连接起来，就可以得到系统的一条相轨迹，如图 4-30 所示。

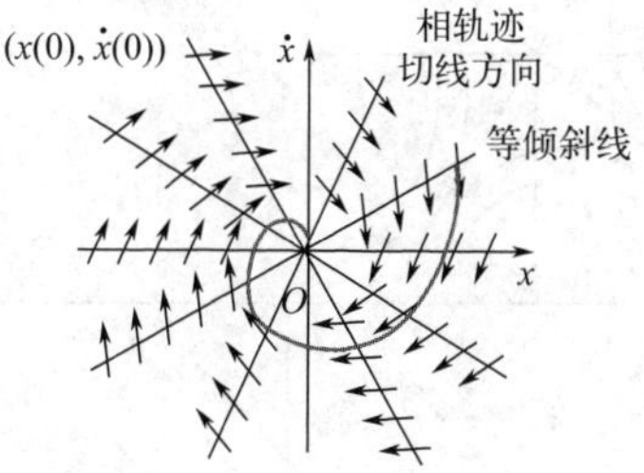

图 4-30　等倾线示意图

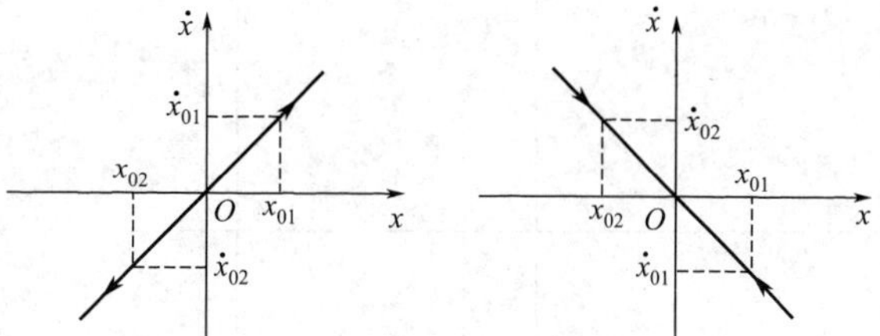

图 4-31　线性一阶系统的相轨迹图

(3) 线性系统的相轨迹

① 线性一阶系统的相轨迹　一阶线性系统微分方程为

$$T\dot{x}+x=0 \tag{4-49}$$

相轨迹方程为

$$\dot{x}=-\frac{1}{T}x \tag{4-50}$$

若系统初始条件为 $x(0)=x_0$，则

$$\dot{x}(0)=\dot{x}_0=-\frac{1}{T}x_0 \tag{4-51}$$

因此，相轨迹图如图 4-31 所示。

② 线性二阶系统的相轨迹　二阶线性系统微分方程为

$$\ddot{x}+a\dot{x}+bx=0 \tag{4-52}$$

特征根为

$$s_{1,2}=\frac{-a\pm\sqrt{a^2-4b}}{2} \tag{4-53}$$

相轨迹方程为

$$\frac{\mathrm{d}\dot{x}}{\mathrm{d}x}=\frac{-a\dot{x}-bx}{\dot{x}}=\alpha \tag{4-54}$$

于是，等倾线方程为

$$\dot{x}(t)=-\frac{bx(t)}{\alpha+a}=kx(t) \tag{4-55}$$

当 $b>0$ 时，二阶线性系统微分方程可改写为

$$\ddot{x}+2\xi\omega_n\dot{x}+\omega_n^2x=0 \tag{4-56}$$

式中，$\xi=\dfrac{a}{2\sqrt{b}}$。

线性二阶系统的相轨迹图如表 4-4 所示。

表 4-4　线性二阶系统的相轨迹图

项目		特征根	相轨迹图
$b<0$		$s_1>0$ $s_2<0$	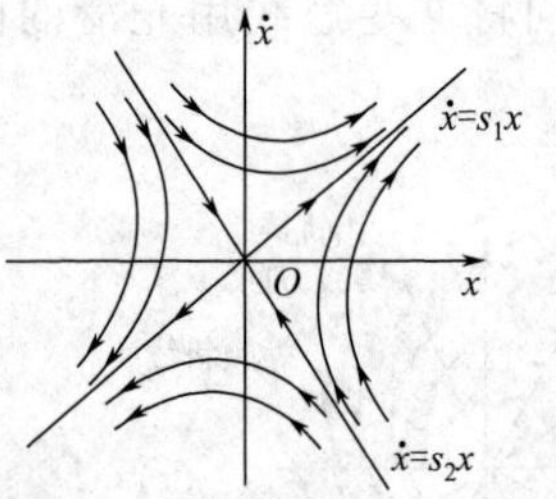
$b=0$		$s_1=0$ $s_2=-a$	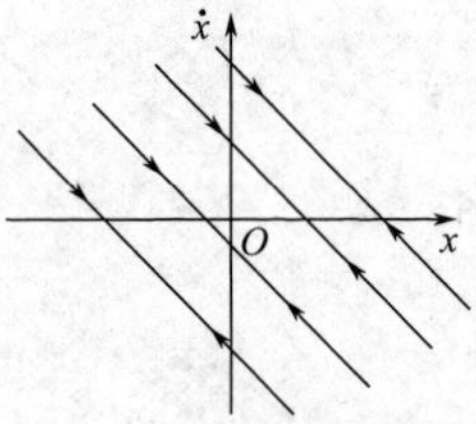 $a<0$ 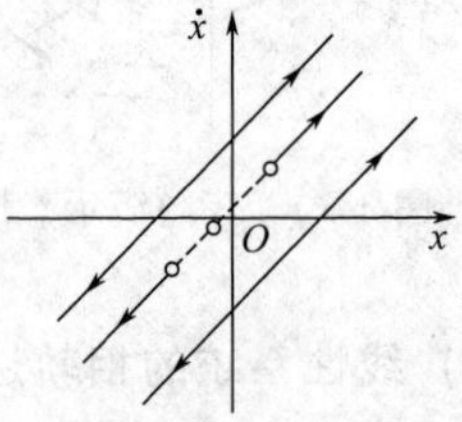 $a>0$
$b>0$	$0<\xi<1$	s_1，s_2 为具有负实部的共轭复根	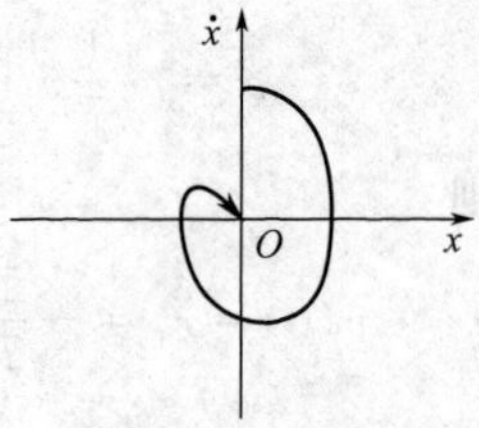 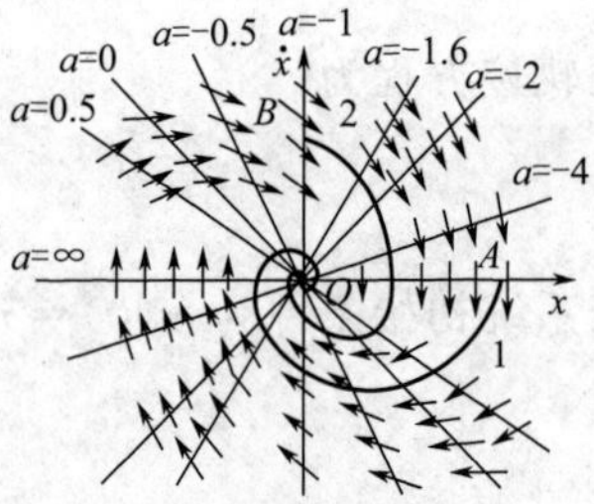 $\xi=0.5,\omega_n=1$
	$\xi>1$	s_1，s_2 为互异的负实根	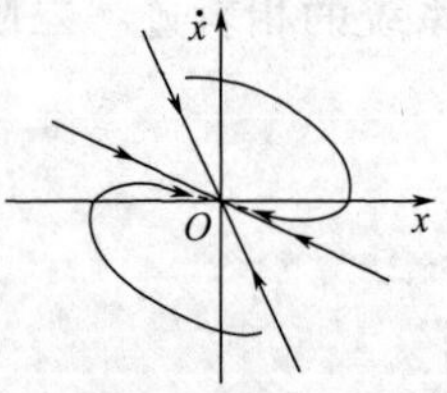
	$\xi=1$	s_1，s_2 为相等的负实根	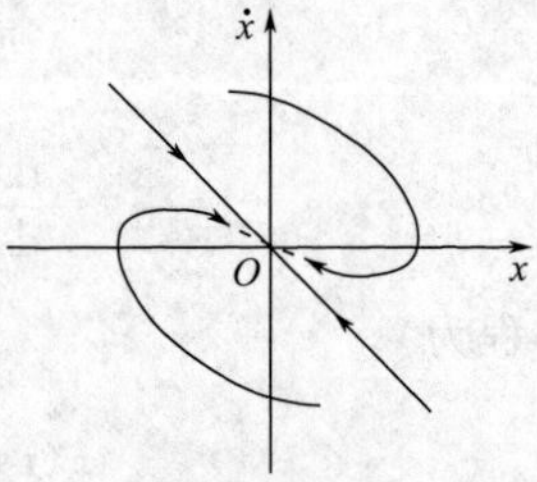
	$\xi=0$	s_1，s_2 为纯虚根	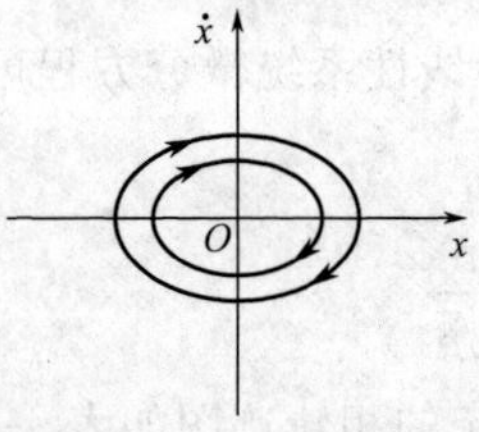

续表

项目		特征根	相轨迹图
$b>0$	$-1<\xi<0$	s_1，s_2 为具有正实部的共轭复根	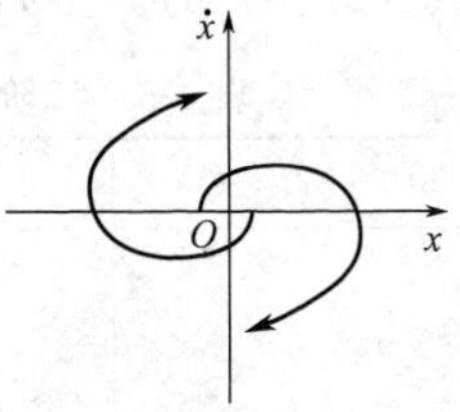
	$\xi<-1$	s_1，s_2 为正实根	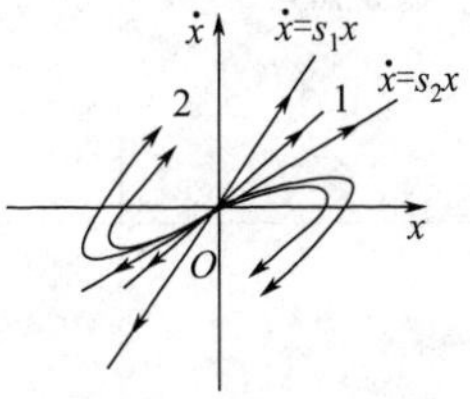
	$\xi=-1$	s_1，s_2 为正实根	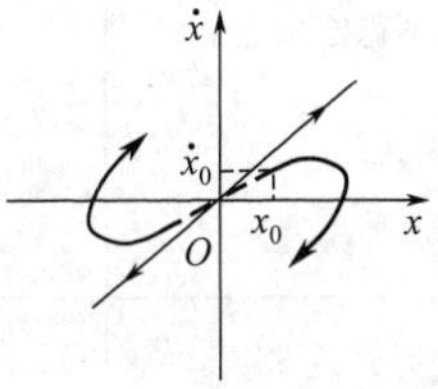

(4) 奇点和奇线

① 奇点　相平面上同时满足

$$\dot{x}(t)=0 \tag{4-57}$$

和

$$f(x,\dot{x})=0 \tag{4-58}$$

的点，即 $\alpha=\dfrac{\mathrm{d}\dot{x}}{\mathrm{d}x}=\dfrac{0}{0}$，则称该点为相平面的奇点。

奇点一定位于相平面的横轴上。相轨迹在奇点处切线斜率不定，表明系统在奇点处可以按照任意方向趋近或离开奇点。因此，相轨迹簇曲线在奇点处发生相交。

经过奇点的相轨迹有多条，而经过普通点的相轨迹只有一条。在奇点处，系统运动的速度和加速度同时为零，对二阶系统而言，系统不再发生运动，处于平衡状态，因此，相平面上的奇点也称为平衡点。

非线性系统的奇点类型：将 $f(x,\dot{x})$ 在奇点 $(x_0,\dot{x}_0)$ 处展开成泰勒级数，忽略掉高次项，即

$$\Delta\ddot{x}=\left.\frac{\partial f(x,\dot{x})}{\partial x}\right|_{(x_0,\dot{x}_0)}\Delta x+\left.\frac{\partial f(x,\dot{x})}{\partial \dot{x}}\right|_{(x_0,\dot{x}_0)}\Delta\dot{x} \tag{4-59}$$

通过求解该式的特征根，从而判断奇点类型。奇点（0，0）的类型有以下几种。

焦点：系统特征根是具有负实部的共轭复根时，奇点为稳定焦点；系统特征根是具有正实根的共轭复根时，奇点为不稳定焦点。

节点：系统特征根是负实根时，奇点为稳定节点；系统特征根为正实根时，奇点为不稳定节点。

鞍点：系统特征根为一正一负两个实根时，奇点为鞍点。

中心点：系统具有两个共轭纯虚数根时，奇点称为中心点。

二阶系统奇点（0，0）的类型如表 4-5 所示。

表 4-5　二阶系统奇点（0，0）类型及相轨迹图

节点类型		在复平面上位置	相轨迹图
焦点	稳定焦点	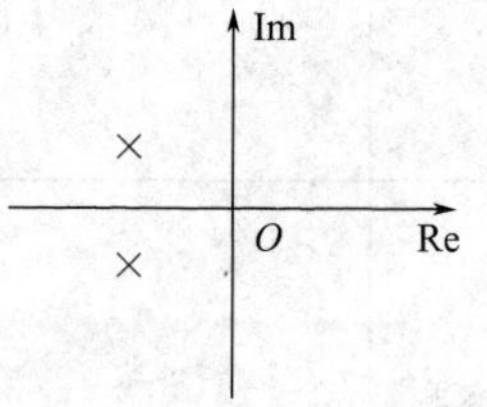	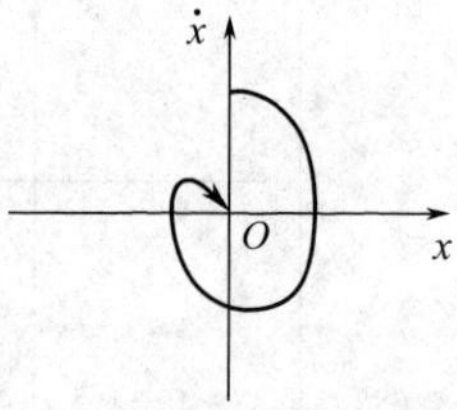
	不稳定焦点	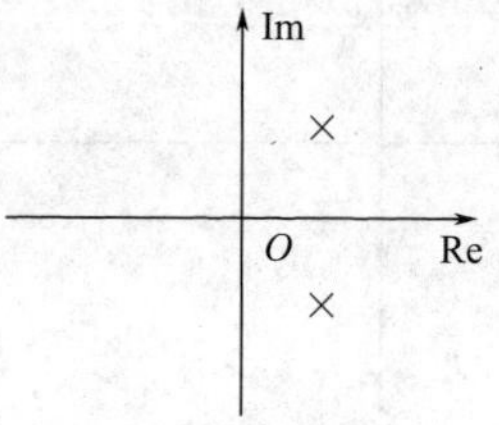	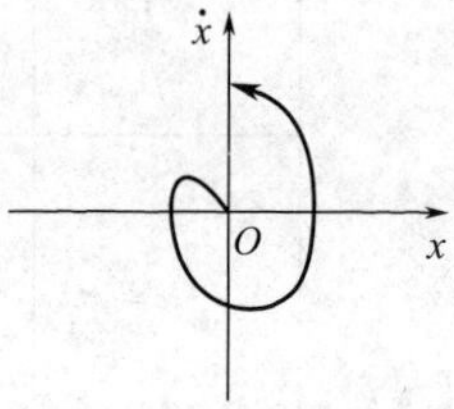
节点	稳定节点	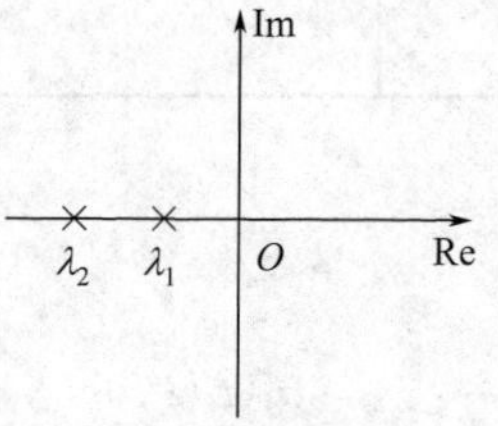	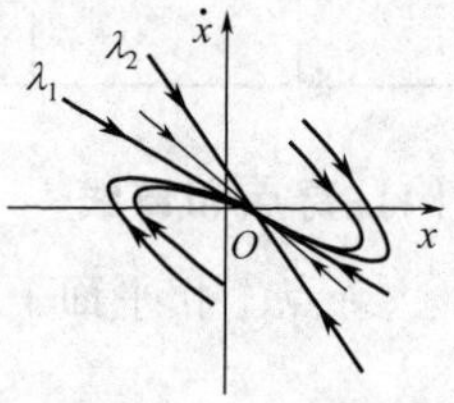
	不稳定节点	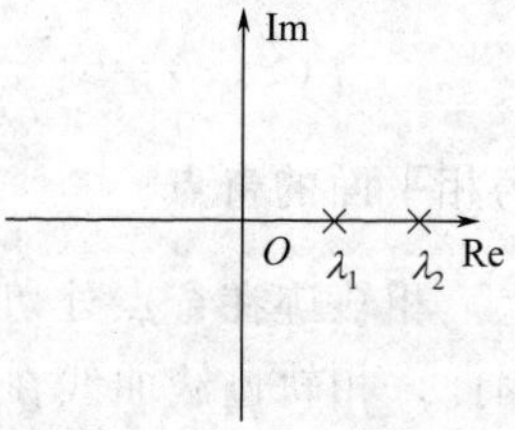	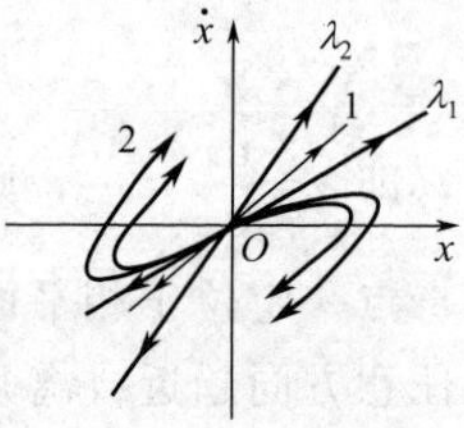
鞍点		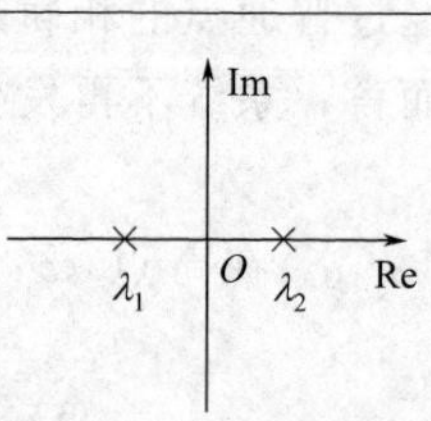	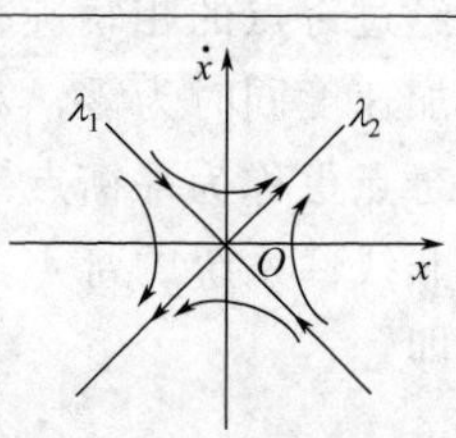
中心点		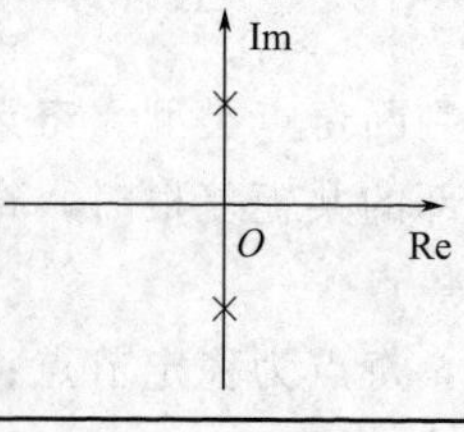	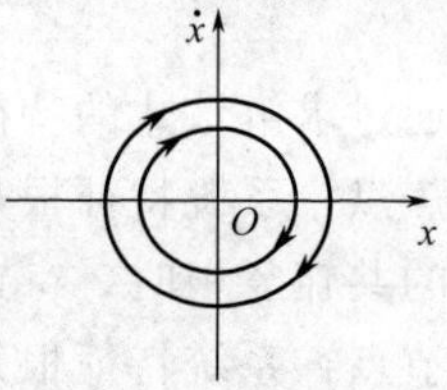

② 奇线　将相平面划分为具有不同运动特点的多个区域的特殊相轨迹。最常见的奇线是极限环。相平面图上如果存在一条孤立的封闭相轨迹，并且在它附近的其他相轨迹都无限地趋近或离开这个封闭的相轨迹，则称这条封闭相轨迹为极限环。

极限环是非线性系统特有现象。由于非线性特性的作用，使得系统能从非周期性的能源中获取能量，从而维持周期运动形式。

如图 4-32、图 4-33、图 4-34 所示，图中虚线椭圆环表示极限环，极限环的类型包括以下三种。

(a) 稳定极限环。极限环内外的相轨迹都卷向极限环，自振是稳定的。

(b) 不稳定极限环。极限环内外的相轨迹都卷离极限环。

(c) 半稳定的极限环。极限环内、外都不稳定，具有这种极限环的系统不会产生自激振荡，系统的状态最终是发散的。极限环内、外都是稳定的，具有这种极限环的系统也不会产生自激振荡，系统的状态最终趋于极限环内的稳定奇点。

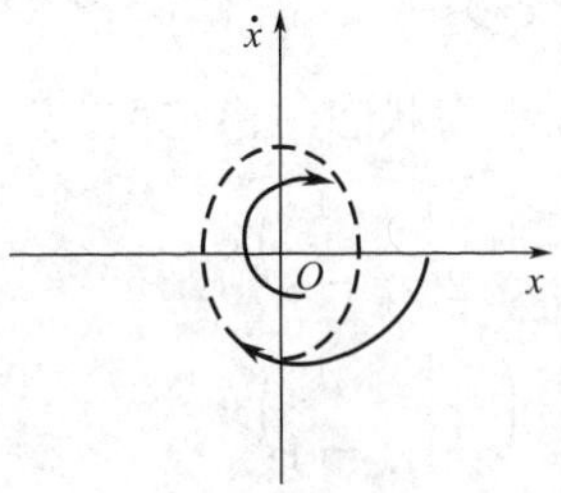

图 4-32　稳定极限环相轨迹示意图

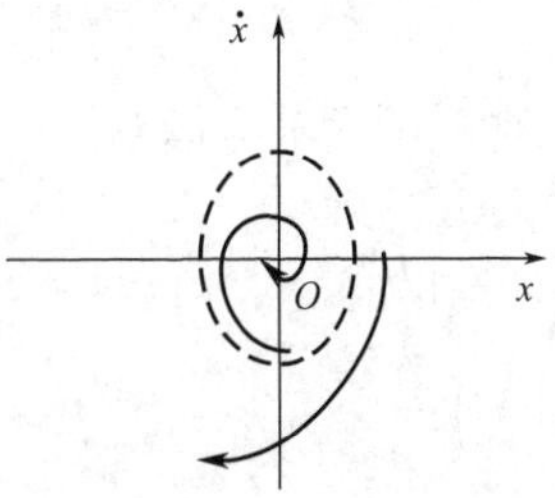

图 4-33　不稳定极限环相轨迹示意图

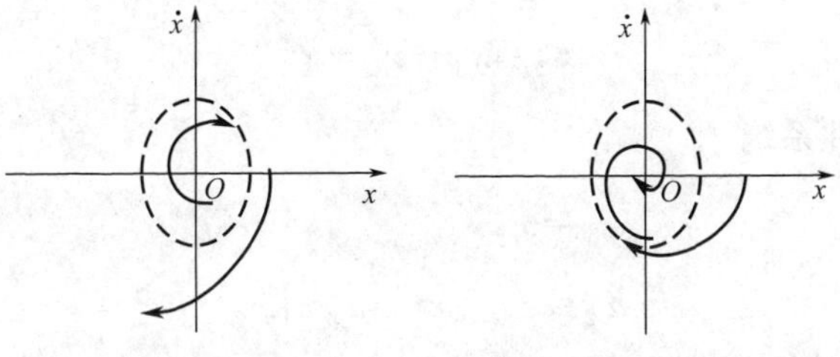

(a) 系统状态发散　　(b) 系统状态趋于稳定奇点

图 4-34　半稳定极限环相轨迹示意图

本章小结

目前，还没有通用方法来分析和设计非线性控制系统，而是针对具体的非线性系统采取适合的分析方法。本章主要介绍了非线性系统的典型环节等基本概念，以及三种常用的非线性控制系统分析方法：李雅普诺夫稳定性分析方法、描述函数法和相平面法。

拓展阅读　李雅普诺夫客观求实的科创精神

习 题

4-1 判断下列函数的正定性。

① $V(\boldsymbol{x})=\boldsymbol{x}_1^2+\boldsymbol{x}_3^2-2\boldsymbol{x}_1\boldsymbol{x}_3+\boldsymbol{x}_2\boldsymbol{x}_3$

② $V(\boldsymbol{x})=2\boldsymbol{x}_1^2+3\boldsymbol{x}_2^2+\boldsymbol{x}_3^2-2\boldsymbol{x}_1\boldsymbol{x}_2+2\boldsymbol{x}_1\boldsymbol{x}_3$

4-2 利用李雅普诺夫第一法判定系统在平衡状态的稳定性。

$$\dot{\boldsymbol{x}}_1=-\boldsymbol{x}_1+\boldsymbol{x}_2+\boldsymbol{x}_1(\boldsymbol{x}_1^2+\boldsymbol{x}_2^2)$$
$$\dot{\boldsymbol{x}}_2=-\boldsymbol{x}_1-\boldsymbol{x}_2+\boldsymbol{x}_2(\boldsymbol{x}_1^2+\boldsymbol{x}_2^2)$$

4-3 试用李雅普诺夫第二法判定系统在平衡状态的稳定性。

$$\dot{x}_1=x_2$$
$$\dot{x}_2=-x_1+x_2(1+x_2)^2$$

4-4 利用李雅普诺夫第二法判定下面线性系统在平衡状态的稳定性。

① $\dot{\boldsymbol{x}}=\begin{pmatrix}0 & 1\\ -1 & -1\end{pmatrix}\boldsymbol{x}$ ② $\dot{\boldsymbol{x}}=\begin{pmatrix}-1 & 1\\ 2 & -3\end{pmatrix}\boldsymbol{x}$

③ $\dot{\boldsymbol{x}}=\begin{pmatrix}1 & 0\\ 0 & -1\end{pmatrix}\boldsymbol{x}$ ④ $\dot{\boldsymbol{x}}=\begin{pmatrix}-1 & 1\\ -1 & -1\end{pmatrix}\boldsymbol{x}$

4-5 试确定下列非线性系统在原点处的稳定性。

$$\dot{\boldsymbol{x}}_1=\boldsymbol{x}_1-\boldsymbol{x}_2-\boldsymbol{x}_1^3$$
$$\dot{\boldsymbol{x}}_2=\boldsymbol{x}_1-\boldsymbol{x}_2-\boldsymbol{x}_2^3$$

4-6 试证明非线性系统

$$\dot{x}_1=x_2$$
$$\dot{x}_2=-a_1x_1-a_2x_1^2x_2$$

在 $a_1>0$，$a_2>0$ 时是大范围渐近稳定的。

4-7 已知非线性环节的特性如图 4-35 所示，试计算该环节的描述函数。

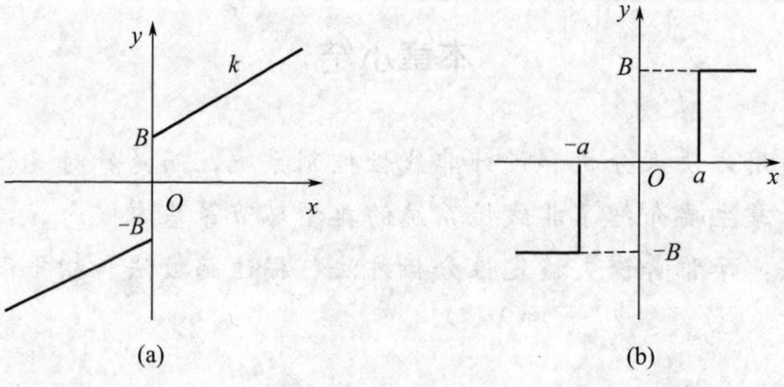

图 4-35

4-8 已知非线性系统结构如图 4-36 所示，试用描述函数法确定系统的极限环振幅与频率，并判定该极限环的稳定性。

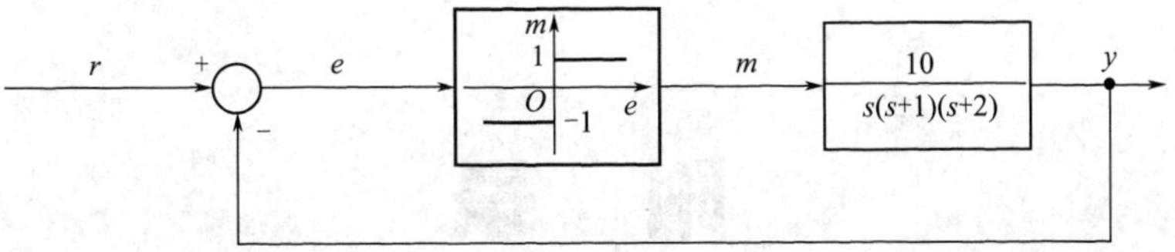

图 4-36

4-9 已知非线性系统结构如图 4-37 所示，其中非线性环节为饱和非线性。

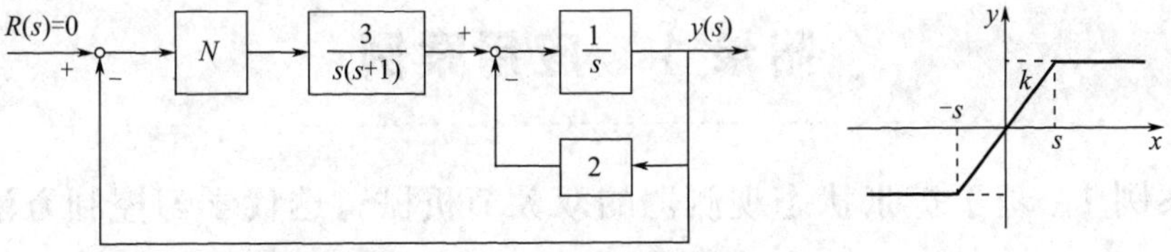

图 4-37

将上述系统简化为典型结构图，并写出线性部分的传递函数。

4-10 已知非线性系统结构如图 4-38 所示，其中非线性环节为饱和非线性。

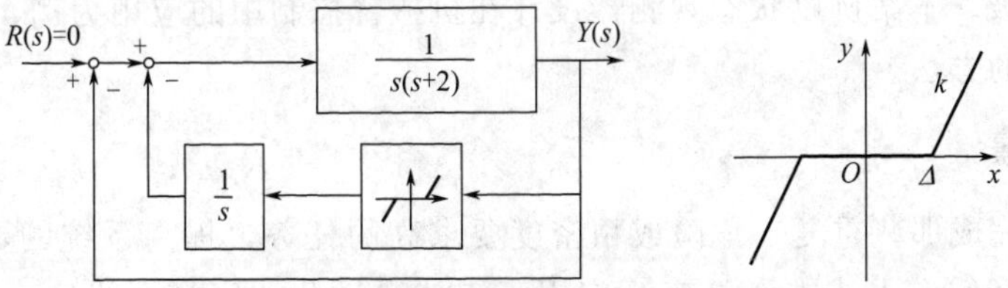

图 4-38

① 将上述系统简化为典型结构图，并写出线性部分的传递函数。

② 欲使系统不出现自振，确定 k 的临界值。其中，非线性环节的描述函数为

$$N(X)=k-\frac{2k}{\pi}\left[\arcsin\frac{\Delta}{X}+\frac{\Delta}{X}\sqrt{1-\left(\frac{\Delta}{X}\right)^2}\right],X\geqslant\Delta$$

4-11 若一阶非线性系统的微分方程为

$$\dot{x}=-x+x^3$$

试确定系统的平衡状态，并画出系统的相轨迹图。

附 录

附录1 应用案例

案例1 基于扩张状态观测器的双关节机械臂迭代学习控制方法

一、引言

自动控制是一种广泛应用于工农业生产、交通运输、航空航天等领域的技术，是实现我国全面现代化的重要手段。随着信息技术的日新月异，人工智能在自动化和机器人技术方面取得了很大的突破。本案例以状态观测器设计在机械臂控制中的应用为例，介绍将控制理论转化为现实应用的方法。

二、案例背景

机械臂能够完成那些重复、危险或精密度要求高的任务，提高系统的灵活性和安全性，缩短生产周期并降低人力成本，已广泛应用于工业自动化、医疗手术、农业园艺等多个领域。双关节机械臂是最常见的一种类型，由两个旋转关节连接而成。每个关节都能模拟人类手臂运动，使机械臂在特定轴上进行旋转运动，实现复杂的运动轨迹和姿态控制。本案例来源于科研项目中机械臂迭代学习控制方法研究。

三、案例内容

(1) 对象模型

随着现代经济的发展，对机械臂控制精度和灵活性提出了更高的要求，因此需要设计更先进的控制方法来实现对机械臂的精准控制。本案例以双关节机械臂为被控对象进行基于扩张状态观测器（ESO）的迭代学习控制（ILC）方法研究，两关节机械臂结构如附图1所示。

附图1 机械臂示意图

针对双关节的机械臂，可知其关节角度和力矩之间的关系：

$$\boldsymbol{M}(\boldsymbol{q})\ddot{\boldsymbol{q}}+\boldsymbol{C}(\boldsymbol{q},\dot{\boldsymbol{q}})\dot{\boldsymbol{q}}+\boldsymbol{G}(\boldsymbol{q})=\boldsymbol{\tau}-\boldsymbol{\tau}_d \tag{1}$$

式中，$\boldsymbol{q}\in\mathbb{R}^2$ 为关节角位移量；$\boldsymbol{M}(\boldsymbol{q})\in\mathbb{R}^{2\times 2}$ 为机械臂的惯性矩阵；$\boldsymbol{C}(\boldsymbol{q},\dot{\boldsymbol{q}})\in\mathbb{R}^2$ 表示离心力和科氏力；$\boldsymbol{G}(\boldsymbol{q})\in\mathbb{R}^2$ 为重力项；$\boldsymbol{\tau}\in\mathbb{R}^2$ 是控制力矩；$\boldsymbol{\tau}_d\in\mathbb{R}^2$ 为各种误差和扰动。机械臂的各参数矩阵如下式所示。

$$\boldsymbol{M}=\begin{pmatrix} m_{11} & m_{12} \\ m_{21} & m_{22} \end{pmatrix}=\begin{pmatrix} m_1 l_{c1}^2+m_2(l_1^2+l_{c2}^2+2l_1 l_{c2}\cos q_2)+I_1+I_2 & m_2(l_{c2}^2+l_1 l_{c2}\cos q_2)+l_2 \\ m_2(l_{c2}^2+l_1 l_{c2}\cos q_2)+l_2 & m_2 l_{c2}^2+I_2 \end{pmatrix} \tag{2}$$

$$\boldsymbol{C}=\begin{pmatrix} c_{11} & c_{12} \\ c_{21} & c_{22} \end{pmatrix}=\begin{pmatrix} -m_2 l_1 l_{c2}\sin q_2 \dot{q}_2 & -m_2 l_1 l_{c2}\sin q_2(\dot{q}_1+\dot{q}_2) \\ m_2 l_1 l_{c2}\sin q_2 \dot{q}_1 & 0 \end{pmatrix} \tag{3}$$

$$\boldsymbol{G}=\begin{pmatrix} (m_1 l_{c1}+m_2 l_1)g\cos q_1+m_2 l_{c2} g\cos(q_1+q_2) \\ m_2 l_{c2} g\cos(q_1+q_2) \end{pmatrix} \tag{4}$$

本案例机械臂系统的具体参数为：$m_1=10, m_2=5, l_1=1, l_2=0.5, l_{c1}=0.5, l_{c2}=0.25, I_1=0.83, I_2=0.3, g=9.8$。

机械臂的期望轨迹为：

$$q_{1d}=\sin(3t), q_{2d}=\cos(3t) \tag{5}$$

机械臂通常会执行一系列重复任务，迭代学习控制可以利用系统运行中产生的误差信息，通过迭代学习的方式逐渐减小误差，从而提高机械臂在重复性任务中的控制精度。PD型迭代学习控制是一种应用广泛的先进控制策略，其将比例-微分（PD）控制和迭代学习相结合，为提升双关节机械臂的性能提供了新的可能性。迭代学习通过历史误差数据修正控制律，进一步提升系统性能。这种方法能够有效地处理非线性、强耦合系统，对于双关节机械臂这类具有复杂运动轨迹要求的系统尤为适用。相应的反馈 PD 型迭代学习控制律形式如下。

$$\boldsymbol{u}_{k+1}=\boldsymbol{u}_k+\boldsymbol{K}_{\mathrm{P}}\boldsymbol{e}_{k+1}+\boldsymbol{K}_{\mathrm{D}}\dot{\boldsymbol{e}}_{k+1} \tag{6}$$

式中，$\boldsymbol{u}_{k+1}$ 是当前迭代的控制输入；$\boldsymbol{u}_k$ 是上一次迭代的控制输入；$\boldsymbol{e}_{k+1}$ 是当前运行的误差；$\dot{\boldsymbol{e}}_{k+1}$ 是当前迭代的误差的一阶导数；$\boldsymbol{K}_{\mathrm{P}}$ 和 $\boldsymbol{K}_{\mathrm{D}}$ 是比例和微分增益，用于平衡比例和微分控制的作用。

机械臂迭代学习控制在提高运动控制精度、适应非线性和强耦合系统等方面表现出色，但仍面临干扰抑制和未建模动态的挑战。传统控制方法难以有效处理这些干扰，因此引入扩张状态观测器（ESO）作为补充，具有重要的理论和实际意义。ESO 能够实时观测机械臂系统中的未知扰动和外部干扰，通过及时补偿这些干扰项，提高机械臂的抗干扰能力。在迭代学习控制中，ESO 可作为辅助手段，实现对系统动态的更准确观测，ESO 设计为：

$$\begin{cases} \dot{\hat{z}}_{i1}=\hat{z}_{i2}+\alpha_{i1}(x_1-\hat{z}_{i1}) \\ \dot{\hat{z}}_{i2}=\hat{z}_{i3}+\alpha_{i2}(x_1-\hat{z}_{i1})+b_{01}u, i=1,2 \\ \dot{\hat{z}}_{i3}=\alpha_{i3}(x_1-\hat{z}_{i1}) \end{cases} \tag{7}$$

式中，α_{i1}、α_{i2}、α_{i3} 为观测器增益，一般采用如下形式。

$$(s+\omega_{o1})^3=s^3+\alpha_{i1}s^2+\alpha_{i2}s+\alpha_{i3} \tag{8}$$

α_{i1}、α_{i2}、α_{i3} 满足 Hurwitz 稳定。改进的迭代学习控制率为：

$$\begin{gathered} \boldsymbol{u}=\boldsymbol{u}_{k+1}-\boldsymbol{u}_{\mathrm{ESO}} \\ \boldsymbol{u}_{\mathrm{ESO}}=(\hat{z}_{13} \quad \hat{z}_{23})^{\mathrm{T}} \end{gathered} \tag{9}$$

(2) 实验结果

将上述方法通过 Matlab 进行仿真，验证其有效性。本案例所提方法的具体结构如附图 2 所示。相应的控制器参数设置为：

$$\boldsymbol{K}_{\mathrm{P}}=\begin{pmatrix}200 & 0\\ 0 & 200\end{pmatrix},\ \boldsymbol{K}_{\mathrm{D}}=\begin{pmatrix}550 & 0\\ 0 & 500\end{pmatrix},\ \omega_{o1}=2,\ \omega_{o2}=3$$

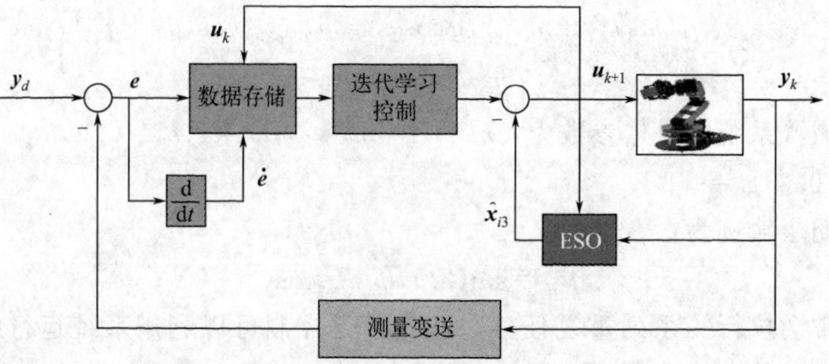

附图 2　控制方法结构图

为了保证迭代学习控制稳定运行的条件，被控对象初始输出与理想轨迹保持一致，被控对象的初始状态设置为 $\boldsymbol{x}(0)=(0\quad 3\quad 1\quad 0)$，迭代总次数为 20 次，过程中存在如下扰动。

$$\boldsymbol{\tau}_d=\begin{pmatrix}0.3\sin t\\ 0.1(1-\mathrm{e}^{-t})\end{pmatrix} \tag{10}$$

仿真结果如附图 3～附图 6 所示，其中附图 3 为第 20 次角度轨迹跟踪结果，附图 4 为第 20 次角速度轨迹跟踪结果，附图 5 为第 20 次控制输入信号，附图 6 为迭代学习角度和角速度跟踪误差收敛过程。从图中可以看出，系统可以更好地跟踪理想输出轨迹，且控制信号较光滑，不存在大的抖振，更有利于系统的安全运行。

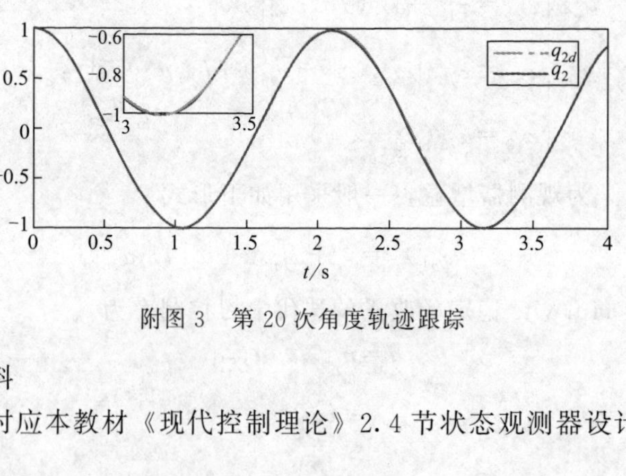

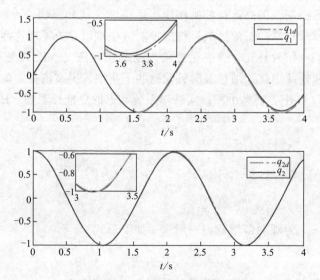

附图 3　第 20 次角度轨迹跟踪

(3) 案例支撑材料

本案例原理部分对应本教材《现代控制理论》2.4 节状态观测器设计。

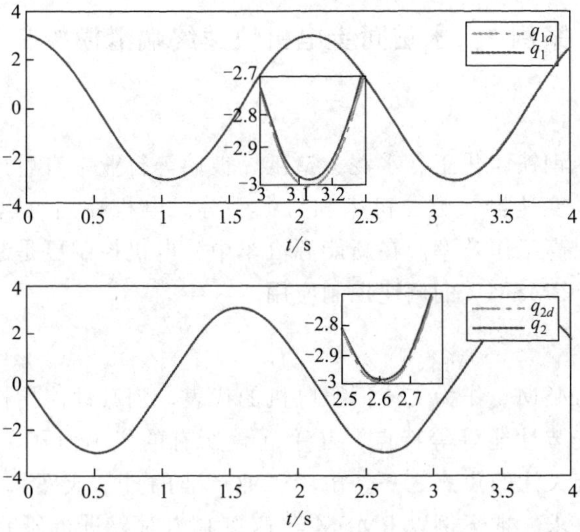

附图 4　第 20 次角速度轨迹跟踪

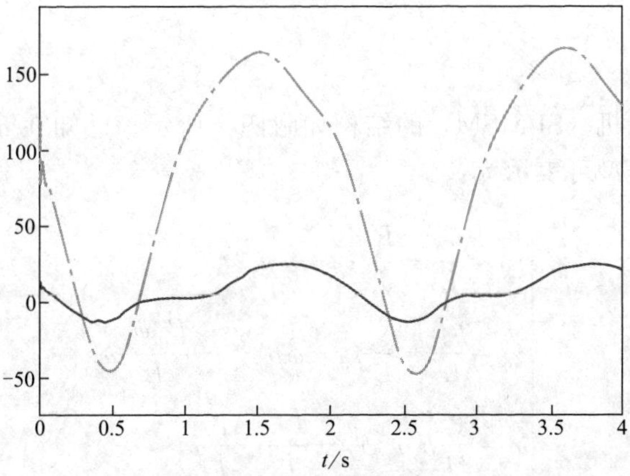

附图 5　第 20 次控制输入

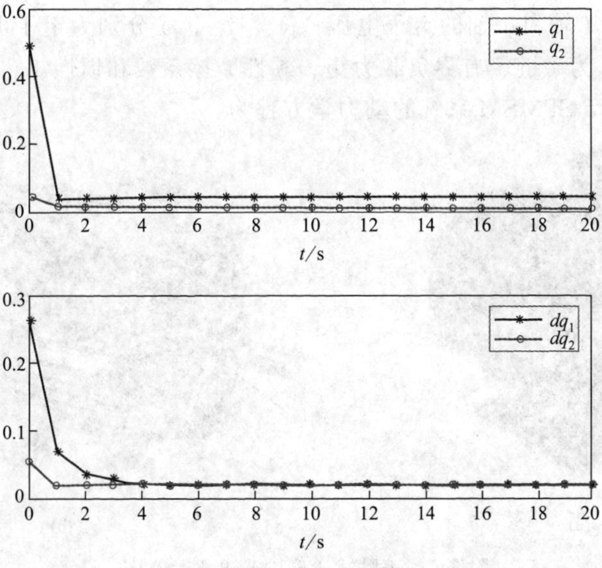

附图 6　迭代学习角度和角速度跟踪误差收敛过程

案例2　永磁同步电机快速终端滑模控制

一、引言

电机控制在汽车、钢铁、化工、水泥、造纸、玻璃等行业中有着广泛的应用，其中最典型的应用就是发动机、变速器、数控机床和机械手等。电机控制可以实现工作面的平稳运行，确保产品质量，提高工作效率。在新能源汽车中，电机控制更是起到了关键作用。本案例介绍永磁同步电机（PMSM）的调速控制应用。

二、案例背景

永磁同步电机（PMSM）作为交流伺服电机的代表，因其性能指标好、机械特性硬、节能高效、运行可靠、安装性能好等特点，几乎涵盖所有的机械电子、冶金、日常生活等领域，成为电机驱动系统关注的焦点之一。由于工业产业的日渐成熟，对PMSM控制系统的品质也提出了更高的要求。本案例以PMSM转速控制为对象进行研究，使得系统在应对干扰时具有更好的控制性能。

三、案例内容

（1）数学模型建立

表贴式永磁同步电机（SPMSM）的结构如附图7所示。已知在d-q坐标系下，表贴式永磁同步电机的数学模型可表示为：

$$\begin{cases}\dot{i}_d=\dfrac{u_d}{L}-\dfrac{R_s}{L}i_d-\omega p_n i_q\\ \dot{i}_q=\dfrac{u_q}{L}-\dfrac{R_s}{L}i_q-\omega p_n i_d-\dfrac{P_n\psi_f}{L}\omega\\ \dot{\omega}=\dfrac{3}{2J}p_n i_q\psi_f-\dfrac{T_L}{J}-\dfrac{B}{J}\omega\end{cases}\tag{11}$$

式中，i_d和i_q分别是d轴和q轴的定子电流；$\dot{i}_d$和$\dot{i}_q$是其相应的导数；L是定子电感；u_d和u_q分别是d轴和q轴的定子电压；R_s、p_n、ω分别为定子电阻、极对数和角速度；ψ_f、T_L、B、J为磁链、有界负载力矩、黏性摩擦系数和惯性矩。

在d-q坐标系下，SPMSM系统的动力学方程为：

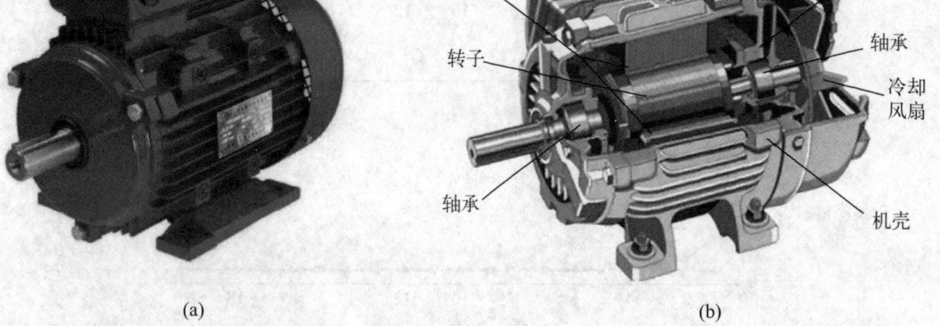

附图7　表贴式永磁同步电机示意图

$$\dot{\omega}=\frac{3}{2J}p_n i_q \psi_f-\frac{T_L}{J}-\frac{B}{J}\omega=bi_q-d-a\omega \tag{12}$$

式中，$a=\dfrac{B}{J}$；$b=\dfrac{3}{2J}p_n\psi_f$；$d=\dfrac{T_L}{J}$为载荷扰动。本案例 SPMSM 系统模型的具体参数如附表 1。

电机的期望转速为 $\omega_{\text{ref}}=1000\text{r/min}$。

滑模控制方法（SMC）以其对干扰和系统未建模动态具有很强的鲁棒性常用于 PMSM 调速控制系统中。不过由于传统线性滑模的系统误差无法在有限时间收敛，阻碍了其在实际工程中的应用。这里采用非奇异快速终端滑模控制（NFTSMC）方法，以解决 PMSM 系统调速控制问题。

附表 1　PMSM 主要参数

额定功率	3kW	定子电感 L	8.5mH
额定电流	5.4A	黏性摩擦系数 B	0.008N·m·s
磁链 ψ_f	0.175Wb	极对数 p_n	4
惯性矩 J	0.003kg·m^2	定子电阻 R_s	2.875Ω

为了便于编写和分析，我们定义系统状态 $x_1=\omega_{\text{ref}}-\omega$，于是 PMSM 系统的状态变量方程可以定义如下。

$$\begin{cases} x_1=\omega_{\text{ref}}-\omega \\ x_2=\dot{x}_1=\dot{\omega}_{\text{ref}}-bi_q+d+a\omega \end{cases} \tag{13}$$

假设在极短时间内，负载转矩不会发生突变，即 $\dot{T}_L=0$。则式(13) 可以进一步整理为

$$\begin{cases} \dot{x}_1=x_2 \\ \dot{x}_2=-ax_2-bu \end{cases} \tag{14}$$

将 d 轴电流的参考值设置为零，以实现解耦控制。控制目标解决系统式(14) 的速度跟踪问题，同时消除干扰对控制系统的影响。

首先非奇异快速终端滑模面设计如下。

$$s=x_1+\alpha x_1^{l/h}+\beta x_2^{p/q} \tag{15}$$

式中，α 和 β 为正参数；p、q、h、l 均为奇数整数，且有 $1<p/q<2$，$l/h>p/q$。x_1 和 x_2 没有负的指数项。因此，基于该滑模面的控制器能够避免奇异性问题。已知常规的指数趋近律如下。

$$\frac{\mathrm{d}s}{\mathrm{d}t}=-\varepsilon_1\operatorname{sgn}s-k_1 s,\varepsilon_1>0,k_1>0 \tag{16}$$

系数 ε_1 的增加会加速收敛速度，但在接近滑模面时，由于符号函数 sgn$s$ 的存在，会引起抖振问题。因此，为了解决这一问题，在这里使用一种能够适应滑模面和系统状态变化的改进型滑模趋近律。

$$\begin{cases} \dot{s}=-f(x_1,s)fal(s,\alpha_1,\delta)-k_1 s \\ f(x_1,s)=\dfrac{\varepsilon|x_1|}{k_2+(1-k_2)\mathrm{e}^{-\delta|s|}} \\ \lim\limits_{t\to 0}|x_1|=0,\varepsilon>0,\delta>0,k_1>0,0<k_2<1 \end{cases} \tag{17}$$

式中，

$$fal(s,\alpha_1,\delta)=\begin{cases}|s|^{\alpha_1}\mathrm{sgn}s, & |s|>\delta \\ \dfrac{s}{\delta^{1-\alpha_1}}, & |s|\leqslant\delta\end{cases} \tag{18}$$

式中，α_1 为非线性影响因子，取值范围为 $0<\alpha_1<1$。

取滑模面式(15) 的导数，得到如下式子。

$$\dot{s}=x_2+\frac{\alpha l}{h}x_1^{\frac{l}{h}-1}x_2+\frac{\beta p}{q}x_2^{\frac{p}{q}-1}(-ax_2-bu) \tag{19}$$

由此可以得到最终的改进型非奇异快速终端滑模控制输出为

$$i_q=\frac{1}{b}\int_0^t\left[\frac{q}{\beta p}x_2^{2-\frac{p}{q}}\left(1+\frac{\alpha l}{h}x_1^{\frac{l}{h}-1}\right)-ax_2+\frac{\varepsilon|x_1|}{k_2+(1-k_2)\mathrm{e}^{-\delta|s|}}fal(s,\alpha_1,\delta)+k_1s\right]\mathrm{d}t \tag{20}$$

接下来在系统中引入负载观测器，对外界扰动进行实时观测，以对负载转矩进行扰动补偿，进一步增强系统的抗扰动能力。该观测器以测量到的转子角速度和经过坐标转换的 i_q 为输入，并输出负载转矩的估计值。首先选取观测器滑模面为

$$s_2=\hat{\omega}-\omega \tag{21}$$

可构造观测器的扩展状态方程

$$\begin{cases}\dot{\hat{\omega}}=\dfrac{3}{2J}p_n\psi_f i_q-\dfrac{B}{J}\omega-\dfrac{1}{J}T_L \\ \dot{\hat{T}}_L=0\end{cases} \tag{22}$$

式中，$\hat{T}_L$是负载转矩的观测值；$\hat{\omega}$ 是永磁体转子转速的观测值。最终观测器观测系统误差的动态方程组可设计为

$$\begin{cases}\dot{\hat{\omega}}=\dfrac{3}{2J}p_n\psi_f i_q-\dfrac{B}{J}\hat{\omega}-\dfrac{1}{J}\hat{T}_L-\alpha_2\mathrm{sgn}s_2 \\ \dot{\hat{T}}_L=-\beta_2\mathrm{sgn}s_2\end{cases} \tag{23}$$

式中，α_2、β_2 是需要调节的常数。

(2) 实验结果

将上述方法通过 Matlab 进行仿真，验证其有效性。相应的控制器参数如附表 2。

附表 2 控制器参数

α_2	500	δ	2	q	33
β_2	1	α_1	0.83	k_1	52
α	0.0002	l	71	k_2	0.3
β	0.003	h	53		
ε	75	p	35		

在电流回路中使用具有相同参数的 PI 调节器，比例增益为 $k_P=15$，积分增益为 $k_I=1600$。直流侧电压 $U_{bc}=311$V，PWM 开关频率设置为 $f=10$kHz，采用周期设置为 $T_s=10\mu$s，仿真时间设置为 0.4s。参考转速为 $N=1000$r/min。初始负载转矩设置为 $T_L=5$N·m，在 0.2s 时 $T_L=10$N·m。

仿真结果如附图 8 所示，由结果曲线可以看出，控制系统在启动阶段和负载干扰发生变

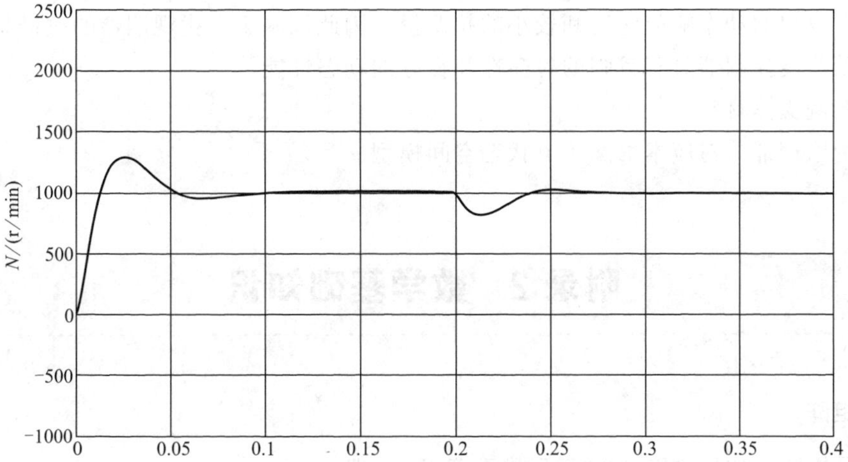

(a) 转速变化曲线

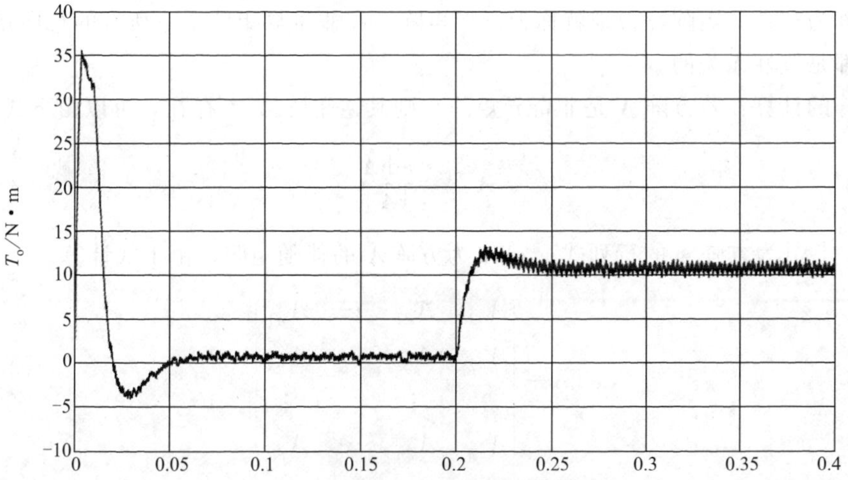

(b) 电磁转矩变化曲线

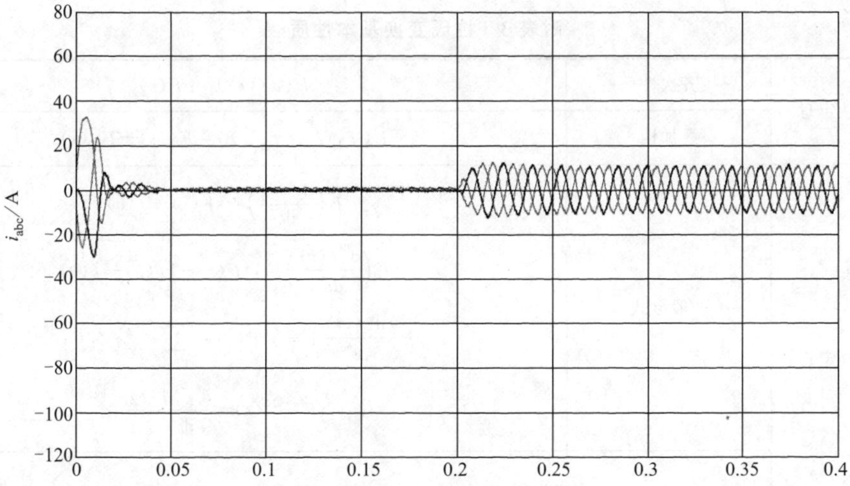

(c) 三相电流变化曲线

附图 8　基于滑模速度控制器的系统仿真结果

化后都具有较快的动态响应速度和较小的超调量，因此该基于干扰观测器的改进型非奇异快速终端滑模速度控制器具有较强的鲁棒性和良好的动态性能。

（3）案例支撑材料

本案例原理部分对应本书2.1节状态空间模型。

附录2 数学基础知识

一、矩阵

非奇异矩阵：如果方阵 $\boldsymbol{A}$ 的行列式不等于0，即

$$|\boldsymbol{A}| \neq 0$$

则称该矩阵为非奇异矩阵，否则就称为奇异矩阵。在非奇异矩阵中，所有的行向量（或列向量）之间都是线性无关的。

逆矩阵的计算：若方阵 $\boldsymbol{A}$ 是非奇异矩阵，则其逆矩阵 $\boldsymbol{A}^{-1}$ 存在，可以由下式计算。

$$\boldsymbol{A}^{-1} = \frac{\mathrm{adj}\boldsymbol{A}}{|\boldsymbol{A}|}$$

式中，$|\boldsymbol{A}|$ 为方阵 $\boldsymbol{A}$ 的行列式；$\mathrm{adj}\boldsymbol{A}$ 为方阵 $\boldsymbol{A}$ 的伴随矩阵，由下式计算。

$$\mathrm{adj}\boldsymbol{A} = \begin{pmatrix} A_{11} & A_{21} & \cdots & A_{n1} \\ A_{12} & A_{22} & \cdots & A_{n2} \\ \vdots & \vdots & & \vdots \\ A_{1n} & A_{2n} & \cdots & A_{nn} \end{pmatrix}$$

二、拉氏变换基本性质（附表3）

附表3 拉氏变换基本性质

1	线性定理	齐次性	$L(af(t)) = aF(s)$
		叠加性	$L(f_1(t) \pm f_2(t)) = F_1(s) \pm F_2(s)$
2	微分定理	一般形式	$L\left(\frac{\mathrm{d}f(t)}{\mathrm{d}t}\right) = sF(s) - f(0)$ $L\left(\frac{\mathrm{d}^2 f(t)}{\mathrm{d}t^2}\right) = s^2 F(s) - sf(0) - \dot{f}(0)$ $L\left(\frac{\mathrm{d}^n f(t)}{\mathrm{d}t^n}\right) = s^n F(s) - \sum_{k=1}^{n} s^{n-k} f^{(k-1)}(0)$ $f^{(k-1)}(t) = \frac{\mathrm{d}^{k-1} f(t)}{\mathrm{d}t^{k-1}}$
		初始条件为0时	$L\left(\frac{\mathrm{d}^n f(t)}{\mathrm{d}t^n}\right) = s^n F(s)$

续表

3	积分定理	一般形式	$L\left(\int f(t)\mathrm{d}t\right)=\frac{1}{s}[F(s)+f^{-1}(0)]$ $L\left(\iint f(t)(\mathrm{d}t)^2\right)=\frac{F(s)}{s^2}+\frac{\left[\int f(t)\mathrm{d}t\right]_{t=0}}{s^2}+\frac{\left[\iint f(t)(\mathrm{d}t)^2\right]_{t=0}}{s}$ $L\left(\overbrace{\int\cdots\int}^{共n个} f(t)(\mathrm{d}t)^n\right)=\frac{F(s)}{s^n}+\sum_{k=1}^{n}\frac{1}{s^{n-k+1}}\left[\overbrace{\int\cdots\int}^{共n个} f(t)(\mathrm{d}t)^n\right]_{t=0}$
		初始条件为 0 时	$L\left(\overbrace{\int\cdots\int}^{共n个} f(t)(\mathrm{d}t)^n\right)=\frac{F(s)}{s^n}$
4	延迟定理（或称时域平移定理）		$L(f(t-T)1(t-T))=\mathrm{e}^{-Ts}F(s)$
5	衰减定理（或称 S 域平移定理）		$L(f(t)\mathrm{e}^{-at})=F(s+a)$
6	终值定理		$\lim_{t\to\infty}f(t)=\lim_{s\to 0}sF(s)$
7	初值定理		$\lim_{t\to 0}f(t)=\lim_{s\to\infty}sF(s)$
8	卷积定理		$L\left(\int_0^t f_1(t-\tau)f_2(\tau)\mathrm{d}\tau\right)=L\left(\int_0^t f_1(t)f_2(t-\tau)\mathrm{d}\tau\right)=F_1(s)F_2(s)$

附录 3　常用时域函数拉氏变换和 Z 变换表（附表 4）

附表 4　常用时域拉氏变换和 Z 变换

序号	拉氏变换 $F(s)$	函数 $f(t)$或 $f(k)$	Z 变换 $F(z)$(T 为采样周期)
1	1	$\delta(t)$单位脉冲函数	1
2	e^{-kTs}	$\delta(t-kT)$	z^{-k}
3	$\frac{1}{1-\mathrm{e}^{-Ts}}$	$\sum_{k=0}^{\infty}\delta(t-kT)$	$\frac{z}{z-1}$
4	$\frac{1}{s}$	$1(t)$ （单位阶跃函数）	$\frac{z}{z-1}$
5	$\frac{1}{s^2}$	t	$\frac{Tz}{(z-1)^2}$
6	$\frac{1}{s^3}$	$\frac{t^2}{2}$	$\frac{T^2z(z+1)}{2(z-1)^3}$
7	$\frac{1}{s+a}$	e^{-at}	$\frac{z}{z-\mathrm{e}^{-aT}}$

续表

序号	拉氏变换 $F(s)$	函数 $f(t)$ 或 $f(k)$	Z 变换 $F(z)$（T 为采样周期）
8	$\frac{1}{(s+a)^2}$	te^{-at}	$\frac{Tze^{-aT}}{(z-1)(z-e^{-aT})}$
9	$\frac{a}{s(s+a)}$	$1-e^{-at}$	$\frac{z(1-e^{-aT})}{(z-1)(z-e^{-aT})}$
10	$\frac{b-a}{(s+a)(s+b)}$	$e^{-at}-e^{-bt}$	$\frac{z}{z-e^{-aT}}-\frac{z}{z-e^{-bT}}$
11	$\frac{\omega}{s^2+\omega^2}$	$\sin(\omega t)$	$\frac{z\sin(\omega T)}{z^2-2z\cos(\omega T)+1}$
12	$\frac{s}{s^2+\omega^2}$	$\cos(\omega t)$	$\frac{z[z-\cos(\omega T)]}{z^2-2z\cos(\omega T)+1}$
13	$\frac{1}{s-(1/T)\ln a}$	$a^{\frac{t}{T}}$	$\frac{z}{z-a}$

部分习题参考答案

第 2 章习题答案

2-1

（a）方块图化简可得：

$sx_1=-4x_1+5x_2-5u$　　$sx_2=x_1+x_2-5u$　　$y=x_1+u$

进一步求得：

$$\dot{\boldsymbol{x}}=\begin{pmatrix}-4 & 5\\ 1 & 1\end{pmatrix}\boldsymbol{x}+\begin{pmatrix}-5\\ 1\end{pmatrix}u,\qquad y=(1\quad 0)\boldsymbol{x}+u$$

（b）方块图化简可得：

$sx_1=-x_1-2x_2+2u_1$　　$sx_2=-x_1+3x_2+u_2$　　$y_1=x_1$　　$y_2=x_2$

进一步求得：

$$\dot{\boldsymbol{x}}=\begin{pmatrix}-1 & -2\\ -1 & 3\end{pmatrix}\boldsymbol{x}+\begin{pmatrix}2 & 0\\ 0 & 1\end{pmatrix}\boldsymbol{u},\qquad \boldsymbol{y}=\begin{pmatrix}1 & 0\\ 0 & 1\end{pmatrix}\boldsymbol{x}$$

2-2

由基尔霍夫定律可列出回路方程：

$$R(i_L-i_C)+L\frac{\mathrm{d}i_L}{\mathrm{d}t}=u$$

$$R(i_L-i_C)=Ri_C+\frac{1}{C}\int i_C\,\mathrm{d}t$$

$$u_o=\frac{1}{C}\int i_C\,\mathrm{d}t$$

令 $x_1=i_L$，$x_2=\frac{1}{C}\int i_C\,\mathrm{d}t=u_o$，化简可得：

$$\dot{\boldsymbol{x}}=\begin{pmatrix}-\frac{R}{2L} & -\frac{R}{2L}\\ \frac{1}{2C} & -\frac{1}{2RC}\end{pmatrix}\boldsymbol{x}+\begin{pmatrix}\frac{1}{L}\\ 0\end{pmatrix}u,\quad y=(0,\ 1)\boldsymbol{x}$$

2-3

$$\dot{\boldsymbol{x}}=\begin{pmatrix}-\frac{R_3}{L_1} & -\frac{R_3}{L_1}\\ -\frac{R_3}{L_2} & -\frac{R_2+R_3}{L_1}\end{pmatrix}\boldsymbol{x}+\begin{pmatrix}\frac{1}{L_1}\\ 0\end{pmatrix}u,\quad y=(R_3,\ R_3)\boldsymbol{x}$$

2-4

① $\dot{\boldsymbol{x}}=\begin{pmatrix}0 & 1 & 0\\0 & 0 & 1\\0 & -3 & 0\end{pmatrix}\boldsymbol{x}+\begin{pmatrix}0\\0\\1\end{pmatrix}u$，　$y=(-1,\ 1,\ 0)\boldsymbol{x}$

Matlab 验证程序：

```
den = [2,0,3,0];
num = [0,0,1,-1];
[A,B,C,D] = tf2ss(num,den)
```

② $\dot{\boldsymbol{x}}=\begin{pmatrix}0 & 1 & 0\\0 & 0 & 1\\-1 & -1 & -4\end{pmatrix}\boldsymbol{x}+\begin{pmatrix}0\\0\\1\end{pmatrix}u$，　$y=(0,\ 1,\ 0)\boldsymbol{x}$

Matlab 验证程序：

```
den = [5,4,1,0];
num = [0,0,1,0];
[A,B,C,D] = tf2ss(num,den)
```

③ $\dot{\boldsymbol{x}}=\begin{bmatrix}0 & 1 & 0 & 0\\0 & 0 & 1 & 0\\0 & 0 & 0 & 1\\-1 & -4 & -6 & 0\end{bmatrix}\boldsymbol{x}+\begin{bmatrix}0\\0\\0\\1\end{bmatrix}\boldsymbol{u}$，　$\boldsymbol{y}=(2,\ 1,\ 0,\ 0)\boldsymbol{x}$

Matlab 验证程序：

```
den = [5,4,1,1];
num = [0,0,1,0];
[A,B,C,D] = tf2ss(num,den)
```

④ $\dot{\boldsymbol{x}}=\begin{pmatrix}0 & 1 & 0\\0 & 0 & 1\\0 & -1 & -2\end{pmatrix}\boldsymbol{x}+\begin{pmatrix}0\\0\\1\end{pmatrix}u$，　$y=(7,\ 0,\ 0)\boldsymbol{x}$

Matlab 验证程序：

```
den = [1,2,1,0];
num = [0,0,0,7];
[A,B,C,D] = tf2ss(num,den)
```

⑤ $\dot{\boldsymbol{x}}=\begin{pmatrix}0 & 1 & 0\\0 & 0 & 1\\-8 & -7 & 0\end{pmatrix}\boldsymbol{x}+\begin{pmatrix}0\\0\\1\end{pmatrix}u$，　$y=(1,\ 1,\ 0)\boldsymbol{x}$

Matlab 验证程序：

```
den = [1,0,7,8];
num = [0,0,1,1];
[A,B,C,D] = tf2ss(num,den)
```

2-5

① $G(\mathrm{s})=\boldsymbol{C}(s\boldsymbol{I}-\boldsymbol{A})^{-1}\boldsymbol{B}+\boldsymbol{D}=\dfrac{1}{s^2+3s+2}$

Matlab 验证程序：

```
A=[0,1;-2,-3];B=[0;1];C=[1,0];D=0;
[num,den]=ss2tf(A,B,C,D)
```

② $G(\mathrm{s})=\boldsymbol{C}(s\boldsymbol{I}-\boldsymbol{A})^{-1}\boldsymbol{B}+\boldsymbol{D}=\dfrac{s-2}{s^2-s+1}$

Matlab 验证程序：

```
A=[1,1;-1,0];B=[1;1];C=[0,1];D=0;
[num,den]=ss2tf(A,B,C,D)
```

2-6

① $\mathrm{e}^{\boldsymbol{A}t}=\begin{pmatrix}1 & 0.5-0.5\mathrm{e}^{-2t}\\ 0 & \mathrm{e}^{-2t}\end{pmatrix}$

Matlab 验证程序：

```
syms t;
A=[0,1;0,-2];
D=expm(A*t)
```

② $\mathrm{e}^{\boldsymbol{A}t}=\begin{pmatrix}\cos t & \sin t\\ -\sin t & \cos t\end{pmatrix}$

Matlab 验证程序：

```
syms t;
A=[0,1;-1,0];
D=expm(A*t)
```

③ $\mathrm{e}^{\boldsymbol{A}t}=\begin{pmatrix}1 & 0.5(\mathrm{e}^{t}-\mathrm{e}^{-t}) & 0.5(\mathrm{e}^{t}+\mathrm{e}^{-t})-1\\ 0 & 0.5(\mathrm{e}^{t}+\mathrm{e}^{-t}) & 0.5(\mathrm{e}^{t}-\mathrm{e}^{-t})\\ 0 & 0.5(\mathrm{e}^{t}-\mathrm{e}^{-t}) & 0.5(\mathrm{e}^{t}+\mathrm{e}^{-t})\end{pmatrix}$

Matlab 验证程序：

```
syms t
A=[0,1,0;0,0,1;0,1,0];
D=expm(A*t)
```

2-7

① $\dot{\boldsymbol{\Phi}}(t)=\begin{pmatrix}-2\mathrm{e}^{-t}+2\mathrm{e}^{-2t} & 2\mathrm{e}^{-t}-2\mathrm{e}^{-2t}\\ -\mathrm{e}^{-t}+2\mathrm{e}^{-2t} & \mathrm{e}^{-t}-4\mathrm{e}^{-2t}\end{pmatrix}$

$\boldsymbol{A}=\dot{\boldsymbol{\Phi}}(0)=\begin{pmatrix}0 & 0\\ 1 & -3\end{pmatrix}$

② $\dot{\boldsymbol{\Phi}}(t)=\begin{pmatrix} -e^{-t} & 0 & 0 \\ 0 & -(4-4t)e^{-2t} & (4-8t)e^{-2t} \\ 0 & (1-2t)e^{-2t} & (1-2t)e^{-t} \end{pmatrix}$

$$\boldsymbol{A}=\dot{\boldsymbol{\Phi}}(0)=\begin{pmatrix} -1 & 0 & 0 \\ 0 & -4 & 4 \\ 0 & 1 & 1 \end{pmatrix}$$

2-8

① $e^{\boldsymbol{A}t}=\begin{pmatrix} e^{-2t} & 0 \\ \frac{1}{2}(e^{2t}-e^{-2t}) & e^{2t} \end{pmatrix}$

Matlab 验证程序：

```
A = [ - 2,0;2,2];
B = [0;1];
syms t;
D = expm(A*t)
```

② $\boldsymbol{x}(t)=\begin{pmatrix} e^{-2t} \\ e^{2t}-\frac{1}{2}-\frac{e^{-2t}}{2} \end{pmatrix}$

2-9

① $\boldsymbol{Q}_c=\begin{pmatrix} 1 & 0 \\ 2 & 2 \end{pmatrix}\text{rank}\boldsymbol{Q}_c=2$　系统完全能控。

$\boldsymbol{Q}_o=\begin{pmatrix} 2 & 1 \\ 4 & 2 \end{pmatrix}\text{rank}\boldsymbol{Q}_o=1$　系统不完全能观测。

Matlab 验证程序：

```
A = [1,0;2,2];
B = [1;0];
C = [2,1];
Qc = ctrb(A,B);
rank(Qc)
Qo = obsv(A,C);
rank(Qo)
```

② $\boldsymbol{Q}_c=\begin{pmatrix} 1 & 2 \\ 1 & -1 \end{pmatrix}\text{rank}\boldsymbol{Q}_c=2$　系统完全能控。

$\boldsymbol{Q}_o=\begin{pmatrix} 0 & 1 \\ -1 & 0 \end{pmatrix}\text{rank}\boldsymbol{Q}_o=2$　系统完全能观测。

Matlab 验证程序：

```
A = [1,1; - 1,0];
B = [1;1];
C = [0,1];
```

```
Qc = ctrb(A,B);
rank(Qc)
Qo = obsv(A,C);
rank(Qo)
```

2-10

系统状态空间表达式为：

$$\dot{\boldsymbol{x}}=\begin{pmatrix}0 & 1 & 0\\ 0 & 0 & 1\\ -18 & -27 & -10\end{pmatrix}\boldsymbol{x}+\begin{pmatrix}0\\ 0\\ 1\end{pmatrix}\boldsymbol{u},\quad \boldsymbol{y}=(a,\ 1,\ 0)\boldsymbol{x}$$

系统能控性矩阵 $\boldsymbol{Q}_c$ 和能观测性矩阵 $\boldsymbol{Q}_o$ 分别为：

$$\boldsymbol{Q}_c=\begin{pmatrix}0 & 0 & 1\\ 0 & 1 & -10\\ 1 & -10 & 73\end{pmatrix}\mathrm{rank}\boldsymbol{Q}_c=3$$

$$\boldsymbol{Q}_o=\begin{pmatrix}a & 1 & 0\\ 0 & a & 1\\ -18 & -27 & a-10\end{pmatrix}$$

由于 $\mathrm{rank}\boldsymbol{Q}_c=3$，所以参数 a 的取值不影响系统的能控性。而若使系统完全能观测，应使得 $\mathrm{rank}\boldsymbol{Q}_o=3$ 也即 $\det\boldsymbol{Q}_o\neq 0$，计算可得 $a\neq 1, a\neq 3, a\neq 6$。

Matlab 验证程序：

```
syms a;
A = [0,1,0;0,0,1;-18,-27,-10];
B = [0;0;1];
C = [a,1,0];
    Qc = ctrb(A,B);
    rank(Qc)
Qo = [C;C*A;C*A*A]
det(Qo)
s = [1,-10,27,-18];
roots(s)
```

2-11

判断系统的能控性与能观测性：

$\boldsymbol{Q}_c=\begin{pmatrix}1 & -1\\ 1 & 7\end{pmatrix}$，$\mathrm{rank}\boldsymbol{Q}_c=2$，系统完全能控。

$\boldsymbol{Q}_o=\begin{pmatrix}1 & 0\\ 1 & -2\end{pmatrix}$，$\mathrm{rank}\boldsymbol{Q}_o=2$，系统完全能观测。

能控标准型：$\dot{\bar{\boldsymbol{x}}}=\begin{pmatrix}0 & 1\\ -10 & 5\end{pmatrix}\bar{\boldsymbol{x}}+\begin{pmatrix}0\\ 1\end{pmatrix}\boldsymbol{u}$，$\bar{\boldsymbol{y}}=(-6,\ 1)\bar{\boldsymbol{x}}$。

能观测标准型：$\dot{\bar{\boldsymbol{x}}}=\begin{pmatrix}0 & -10\\ 1 & 5\end{pmatrix}\bar{\boldsymbol{x}}+\begin{pmatrix}-6\\ 1\end{pmatrix}\boldsymbol{u}$，$\bar{\boldsymbol{y}}=(0,\ 1)\bar{\boldsymbol{x}}$。

Matlab 验证程序：

```
A=[1,-2;3,4];
B=[1;1];
C=[1,0];
D=[0];
sys=ss(A,B,C,D);%输入状态空间表达式
Qc=ctrb(A,B);%计算能控性矩阵
pc1=[0 1]*inv(Qc);%pc1是一个行向量,(0,0,1)是所求B矩阵演化而来的。
Pc=inv([pc1;pc1*A]);%Pc是传递函数
sysT = ss2ss(sys,inv(Pc));%sysT即为所求能控标准型
```

2-12

① 系统能控性矩阵为

$$\boldsymbol{Q}_c=\begin{pmatrix}1 & 0 & -1\\ 1 & 1 & -3\\ 0 & 1 & -2\end{pmatrix}$$

由 rank$\boldsymbol{Q}_c=2$ 可知系统不完全能控。因此，能控子系统为：

$$\dot{\bar{\boldsymbol{x}}}_c=\begin{pmatrix}0 & -1\\ 1 & -2\end{pmatrix}\bar{\boldsymbol{x}}_c+\begin{pmatrix}-1\\ -2\end{pmatrix}\bar{\boldsymbol{x}}_{\bar{c}}+\begin{pmatrix}0\\ 1\end{pmatrix}\boldsymbol{u},\quad \boldsymbol{y}=(1\quad -1)\bar{\boldsymbol{x}}_c$$

② 判断系统能观测性。

$$\text{rank}\boldsymbol{Q}_o=\text{rank}\begin{pmatrix}0 & 1 & -2\\ 1 & -2 & 3\\ -2 & 3 & -4\end{pmatrix}=2$$

系统不完全能观测。因此，能观测子系统为：

$$\dot{\bar{\boldsymbol{x}}}_o=\begin{pmatrix}0 & 1\\ -1 & -2\end{pmatrix}\bar{\boldsymbol{x}}_o+\begin{pmatrix}1\\ -1\end{pmatrix}\boldsymbol{u},\quad \boldsymbol{y}=(1\quad 0)\bar{\boldsymbol{x}}_o$$

Matlab 验证程序：

```
A=[0,0,-1;1,0,-3;0,1,-3];
B=[1;1;0];
C=[0,1,-2];
Qc=ctrb(A,B);
rank(Qc);
[A_c,B_c,C_c,Tc]=ctrbf(A,B,C);%能控性分解
[A_o,B_o,C_o,Tc]=obsvf(A,B,C);%能观测性分解
```

2-13

① $\dot{\boldsymbol{x}}=\begin{pmatrix}0 & 1 & 0\\ 0 & 0 & 1\\ -2 & -4 & -3\end{pmatrix}\boldsymbol{x}+\begin{pmatrix}0\\ 0\\ 1\end{pmatrix}\boldsymbol{u},\quad \boldsymbol{y}=(1,\ 1,\ 0)\boldsymbol{x}$

② 略。

2-14

① 令 G_1 输出为状态 x_1，G_2 输出为状态 x_2，G_3 输出为状态 x_3，则系统的状态空间表达式为

$$\dot{x}=\begin{pmatrix}-2 & 0 & 0\\ 1 & -1 & 0\\ 0 & 2 & 0\end{pmatrix}x+\begin{pmatrix}3\\0\\0\end{pmatrix}u$$

$$y=(0,\ 0,\ 1)x$$

② 令 $K=(k_1,\ k_2,\ k_3)$，则

$$|sI-A+BK|=s^3+(3+3k_1)s^2+(3k_1+3k_2+2)s+6k_3$$

期望的特征多项式为：$(s+3)(s+2-2j)(s+2+2j)s^3+7s^2+20s+24$。

取对应系数相等可得：$K=\left(\frac{4}{3},\ \frac{14}{3},\ 4\right)$。

Matlab 验证程序：

```
A=[-2,0,0;1,-1,0;0,2,0];
B=[3;0;0];
C=[0,0,1];
lambd=[-3,-2+2*j,-2-2*j];
K=acker(A,B,lambd);%状态反馈增益
```

③ 略。

2-15

系统能控性矩阵为：

$$Q_c=\begin{pmatrix}0 & 0 & 0\\ 0 & 1 & 1\\ 1 & 1 & -2\end{pmatrix}$$

由于 $\text{rank}Q_c=2$，系统不完全能控，只有两个极点可以配置。特征方程 $|sI-A|=s^3+2s+3$ 中有个极点为 -1，恰好与 -2、-3、-1 中的一个极点重合，只需要配置两个极点。因此，可以配置到 -2、-3、-1。而 -2、-2、-3 中没有极点 -1，三个极点都需要配置，但是系统只能配置两个极点，因此不能配置到 -2、-2、-3。

令 $K=(0\quad k_2\quad k_3)$，则

$$|sI-A+BK|=s^3+k_3s^2+(k_3+k_2+2)s+k_2+3$$

而期望的特征多项式为 $(s+2)(s+3)(s+1)=s^3+6s^2+11s+6$，取对应系数相等，可得 $K=(0\quad 3\quad 6)$。

Matlab 验证程序：

```
syms s k1 k2 k3;
A=[-1,0,0;0,0,1;0,-3,1];
B=[0;0;1];
K =[k1 k2 k3];
H = s*eye(3)-(A-B*K);%状态反馈系统矩阵
p = collect(det(H));%展开行列式 det(H)为多项式
p0 = collect((s+2)*(s+3)*(s+1));%期望的特征多项式
m1 = coeffs(p,s);
m2 = coeffs(p0,s);
K=[solve(m1(1)==m2(1)),solve(m1(2)==m2(2)),solve(m1(3)==m2(3))];%计算反馈增益
```

2-16

① 能控性判别矩阵 $\boldsymbol{Q}_c=\begin{pmatrix}0 & -1 & 2\\0 & 0 & 0\\1 & 0 & -1\end{pmatrix}$，系统不完全能控。

结构分解取变换矩阵 $\boldsymbol{P}=\begin{pmatrix}0 & -1 & 0\\0 & 0 & 1\\1 & 0 & 0\end{pmatrix}$，则得到：

$\bar{\boldsymbol{A}}=\begin{pmatrix}0 & -1 & -4\\1 & -2 & -2\\0 & 0 & 2\end{pmatrix}$，$\bar{\boldsymbol{B}}=\begin{pmatrix}1\\0\\0\end{pmatrix}$，$\bar{\boldsymbol{C}}=(0\quad 0\quad 1)$

因此，能控子系统为：

$\dot{\bar{\boldsymbol{x}}}_c=\begin{pmatrix}0 & 1\\1 & -2\end{pmatrix}\bar{\boldsymbol{x}}_c+\begin{pmatrix}1\\0\end{pmatrix}\boldsymbol{u}$，$\boldsymbol{y}=(0,\ 0)\bar{\boldsymbol{x}}_c$

不能控子系统为：

$\dot{\bar{\boldsymbol{x}}}_{\bar{c}}=-2\bar{\boldsymbol{x}}_{\bar{c}}$，$y=\bar{\boldsymbol{x}}_{\bar{c}}$

② 系统不能控的特征根为－2，是稳定的，所以可以将极点配置到－2、－3、－4。

Matlab 验证程序：

```
A=[-2,2,-1;0,-2,0;1,-4,0];
B=[0;0;1];
C=[0,1,0];
Qc=ctrb(A,B);%计算系统的能控性矩阵
rank(Qc);
[A_c,B_c,C_c,Tc]=ctrbf(A,B,C);%状态能控性分解
```

2-17

$\boldsymbol{K}=(4\quad 4\quad 1)$

Matlab 验证程序：

```
A=[0,1,0;0,0,1;0,-2,-3];
B=[0;0;1];
C=[10,0,0];
lambd=[-2,-1+j,-1-j];
K=acker(A,B,lambd);%状态反馈增益矩阵
```

2-18

$\boldsymbol{L}=\begin{pmatrix}-1.5\\-9\end{pmatrix}$

Matlab 验证程序：

```
A=[0,1;-2,-3];
B=[0;1];
C=[2,0];
lambda=[-5,5];
L=(acker(A',C',lambda))';%全维观测器反馈增益矩阵
```

2-19

$\boldsymbol{L}=\begin{pmatrix}\frac{5}{2} & \frac{1}{2}\end{pmatrix}^{\mathrm{T}}, \boldsymbol{K}=\begin{pmatrix}\frac{2}{3} & 1\end{pmatrix}$

Matlab 验证程序：

```
A = [0,3;0, - 1];
B = [0;1];
C = [1,1];
Lambd1 = [ - 2, - 2];
L = (acker(A',C',lambd1))'; % 全维观测器反馈增益矩阵
Lambda2 = [ - 1 + j, - 1 - j];
K = acker(A,B,lambda2); % 状态反馈增益矩阵
```

2-20

① 系统状态空间表达式为：

$$\dot{\boldsymbol{x}}=\begin{pmatrix}0 & 1\\0 & -1\end{pmatrix}\boldsymbol{x}+\begin{pmatrix}0\\1\end{pmatrix}\boldsymbol{u},$$

$$\boldsymbol{y}=(1 \quad 0)\boldsymbol{x}$$

② 反馈控制律为 $\boldsymbol{u}=-(4 \quad 1)\boldsymbol{x}+\boldsymbol{v}$。

③ 观测器状态方程为：

$\dot{\tilde{\boldsymbol{x}}}=\begin{pmatrix}-7 & 1\\-9 & -1\end{pmatrix}\tilde{\boldsymbol{x}}+\begin{pmatrix}0\\1\end{pmatrix}\boldsymbol{u}+\begin{pmatrix}7\\9\end{pmatrix}\boldsymbol{y}，\boldsymbol{x}=\tilde{\boldsymbol{x}}$

④ 略。

Matlab 验证程序：

```
den = [1,1,0];
num = [0,0,1];
[A,B,C,D] = tf2ss(num,den); % 系统状态空间表达式
A = [0,1;0, - 1];
B = [0;1];
C = [1,0];
lambda = [ - 1 + sqrt(3)*j, - 1-sqrt(3)*j];
K = acker(A,B,lambda); % 状态反馈增益矩阵
A = [0,1;0, - 1];
B = [0;1];
C = [1,0];
lambda1 = [ - 4, - 4];
L = (acker(A',C',lambda1))'; % 全维观测器反馈增益矩阵
```

第 3 章习题答案

3-1

对有限频谱($-\omega_{\max}<\omega<\omega_{\max}$)的连续信号采样，采样角频率为 ω_s，当 $\omega_s\geqslant 2\omega_{\max}$ 时，采样信号才能无失真地复现原连续信号。

3-2

① $F(z)=\dfrac{2Tz}{(z-1)^2}$

② $F(z)=\dfrac{z}{z-e^{aT}}$

Matlab 验证程序：

```
syms a;
ft2 = expm(a*t);
fz2 = ztrans(ft2)
```

③ $F(z)=\dfrac{z\sin(\omega T)}{z^2-2z\cos(\omega T)+1}$

④ $F(z)=\dfrac{z}{z-1}-\dfrac{z}{z-e^{-2T}}$

Matlab 验证程序：

```
syms t;
ft4 = 1-expm(-2*t);
fz4 = ztrans(ft4)
```

⑤ $F(z)=\dfrac{2z}{z-e^{-T}}-\dfrac{z}{z-e^{-2T}}$

Matlab 验证程序：

```
syms s;
Fs5 = (s + 3)/(s^2 + 3 * s + 2);
Ft5 = ilaplace(fs);
Fz5 = ztrans(ft)
```

⑥ $F(z)=\dfrac{2z}{z-1}-\dfrac{2z}{z-e^{-T}}$

Matlab 验证程序：

```
syms s;
fs6 = 2/(s^2 + s);
ft6 = ilaplace(fs6);
fz6 = ztrans(ft6)
```

⑦ $F(z)=\dfrac{Tz}{(z-1)^2}-\dfrac{z}{z-1}+\dfrac{z}{z-e^{-T}}$

Matlab 验证程序：

```
syms s;
fs7 = 1/(s^2 + s^3);
ft7 = ilaplace(fs7);
fz7 = ztrans(ft7)
```

⑧ $F(z)=\dfrac{2Tz}{(z-1)^2}+\dfrac{z}{z-1}$

Matlab 验证程序：

```
syms s;
fs8 = (s + 2)/(s^2);
ft8 = ilaplace(fs8);
fz8 = ztrans(ft8)
```

3-3

① $f(t)=10\times 2^t-10$

Matlab 验证程序：

```
syms z t;
fz1 = 10*z/(z^2-3 * z + 2);
ft1 = iztrans(fz1,z,t)
```

② $f(t)=-2t-3$

Matlab 验证程序：

```
syms z t;
fz2 = (z^-1-3)/(1-2 * z^-1 + z^-2);
ft2 = iztrans(fz2,z,t)
```

③ $f(t)=1-0.5^t$

Matlab 验证程序：

```
syms z t;
fz3 = 0.5*z/(z^2-1.5 * z + 0.5);
ft3 = iztrans(fz3,z,t)
```

3-4

①

(a) $\dfrac{C(z)}{R(z)}=Z\left(\dfrac{2}{s+2}\right)Z\left(\dfrac{5}{s+5}\right)=\dfrac{10z^2}{z^2-(e^{-2T}+e^{-5T})z+e^{-7T}}$

(b) $\dfrac{C(z)}{R(z)}=Z\left(\dfrac{2}{s+2}\times\dfrac{5}{s+5}\right)=\dfrac{e^{-2T}-e^{-5T}}{z^2-(e^{-2T}+e^{-5T})z+e^{-7T}}$

② 略。

3-5

(a) $\dfrac{Y(z)}{R(z)}=\dfrac{G_1(z)}{1+G_1G_2(z)+G_1(z)H(z)}$

(b) $\dfrac{Y(z)}{R(z)}=\dfrac{G_1(z)G_2G_3(z)}{1+G_1(z)G_2G_3(z)H(z)}$

3-6

① $y(k+2)+6y(k+1)+5y(k)=u(k+1)+5u(k)$

② $y(k+3)+4y(k+2)+2y(k+1)+3y(k)=2u(k+2)+u(k+1)+u(k)$

3-7

$$G(z)=\begin{pmatrix}\dfrac{25z+25}{25z^2+25z+4}\\ \dfrac{-25z}{25z^2+25z+4}\end{pmatrix}$$

Matlab 验证程序：

```
G=[0,1;-0.16,-1];
H=[0;1];
C=[1,1;0,-1];
R=C*inv((z*eye(2))-G)*H
```

3-8

① 零输入响应特征方程为 $\lambda^2-3\lambda+2=0$，特征根 $\lambda_1=1,\lambda_2=2$，所以，零输入响应为：$y_{zi}(k)=C_1+2^kC_2$。

根据起始条件得 $\begin{cases}C_1+C_2=0\\ C_1+2C_2=1\end{cases}$，解得 $C_1=-1$，$C_2=1$，故

$$y_{zi}(k)=-1+2^k$$

而零状态响应为：$H(z)=\dfrac{1}{z^2-3z+2}=\dfrac{1}{z-2}-\dfrac{1}{z-1}$。

进行 Z 反变换：$h(k)=2^{k-1}-1$。利用常用序列离散卷积，零状态响应为

$$y_{zs}=h(k)*u(k)=2^k-1$$

所以，系统的输出响应为：$y(k)=-2+2^{k+1}$。

② 将差分方程两边进行 Z 变换得

$$z^2Y(z)-z^2y(0)-zy(1)+5[zY(z)-zy(0)]+6Y(z)=0$$

由 $y(0)=0$，$y(1)=1$ 得

$$Y(z)=\frac{z}{z^2+5z+6}=-\frac{z}{z+3}+\frac{z}{z+2}$$

进行 Z 反变换得

$$y(k)=(-2)^k-(-3)^k$$

3-9

开环脉冲传递函数：$G_{\mathrm{k}}(z)=\dfrac{0.368z+0.264}{z^2-1.368z+0.368}$。

闭环脉冲传递函数：$G_{\mathrm{b}}(z)=\dfrac{0.368z+0.264}{z^2-z+0.632}$。

阶跃响应：略。

Matlab 验证程序：

```
syms s;
ft=ilaplace((1-expm(-s))/(s*s*(s+1)));
fz1=ztrans(ft);%开环脉冲传递函数
fz2=(fz1)/(f+fz1);%闭环脉冲传递函数
```

```
num = [0.368,0.264];
den = [1,-1,0.632];
dstep(num,den);
[y,x] = dstep(num,den); % y 为单位阶跃输入时的输出响应。
```

3-10

① $\dot{\boldsymbol{x}}=\begin{pmatrix}1 & -2\\3 & -4\end{pmatrix}\boldsymbol{x}+\begin{pmatrix}2\\1\end{pmatrix}\boldsymbol{u}$，$y=(1,\ 0)\boldsymbol{x}$

② $\boldsymbol{x}(k+1)=\begin{pmatrix}0.8330 & -0.4651\\0.6976 & -0.3298\end{pmatrix}\boldsymbol{x}(k)+\begin{pmatrix}1.6638\\1.2315\end{pmatrix}\boldsymbol{u}(k)$，$y(k)=(1\quad 0)\boldsymbol{x}(k)$

③ 系统是稳定的。

Matlab 验证程序：

```
syms t;
A = [1,-2;3,-4];
G = expm(A);
X = expm(A*t)*[2;1];
fun1 = X(1);
fun2 = X(2);
Q1 = int(fun1,0,1);
double(Q1);
Q2 = int(fun2,0,1);
double(Q2);
H = [Q1;Q2];
C = [1,0];
D = 0;
[num,den] = ss2tf(G,H,C,D);
roots(den)
输出:0.336,0.164    % 特征值均小于1,故系统是稳定的。
```

3-11

① $Z(G_0(s)\times 2/s)=(1-z^{-1})Z(2/s^2)=(1-z^{-1})\times 2Tz/(z-1)^2=\dfrac{2}{z-1}$

$$Z(G_0(s)\times K/(s+1))=\frac{0.632K}{z-0.368}$$

闭环传递函数为

$$\frac{Y(z)}{R(z)}=\frac{\dfrac{2}{z-1}\times\dfrac{0.632K}{z-0.368}}{1+\dfrac{2}{z-1}\times\dfrac{0.632K}{z-0.368}}=\frac{1.264K}{z^2-1.368z+0.368+1.264K}$$

② 令 $z=\dfrac{\omega+1}{\omega-1}$，则闭环特征多项式为

$$1.264K\omega^2+1.264(1-2K)\omega+2.736+1.264K=0$$

利用劳斯稳定判据可得：$1.264K>0$，$1.264(1-2K)>0$，$2.736+1.264K>0$。

则 $0<K<0.5$ 系统稳定。

$$Y(\infty)=\lim_{z\to 1}(z-1)G(z)R(z)=\lim_{z\to 1}(z-1)\frac{z+2}{z^2+z+1}\times\frac{z}{z-1}=1$$

③ 当 K 取 0.3 时，在单位阶跃输入下闭环系统的终值为

$$Y(\infty)=\lim_{z\to 1}(z-1)\frac{1.264\times 0.3}{z^2-1.368z+0.368+1.264\times 0.3}\times\frac{z}{z-1}=1$$

则稳态误差 $e_{ss}(\infty)=1-Y(\infty)=0$。

3-12

① $\dfrac{Y(z)}{R(z)}=\dfrac{G_3(z)G_2(z)}{1+G_3(z)G_2G_1(z)}$

② $\dfrac{Y(z)}{R(z)}=\dfrac{2z^2-0.736z}{3z^2-0.503z+0.05}$

③ $z_1=0.084+0.098\text{j}, z_2=0.084-0.098\text{j}$。$|z|=0.129<1$，因此系统稳定。

④ $E(z)=R(z)\left(1-\dfrac{2z^2-0.736z}{3z^2-0.503z+0.05}\right)=\dfrac{z}{z-1}\left(1-\dfrac{2z^2-0.736z}{3z^2-0.503z+0.05}\right)$

$$e(\infty)=\lim_{z\to 1}(z-1)E(z)=0.5037$$

第 4 章习题答案

4-1

① 该函数为不定的。

```
Matlab 验证程序：
V11 = [1,0,-1;0,0,0.5;-1,0.5,1];
D3 = det(V11) % 函数的三阶代数余子式
V12 = [1,0;0,0];
D2 = det(V12) % 函数的二阶代数余子式
V13 = [1];
D1 = det(V13) % 函数的一阶代数余子式
```

输出：

```
D3 = -0.25
D2 = 0
D1 = 1
% D3<0,D2 = 0,D1 = 1>0,矩阵 V11为不定矩阵,所以该函数为不定的。
```

② 该函数为正定的。

```
Matlab 验证程序：
V2 = [2,-1,1;-1,3,0;1,0,1];
eig(V2)
0.27,2,3.73 % 矩阵 V2的特征值
% 矩阵 V2特征值全部大于零,是正定矩阵;所以该函数为正定的。
```

4-2

近似线性化：$\dot{\boldsymbol{x}}=\begin{pmatrix}-1 & 1\\ -1 & -1\end{pmatrix}\boldsymbol{x}$。

特征值为 $\lambda_1=-1+\mathrm{j}$，$\lambda_2=-1-\mathrm{j}$。

$\mathrm{Re}(\lambda_i)<0$，因此系统是渐近稳定的。

4-3

令 $V(\boldsymbol{x})=x_1^2+x_2^2$，则 $\dot{V}(\boldsymbol{x})=2x_2^2(1+x_2)^2$。

$V(\boldsymbol{x})$正定，$\dot{V}(\boldsymbol{x})$半正定，且 $\dot{V}(\boldsymbol{x})$在非零状态不恒为 0（当 $x_2=-1$ 时，$\dot{V}(\boldsymbol{x})=0$）。因此，系统在平衡状态下不稳定。

4-4

① 系统在平衡位置渐近稳定。

Matlab 验证程序：

```
A=[0,1;-1,-1];
Q=eye(2);
P=lyap(A.',Q)
if(P(1,1)>0&&det(P)>0)
a='P正定,故系统在平衡位置渐近稳定'
else
a='P不定,故系统在平衡位置不稳定'
end
```

输出：

$$P=\begin{bmatrix}1.5 & 0.5\\ 0.5 & 1\end{bmatrix}$$

P 正定，故系统在平衡位置渐近稳定

② 系统在平衡位置不稳定。

Matlab 验证程序：

```
A=[-1,1;2,3];
Q=eye(2);
P=lyap(A.',Q)
if(P(1,1)>0&&det(P)>0)
a='P正定,故系统在平衡位置渐近稳定'
else
a='P不定,故系统在平衡位置不稳定'
end
```

输出：

$$P=\begin{bmatrix}0.4 & -0.05\\ -0.05 & -0.15\end{bmatrix}$$

P 不定，故系统在平衡位置不稳定

③ 系统在平衡位置不稳定。

Matlab 验证程序：

```
A=[1,0;0,-1];
Q=eye(2);
P=lyap(A.',Q);
if(P(1,1)>0&&det(P)>0)
```

```
a = 'P 正定,故系统在平衡位置渐近稳定'
   else
a = 'P 不定,故系统在平衡位置不稳定'
end
```

输出：

```
P 不定,故系统在平衡位置不稳定
```

④ 系统在平衡位置渐近稳定。

```
Matlab 验证程序:
A = [-1,1;-1,-1];
Q = eye(2);
P = lyap(A.',Q)
if(P(1,1)>0&&det(P)>0)
a = 'P 正定,故系统在平衡位置渐近稳定'
   else
a = 'P 不定,故系统在平衡位置不稳定'
end
```

输出：

$$P=\begin{bmatrix}0.5 & 0\\ 0 & 0.5\end{bmatrix}$$

P 正定，故系统在平衡位置渐近稳定

4-5

近似线性化：$\dot{\boldsymbol{x}}=\begin{pmatrix}1 & -1\\ 1 & -1\end{pmatrix}\boldsymbol{x}$。

特征值为：$\lambda_1=\lambda_2=0$。

系统在平衡位置李雅普诺夫意义下稳定。

4-6

$V(\boldsymbol{x})=a_1x_1^2+x_2^2$,

$\dot{V}(\boldsymbol{x})=-2a_1x_1^2x_2^2$半负定，任意 $\boldsymbol{x}_0\neq 0$，$\dot{V}(\boldsymbol{x})$不恒为 0，因此是大范围渐近稳定。

4-7

(a) $N(X)=K+\dfrac{4M}{\pi X}$

(b) $N(X)=\dfrac{4B}{\pi X}\sqrt{1-\left(\dfrac{a}{X}\right)^2}$

4-8

系统存在自振，有自振条件 $N(A)G(\mathrm{j}\omega)=-1$，即

$$\frac{4M}{\pi A}\times\frac{10}{\mathrm{j}\omega(1+\mathrm{j}\omega)(2+\mathrm{j}\omega)}=-1\Rightarrow\frac{40M}{\pi A}=3\omega^2-\mathrm{j}\omega(2-\omega^2)$$

比较上式中等式左右两边的实部和虚部有

$$\frac{40M}{\pi A}=3\omega^2$$

$$\omega(2-\omega^2)=0$$

得出 $A=2.12$，$\omega=\sqrt{2}$，系统稳定。

4-9

将系统简化为典型结构如题图 1 所示。

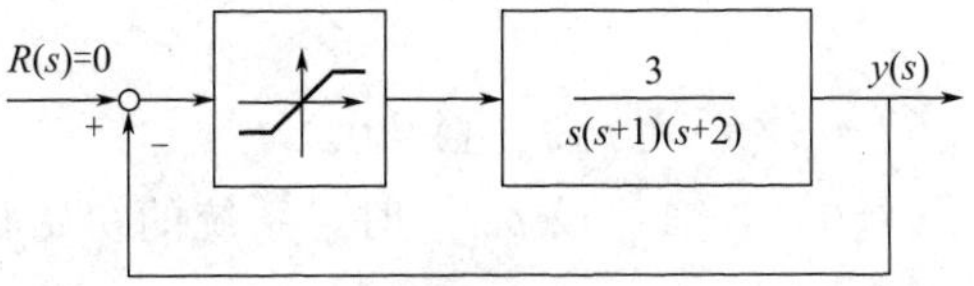

题图 1

线性部分的传递函数为：$G(s)=\dfrac{1}{s(s+1)(s+2)}$。

4-10

① 典型结构图如题图 2 所示。

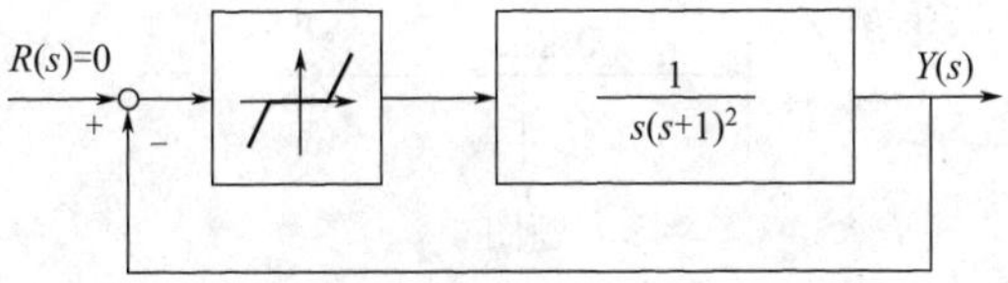

题图 2

② 先看非线性环节，研究其端点情况。

$$X=\Delta\Rightarrow N(X)=0\Rightarrow-\frac{1}{N(X)}=-\infty$$

$$X=\infty\Rightarrow N(X)=k\Rightarrow-\frac{1}{N(X)}=-\frac{1}{k}$$

因此，可知运动轨迹从 $-\infty$ 沿负实轴运动至 $-1/k$。再看线性部分，$G(\mathrm{j}\omega)=\dfrac{1}{\mathrm{j}\omega(\mathrm{j}\omega+1)^2}$，求其穿越频率，即令 $\mathrm{Im}[G_p(\mathrm{j}\omega)]=0$，可以得出 $1-\omega^2=0$，即穿越频率为 $\omega=1$。再求 $G_p(\mathrm{j}\omega)$与负实轴的交点，即将 $\omega^2=1$ 代回 $\mathrm{Re}(G_p(\mathrm{j}\omega))$可得此时

$$\mathrm{Re}(G_p(\mathrm{j}\omega))=\frac{-2}{(1+\omega^2)^2}=-\frac{1}{2}$$

于是可以画出曲线图如题图 3 所示。

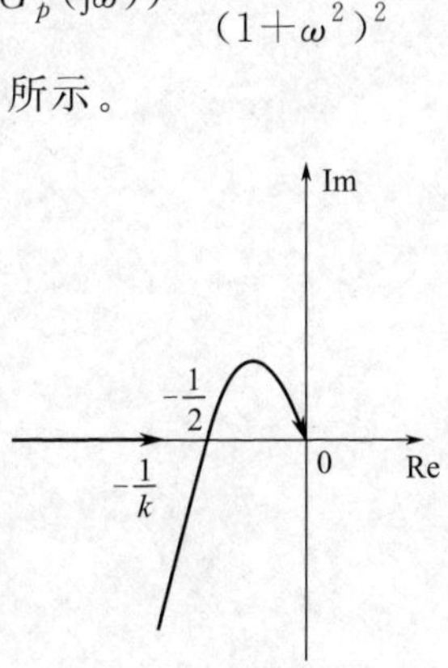

题图 3

要使得系统不发生自激振荡，则需要非线性部分的描述函数曲线位于线性部分的传递函数上方，由此可知

$$-\frac{1}{k}\leqslant-\frac{1}{2}$$

即 $0<k\leqslant 2$。因此 k 的临界值为 2。

4-11

令 $\dot{x}=0$，即 $\dot{x}=-x+x^3=x(x-1)(x+1)=0$。

得系统的平衡状态为 $x_e=0,1,-1$。设 $t=0$ 时，系统的初始状态为 x_0，由微分方程可得 $\frac{\mathrm{d}x}{x(x-1)(x+1)}=\mathrm{d}t$，两端积分后可得 $x^2=\frac{{x_0}^2\mathrm{e}^{-2t}}{1-{x_0}^2+{x_0}^2\mathrm{e}^{-2t}}$，相轨迹如题图 4 所示。

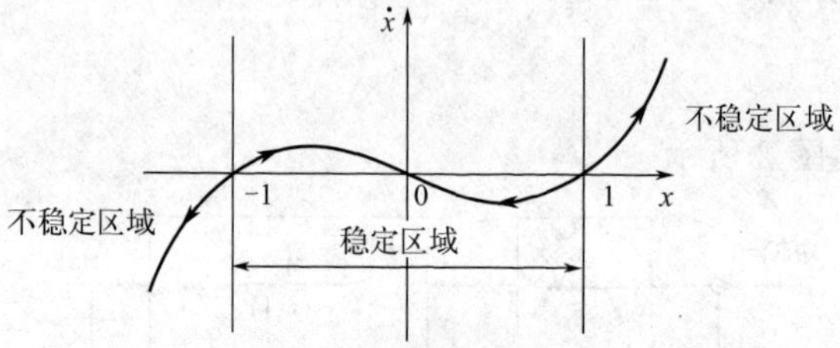

题图 4

参考文献

［1］ 厉玉鸣，马召坤，王晶．自动控制原理［M］．北京：化工出版社，2005．

［2］ 袁德成，樊立萍．现代控制理论［M］．北京：清华大学出版社，2007．

［3］ 胡寿松．自动控制原理［M］．5 版．北京：科学出版社，2007．

［4］ 尾形克彦．现代控制工程［M］．卢伯英，佟明安，译．北京：电子工业出版社，2017．

［5］ 侯媛彬，嵇启春，杜京义，等．现代控制理论基础［M］．北京：北京大学出版社，2020．

［6］ 斯洛坦．应用非线性控制［M］．程代展，译．北京：机械工业出版社，2006．

［7］ 张果．现代控制理论［M］．西安：西安电子科技大学出版社，2018．

［8］ 蒋小平．现代控制理论［M］．徐州：中国矿业大学出版社，2017．

［9］ 贾立，邵定国，沈天飞．现代控制理论［M］．上海：上海大学出版社，2013．

［10］ 韩建国，曹辉，王暄，等．现代控制理论［M］．北京：中国计量出版社，2007．

［11］ 杨清宇，马训鸣，朱洪艳．现代控制理论［M］．西安：西安交通大学出版社，2013．

［12］ 吴忠强．现代控制理论［M］．北京：中国标准出版社，2003．

［13］ 钟秋海．现代控制理论［M］．北京：高等教育出版社，2004．

［14］ 赵明旺，王杰，江卫华．现代控制理论［M］．武汉：华中科技大学出版社，2007．

［15］ 李斌，何济民．现代控制理论［M］．重庆：重庆大学出版社，2003．

［16］ 于渤．现代控制理论［M］．北京：水利电力出版社，1995．

［17］ 郭圣权，毕效辉．现代控制理论［M］．北京：中国轻工业出版社，2007．

［18］ 曾建平，程鹏．现代控制理论基础［M］．厦门：厦门大学出版社，2020．

［19］ 郭亮，代冀阳，胡梅玲．现代控制理论基础与应用［M］．北京：北京航空航天大学出版社，2021．

［20］ 黄辉先．现代控制理论基础［M］．长沙：湖南大学出版社，2011．

［21］ 谢克明．现代控制理论基础［M］．北京：北京工业大学出版社，2000．

［22］ 宗晓萍，王培光，姜萍．现代控制理论基础［M］．北京：科学技术文献出版社，2010．

［23］ 曲延滨，王新生．现代控制理论基础［M］．哈尔滨：哈尔滨工业大学出版社，2005．

［24］ 蒋国平，丁洁，吴冬梅．现代控制理论［M］．北京：北京邮电大学出版社，2021．

［25］ 姜顺．“现代控制理论”课程思政教学案例建设研究［J］．教育教学论坛，2020（40）：2．

［26］ 周悦，周鲁宁，霍海波，等．《自动控制原理》课程思政建设探讨［J］．课程教育研究，2018（20）：1．

［27］ 戴汝为，郑楠．钱学森先生时代前沿的“大成智慧”学术思想［J］．控制理论与应用，2014（12）．